木竹功能材料科学技术丛书

丛书主编 傅 峰

木材弱相结构及其失效机制

傅峰等 著

科学出版社

北 京

内 容 简 介

本书依托国家自然科学基金重大项目课题"木材多维结构互作及调控机制"和中央级公益性科研院所基金重点项目"人工林木材弱相结构研究"的研究成果，围绕木材多维尺度弱相结构的解译和定位、外部条件作用下的木材弱相结构及其失效机制、多维结构调控提升木材性能的作用机制等方面，系统阐述了人工林木材多维弱相结构对木材性能的影响机制，厘清了木材多维弱相结构与木材性能的关系，解析了外部条件作用下木材多维结构的响应机制，提出了木材多维弱相结构的创新理论，探索了高效提升木材性能的新方法。

本书总结的研究成果，有诸多新理论、新技术、新方法和新手段，具有很高的应用价值。本书适合木材科学与技术、林产化工及制浆造纸研究等领域的科研人员和高等院校相关专业的师生阅读，亦可供从事木材材质改良的工程技术人员学习和使用。

图书在版编目（CIP）数据

木材弱相结构及其失效机制/傅峰等著.—北京：科学出版社，2024.6
（木竹功能材料科学技术丛书）
ISBN 978-7-03-077433-0

Ⅰ. ①木… Ⅱ.①傅… Ⅲ. ①木材构造–研究 Ⅳ. ①S781.1

中国国家版本馆 CIP 数据核字（2024）第 007300 号

责任编辑：张会格 薛 丽 / 责任校对：郑金红
责任印制：肖 兴 / 封面设计：刘新新

科 学 出 版 社 出版
北京东黄城根北街 16 号
邮政编码：100717
http://www.sciencep.com

涿州市般润文化传播有限公司印刷
科学出版社发行 各地新华书店经销
*

2024 年 6 月第 一 版 开本：787×1092 1/16
2024 年 6 月第一次印刷 印张：17 插页：8
字数：427 000
定价：198.00 元
（如有印装质量问题，我社负责调换）

著者名单

（按姓名汉语拼音排序）

房桂干　付宗营　傅　峰　郭　娟

韩雁明　郝晓峰　李贤军　梁大鑫

林兰英　沈葵忠　武国芳　谢延军

杨　昇　周永东　朱　愿

前　言

木材是公认的重要生物质资源，具有固碳、可再生、可降解、可循环利用等优点，是国家绿色发展的重要战略资源。我国是全球林产品生产、贸易第一大国，然而，我国木材资源严重缺乏且结构不合理，高性能的珍贵硬阔叶材绝大部分依赖进口。因此，实现我国现有人工林木材高质高效利用是保障我国木材资源安全的重要途径。人工林木材存在材质差、易变形和易腐朽等缺陷，使用过程中易发生失效破坏。木材弱相结构是指木材多尺度结构在外部条件作用下，最先失效破坏的木材结构位点。木材弱相结构是人工林木材材质较差的根本原因，弱相结构理论也是实现人工林木材提质增效与高值化利用的理论基础。

2019 年以来，通过国家自然科学基金重大项目课题"木材多维结构互作及调控机制"（31890772）和中央级公益性科研院所基金重点项目"人工林木材弱相结构研究"（CAFYBB2020ZA003）的资助，中国林业科学研究院木材工业研究所联合东北林业大学、中南林业科技大学和中国林业科学研究院林产化学工业研究所，围绕木材多维尺度弱相结构的解译和定位、外部条件作用下的木材弱相结构及其失效机制、多维结构调控提升木材性能的作用机制等方面，开展了大量研究工作，系统阐述了人工林木材多维弱相结构对木材性能的影响机制，厘清了木材多维弱相结构与木材性能的关系；解析了外部条件作用下木材多维结构的响应机制，揭示了木材有序结构的演化规律与失效机制；提出了木材多维弱相结构的创新理论，探索了高效提升木材性能的新方法。

本书较为系统地总结了项目所取得的研究成果。全书共 9 章：第一章从 3 个尺度解译了木材的多维结构；第二章和第三章阐述了不同载荷形式作用下的木材弱相结构及其失效机制；第四章阐述了水分作用下的木材弱相结构及其失效机制；第五章阐述了湿热协同作用下的木材弱相结构及其失效机制；第六章着重介绍了微生物作用下的木材弱相结构及其失效机制，并阐述了基于微生物作用下的木材弱相结构增强研究；第七章阐述了光老化作用下的木材弱相结构及其失效机制，并提出了基于弱相结构的耐光老化新技术；第八章阐述了基于木材多维弱相结构的材质调控研究；第九章阐述了基于木材弱相结构理论的木材纤维定向软化机制与壁层解离策略。全书在编写过程中，注重基础理论与应用技术相结合、内容的广度与深度相结合，以翔实的科学实验数据为依据，表达简练、结构严谨，力求内容精新、简繁适当，希望可以为从事木材加工和利用的科研工作者及高等院校师生等提供参考与指导。

感谢全书参考文献的所有作者，为本书提供了翔实的资料。本书撰写完成后，已反复修正，但鉴于著者水平和编写时间有限，书中难免有不妥之处，敬请读者提出宝贵意见。

著 者

2023 年 8 月

目 录

彩图

第一章　木材多维结构解译

　　木材是一种多尺度且高度各向异性的非均质天然多孔高分子材料，其物理力学特性取决于化学组成和各个尺度的物理构造。木材结构主要包括了从毫米到纳米的多个尺度结构，即毫米级生长轮结构，微米级细胞壁多层结构和细胞结构，纳米级高分子结构（刘兆婷，2008；Mishnaevsky and Qing，2008），如图 1-1 所示。宏观尺度下，木材是由形成层通过逐年分生形成同心圆状的生长轮结构组成的正交各向异性的复合材料（Bigorgne et al.，2011；邵卓平，2012）。微观尺度下，木材是由许多具有不同功能的管状细胞（管胞/木纤维和导管）通过胞间层连接而成的具有高度各向异性特征的天然多孔性结构（费本华等，2010；Adobes-Vidal et al.，2020）。从解剖学角度看，木材细胞壁是由从微米级的细胞壁水平到纳米级分子水平的多层级超微结构组装而成的（Chundawat et al.，2011）。细胞壁的超微结构被认为是半结晶的纤维素微纤丝作为增强材料嵌于由半纤维素和木质素组成的无定形基质中的高分子材料（Adobes-Vidal et al.，2020；Han et al.，2020；Donaldson，2022）。

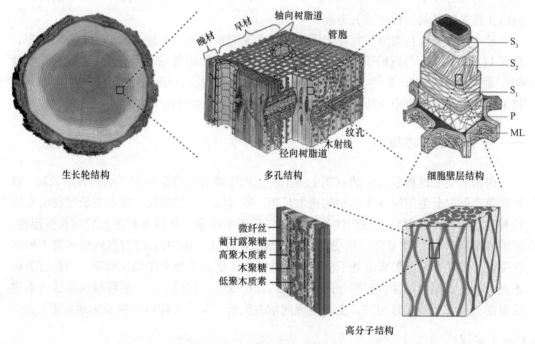

图 1-1　木材的多尺度分级结构

ML：胞间层；P：初生壁；S_1：次生壁外层；S_2：次生壁中层；S_3：次生壁内层

　　木材的加工和利用与其结构与性质密切相关，每种木材都具有独特的生长轮结构、细胞壁层结构和高分子结构，因此充分解译木材的多维结构是深刻理解木材的性质、合理实现木材高效加工与高附加值利用、显著提高木材经济利用价值的科学基础。

<h1 style="text-align:center">第一节　木材生长轮结构解译</h1>

木材生长轮结构源自树木的径向生长，即初生维管束形成的维管形成层原始细胞周期性反复地向内分生次生木质部，并向外分生次生韧皮部，形成生长轮，以髓心为中心一层层地向内累加（Chaffey，1999）。生长轮结构通常与树木基因、气候环境、树木功能需求、树木系统进化、木材性质和木材加工利用密切相关，开展木材生长轮结构解译研究可为树木系统进化、气候环境变化、木材性质解译及加工利用等提供重要科学支撑。

全球树种有 6 万余种，但仅木本植物中大部分裸子植物和小部分被子植物能生产木材。我国幅员辽阔，地形复杂多样，树种繁多、区系起源古老、种质资源丰富。我国有木本植物约 7500 种，其中乔木约 2500 种。根据第九次全国森林资源清查结果，全国森林面积 22 044.62 万 hm^2，其中乔木林地 17 988.85 万 hm^2。全国乔木林蓄积量按组成树种（组）排名，位居前 10 名的为栎树、冷杉、桦木、云杉、杉木（*Cunninghamia lanceolata*）、落叶松、马尾松（*Pinus massoniana*）、杨树、云南松、山杨，蓄积量合计占全国乔木林蓄积量的 67.40%。因此，本书选取杉木、马尾松、杨树为代表性树种，讲述木材弱相结构及其失效机制的相关研究进展。

杉木试材采伐自湖南常德花岩溪林场（舒家湾东南坡，坡度 65°，北纬 28°41′28″，东经 111°33′61″），马尾松试材采伐自广西崇左宁明派阳山林场公武分场（西南坡，坡度 60°，北纬 21°59′50″，东经 107°2′2″），欧美杨 107（*Populus×euramericana cv. 74/76*）试材采伐自山东省济南市长清区西仓村（北纬 36°30′，东经 116°45′）。

一、生长轮的基本概念

树木的生长过程包含着伴随着茎主轴生长点的顶端分生组织分生活动的树木长高，以及伴随着侧向分生组织分生活动的树木长粗，即形成生长轮结构。树木生长过程由支持物种特定行为及其对环境适应性的内部和外部因素决定，所以木材生长轮结构受温暖-寒冷或湿润-干燥的季节性气候变化影响（Micco et al.，2019）。温带气候地区树木周期性生长，春夏季维管形成层处于生长活跃期，而冬季大多处于生长休眠期，因此这类树木在一个生长期内往往具有明显的生长轮内结构变化。相对而言，热带气候地区树木生长周期与干湿季节交替相关，主要呈现间歇性生长，其生长轮内结构变化通常更复杂。

（一）定义

树木为适应气候环境的变化，通过改变次生木质部结构以优化关键生理过程，并将时空信息同步印记于当年形成的生长轮结构（Gennaretti et al.，2022）。"生长轮"这一名词由来已久，虽有众多定义却仍未能涵盖物种多样的木材生长轮复杂结构（Silva et al.，

2019）。目前，大家普遍接受国际木材解剖学家协会（International Association of Wood Anatomists，IAWA）的生长轮定义。"生长轮是指木材或树皮横截面上的一个个生长层"，"年轮是木材或树皮横截面一年形成的生长层，又称生长轮"（Committee on Nomenclature International Association of Wood Anatomists，1964）。木材解剖学者常使用"生长轮"，而树轮学者倾向采用"年轮"。国际木材解剖学家协会研究了大量树种木材的生长轮结构，发现树木生长并非都具有年周期性，进而也定义了其他术语来描述多种类型的生长轮结构（表 1-1）。例如，"双轮或多轮"常用于热带气候地区树木，是指其在一个自然年内会出现 2 个或多个生长轮；"不连续生长轮"指树木生长环境无明显年际改变时，生长轮不存在的情况；"伪年轮"常指温带气候地区树木面临生长季节干旱、异常高的空气污染水平或春末夏初周期性洪水与霜冻等特殊气候变化时，树木形成层活力降低或停止而出现的假年轮现象（Begum et al.，2018）。

表 1-1　生长轮及相关名词定义（Silva et al.，2019；GB/T 33023—2016）

术语	定义
生长轮	树木形成层在每个生长周期所形成并在树干横切面上所看到的围绕着髓心的同心圆环
生长层	在一个生长期内明显产生的一层木材或树皮，常见于温带气候地区木材，可分为早材和晚材
年轮	在一年中温带和寒带树木形成层分生形成的一同心圆层木材
不连续生长轮	并不存在于全部枝干的生长轮类型
双轮或多轮	年轮含有 2 个或更多个生长轮
伪年轮	在同一生长周期内，形成 2 个或 2 个以上的生长轮。其界线不像正常年轮那样明显，往往也不成完整的圆圈
损伤轮	形成层受损伤时形成的损伤木质部组织
干旱轮和霜冻轮	等同损伤轮
生长轮界	在木材的横切面上，一年晚材与翌年早材之间的分界线

温带气候地区树木大多每年形成一个生长轮，人们常将维管形成层活跃期早期（活跃早期）形成的次生木质部称为早材（early wood）或春材，而在生长季结束时维管形成层形成的次生木质部称为晚材（late wood）或夏材。生长轮是否明显取决于生长轮界。生长轮界是在木材的横切面上，一年晚材与翌年早材之间的分界线。生长轮界分为明显和不明显或缺乏，主要是依据一年晚材与翌年早材之间细胞大小、形状及细胞壁厚的差异程度。

就针叶材而言，生长轮界明显指在生长轮交界处具有明显的结构变化，通常包括管胞胞壁厚度和/或管胞径向直径的变化（姜笑梅等，2004）。肉眼观察可见这种结构变化常伴随着早材（浅色）和晚材（深色）颜色的明显差异。如图 1-2 所示，针叶材油松（*Pinus tabuliformis*）生长轮明显。生长轮不明显或缺乏指生长轮交界处的界限不清楚，结构特征具有明显的渐变，或不可见。进一步讲，同一个生长轮早材至晚材过渡具有明显的结构变化，通常指管胞胞壁厚度和径向直径的变化。早晚材的过渡形式可分为渐变和急变。例如，马尾松生长轮明显，肉眼可见，早晚材急变，这是因为马尾松早晚材间轴向管胞的大小、形状与细胞壁厚差异显著（图 1-3）。

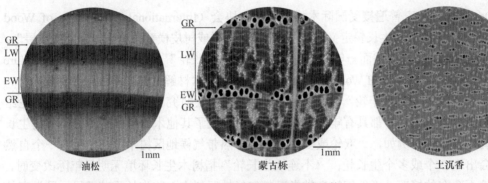

图 1-2　木材横切面生长轮结构

GR：生长轮界；EW：早材；LW：晚材

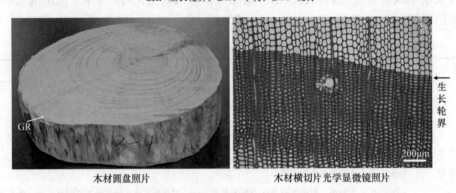

木材圆盘照片　　　　　　　　　　木材横切片光学显微镜照片

图 1-3　马尾松横切面生长轮结构

就阔叶材而言，生长轮界明显指在生长轮交界处具有明显的结构变化，通常包括纤维细胞细胞壁厚度和/或纤维细胞径向直径的变化（Committee on Nomenclature International Association of Wood Anatomists，1989）。生长轮不明显或缺乏指生长轮交界处的界限不清楚，结构特征具有明显的渐变，或不可见。如图 1-2 所示，阔叶材环孔材蒙古栎（*Quercus mongolica*）生长轮明显，而阔叶材散孔材土沉香（*Aquilaria sinensis*）生长轮不明显（殷亚方等，2022）。

（二）组成

木材生长轮是一个生长期内多种类型木材细胞经复杂且独特的细胞连接方式形成的生长层。木材的生长轮结构本质上反映了木材多种细胞类型在生长轮内或生长轮间的结构变化。

木材细胞按其长轴与树木主干间的排列方向，简单分为轴向细胞类型和径向细胞类型，它们分别源于维管形成层的纺锤形原始细胞和射线原始细胞。木材轴向细胞的长轴与树木主干平行，而径向细胞的长轴则沿髓心-树皮方向，垂直树木主干。木材细胞的排列方向影响着细胞功能，轴向细胞主要具有水分的长程传输功能和机械支撑功能，而径向细胞则兼具贮存功能和侧向传输功能。两类细胞相互联系、互为依存，共同组成了生长轮组织，也共同决定了木材的多维结构与性能。

针叶材细胞类型简单，主要由轴向管胞组成，组织比量一般超过 90%，还有少量轴向薄壁细胞、射线薄壁细胞和泌脂细胞，此外松属（*Pinus*）、冷杉和部分柏科（Cupressaceae）还具有射线管胞（姜笑梅等，2010）。马尾松木射线由射线管胞与射线薄壁细胞组成，二者细胞差异在其径切面清晰可见，而杉木木射线仅由射线薄壁细胞组成，不具射线管胞（图1-4）。轴向薄壁组织的组织比量常在1%以内甚至无，在刺柏（*Juniperus formosana*）、柏木（*Cupressus funebris*）、杉木、落羽杉（*Taxodium distichum*）和罗汉松（*Podocarpus macrophyllus*）中较普遍，但在松属、云杉属（*Picea*）、铁杉属（*Tsuga*）和贝壳杉属（*Agathis*）中少见。针叶材木射线组织比量为4%～8%（Morris et al.，2016），热带或潮湿生境中针叶树种木射线往往不存在射线管胞，而生于较干燥生境的树种如松属、冷杉（*Abies fabri*）和部分柏科具有射线管胞以保障轴向管胞间液体的传输效率（Carlquist，2018），射线管胞大多位于木射线边缘，长度略小于射线薄壁细胞（Meng et al.，2021）。

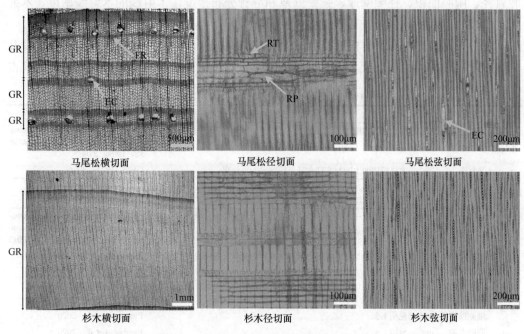

图1-4　马尾松、杉木木材光学显微镜照片

EC：泌脂细胞；RT：射线管胞；RP：射线薄壁细胞；FR：伪年轮；GR：生长轮界

阔叶材细胞类型较复杂，主要包括形状、尺寸和组织比量各异的纤维细胞（如韧型纤维、纤维管胞等）、导管分子、轴向薄壁细胞以及射线薄壁细胞等。纤维细胞和导管分子是重要的阔叶材细胞类型，前者起机械支撑作用，其细胞壁厚度是决定阔叶材的密度和力学强度的重要指标（Wiedenhoeft and Miller，2005），而导管侧重传输功能且其细胞尺寸与组织比量在树种间差异较大（Helmling et al.，2018）。阔叶材的轴向薄壁组织一般比针叶材发达，其组织比量可高达30%（Morris et al.，2016），但在槭属（*Acer*）和鹅掌楸属（*Liriodendron*）等阔叶材中少见。阔叶材的木射线也比针叶材复杂，组织比量达15%～20%，木射线宽度多为1～5个细胞，但栎木型木射线宽度可达十几个至几十个细胞（Morris et al.，2016）。此外，阔叶材细胞类型还包括维管管胞、环管管胞、油细胞、黏液细胞等（杨家驹等，2009）。

二、生长轮的结构特征与解译方法

木材生长轮结构是由遗传基因、气候环境以及激素等生长调节因子等决定的（Micco et al.，2016；Carteni et al.，2018）。木材生长轮结构不仅是木材生产及可持续利用的科学基础，而且能反映树木个体在气候影响下的独特实时生长轨迹，具有年际分辨率、长时间序列和气候敏感度，是当今重要的气候变化响应指标（He et al.，2019）。

（一）结构特征的研究范畴

木材生长轮结构主要包含生长轮的宽度、晚材率以及同一个生长轮早材至晚材过渡具有的明显的结构变化，比如各细胞类型的组织比量，轴向管胞、纤维细胞和导管的胞腔直径、胞腔面积、径壁壁厚、弦壁壁厚和导管分布密度，木射线的木射线密度、木射线高度和木射线细胞长度，以及轴向薄壁细胞长度等。

表 1-2 列举了主要木材构造及其定量测试分析方法。早材率和晚材率仅适用于针叶材和阔叶材中的环孔材及半环孔材，分别指早材宽度占生长轮宽的百分比、晚材宽度占

表 1-2　主要木材构造及其定量测试分析方法

主要构造特征		单位	定量测试分析方法	文献
生长轮	生长轮宽度	μm	生长轮的宽度	Committee on Nomenclature International Association of Wood Anatomists，1989，2004
	晚材率	%	木材横切面上晚材宽度占其年轮宽度的百分率	GB/T 33023—2016
组织比量		%	一定区域内，不同类型细胞的面积占比，尺寸不低于 5mm 生长锥等样品，区域尺寸 4mm×4mm，光学显微镜观测，推荐样本量 20	von Arx et al.，2016
轴向管胞、纤维细胞、导管	细胞长度	mm	完整细胞从一端到另一端的长度，包括细胞锐端，常采用组织离析法，光学显微镜观测，推荐样本量不低于 50	Committee on Nomenclature International Association of Wood Anatomists，1989，2004；Scholz et al.，2013
	胞腔直径（径向）	μm	横切面显微切片，径向，区分早晚材，光学显微镜观测，推荐样本量不低于 100	Scholz et al.，2013
	胞腔直径（弦向）	μm	横切面显微切片，弦向，区分早晚材，光学显微镜观测，推荐样本量不低于 100	Scholz et al.，2013
	细胞壁面积	μm^2	见图 1-5	Piermattei et al.，2020
	胞腔面积	μm^2	见图 1-5	Piermattei et al.，2020
	细胞壁厚（径向）	μm	横切面显微切片，径向壁，区分早晚材，光学显微镜观测，推荐样本量不低于 50	Scholz et al.，2013
	细胞壁厚（弦向）	μm	横切面显微切片，弦向壁，区分早晚材，光学显微镜观测，推荐样本量不低于 50	Scholz et al.，2013
	导管分布密度	个/mm^2	每平方毫米内导管的数量，横切面显微切片，区分早晚材，光学显微镜观测，推荐样本量不低于 50	Committee on Nomenclature International Association of Wood Anatomists，1989；Scholz et al.，2013
木射线	木射线密度	个/mm	弦切面上每 1mm 的木射线数量，光学显微镜观测，推荐样本量不低于 30	Committee on Nomenclature International Association of Wood Anatomists，1989
	木射线高度	μm	弦切面，光学显微镜观测，推荐样本量不低于 25	Committee on Nomenclature International Association of Wood Anatomists，2004
	木射线细胞长度	μm	径切面显微切片，区分射线薄壁细胞与射线管胞，光学显微镜观测，推荐样本量不低于 50	Committee on Nomenclature International Association of Wood Anatomists，1989
轴向薄壁组织	轴向薄壁细胞长度	μm	径切面显微切片，区分射线薄壁细胞与射线管胞，光学显微镜观测，推荐样本量不低于 30	Meng et al.，2021

生长轮宽的百分比。木材细胞长度测量主要采用组织离析法，通常使用过氧化氢与冰醋酸混合水溶液等离析液进行木材细胞分离，光学显微镜观测。显微切片法是分析生长轮的组织比量与细胞尺寸的最常用方法。各细胞类型的组织比量是在一定区域内，不同类型细胞的面积占比。图 1-5 为细胞的细胞面积、细胞壁面积、胞腔面积、细胞壁厚、胞腔直径（径向、弦向）、细胞直径（径向、弦向）的测量方式示意图。

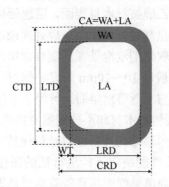

CA：细胞面积
WA：细胞壁面积
LA：胞腔面积
WT：细胞壁厚
LRD：胞腔直径（弦向）
LTD：胞腔直径（径向）
CRD：细胞直径（弦向）
CTD：细胞直径（径向）

图 1-5　木材轴向管胞、纤维细胞和导管的定量测试示意图

（二）解译方法

木材生长轮结构解译主要是通过滑走式切片机或轮转式切片机制备木材显微切片，或者使用砂光机等处理试样表面直至构造特征清晰，再采用光学显微镜观测分析生长轮内或生长轮间的木材构造特征。另外，也使用过氧化氢与冰醋酸混合水溶液等离析液实现木材细胞分离以测量细胞长度。

生长轮结构解译首先需要明确样品的树木取样部位及生长轮位置，以便准确关联木材构造特征与生长时间和立地空间信息，为理解生长轮结构变化提供基础信息。目前，通常采用树木胸径部位成熟材开展生长轮结构研究（Vaganov et al.，2009；Micco et al.，2019；Piermattei et al.，2020；Wang et al.，2021），这主要是由于树种、树龄、生长条件和取样部位均会影响木材构造特征的定量分析结果。当使用生长锥取样时，需检查生长锥锋利情况，并沿着树皮-髓心径向方向垂直钻取，避免取样对样品的机械损伤（von Arx et al.，2016）。此外，还常使用带锯自树干或枝条截取圆盘，随后使用手持锯在目标区域切取横向、径向和弦向规整的约 1cm³ 样品块（Wang et al.，2021）。

其次，生长轮判定是开展生长轮结构解译的前提。针叶材由春至秋，随着形成层细胞膨大持续时间逐渐减少，轴向管胞的胞腔面积也持续降低，同时细胞壁因细胞壁沉积和木质化时间增加而不断增厚（Piermattei et al.，2020）。因此，针叶材大多具有早材轴向管胞壁薄腔大，晚材壁厚腔小的鲜明特征（Guo et al.，2015）。按早晚材间轴向管胞径向直径与胞壁变化趋势，可分为早晚材急变如黄杉（*Pseudotsuga sinensis*）、马尾松，早晚材渐变如红松（*P. koraiensis*）、杉木，以及介于上述两者之间的如水杉（*Metasequoia glyptostroboides*）、刺柏等（杨家驹等，2009）。季节周期变化地区阔叶树生长轮判定，可参照阔叶材显微特征一览表（Committee on Nomenclature International Association of Wood Anatomists，1989）依据 6 种构造特征开展，具体是晚材纤维细胞或管胞的壁厚而早材壁薄；根据早晚材间管孔尺寸差异，分为半环孔材和环孔材；轮界薄壁组织特征；晚材的导管分子小、维管管胞多而早材导管和维管管胞缺无；晚材薄壁组织带分布频率低，呈现明显木纤维区；膨胀的木射线（Silva et al.，2019）。因此，生长轮内早晚材结构变化常见于针叶材和阔叶材环孔材及半环孔材。

显微切片法是最常用的木材生长轮的结构特征研究方法。新砍伐的木材一般无须软化可直接制备切片，用细毛刷蘸取无水乙醇擦拭木材表面，迅速硬化组织后即可制备切片。当试样偏软或导管直径大且组织比量高时，可使用包埋处理或冰冻切片制样。而当试样硬度较大时，则使用热水或甘油等软化剂浸泡处理后制样。切片时要确保刀口与生长轮平行或垂直。木材显微切片厚度一般以 10～20μm 为宜。同时，采用不同染色方法来提高木材构造特征的对比度，如番红与辛蓝等对染时，可用于分析木质化程度或观测纹孔结构（Yin et al.，2022）。考虑到不同树种木材和不同细胞对染色方法存在效果差异，从统计分析的角度出发，同一研究体系内显微切片各参数建议保持一致。光学显微镜是木材生长轮结构研究的最常用装置，其性能决定了构造特征的图像分辨率和数据可靠性。图像分辨率较低时，不便于区分轴向薄壁细胞与环管管胞或薄壁纤维细胞，导致轴向薄壁组织的组织比量被高估（Wang et al.，2021）。图像视野范围较小时，不利于生长轮结构研究，比如早晚材宽度、栎木型木射线宽度、栎木早材导管，或针叶材轴向薄壁组织等比量少但分布广的构造特征的定量分析（von Arx et al.，2016）。通过拼接多张高分辨率图片（von Arx et al.，2016）或者使用光学显微镜超长载物台（Klisz et al.，2018）能够获得连续大区域图像，满足木材生长轮的结构特征研究需求。

（三）应用研究

生长轮结构研究是理解森林对气候反馈作用的重要基础。轴向管胞和导管分子具有敏感的生态环境响应特点，是利用木材定量解剖手段开展气候环境变化研究的首选对象。楸树（Catalpa bungei）是紫葳科（Bignoniaceae）梓属小乔木，环孔材，生长轮明显，早晚材导管腔直径差异较大，且早材导管腔直径变异幅度大于晚材。随着形成层年龄的增加，楸树早晚材导管腔直径、导管分子长度随之提高，这很可能与生长素等植物激素的径向浓度有关。同时，导管纹孔膜直径从心材向边材不断增大，这可能是随着树龄增高，边材需水量增加，需要更高的导水效率（Li et al.，2019）。木材的取样高度也是影响生长轮内结构变化的重要因素。纤维细胞的长度和壁腔比与取样高度负相关（Li et al.，2019）。而取样高度的变化对早材导管腔直径、早晚材导管分布密度均无显著影响，但与早晚材最大导管腔直径、晚材导管腔直径、导管纹孔膜直径呈显著负相关，这是楸树木质部结构适应长距离输水功能的一种优化配置，能够降低木质部栓塞化风险，提高水分运输的效率和安全性（李昕等，2020）。

生长轮结构研究也是解决木材分类与识别问题的重要依据，借助木材切片定量提取导管直径、导管频率、木射线高度与木射线宽度等木材生长轮的结构特征信息，可将刺猬紫檀（Pterocarpus erinaceus）与其相似树种安达曼紫檀（P. dalbergioides）、印度紫檀（P. indicus）、安哥拉紫檀（P. angolensis）及大果紫檀（P. macrocarpus）有效区分开（Liu et al.，2022）。

在树木径向生长过程中，逐年生长轮间结构有一定变化趋势，同时在一个生长轮内，由形成层早春恢复分生开始到秋末停止生长为止，生长轮内结构也有一定变化。因此，开展生长轮内/间结构研究能够为理解木材密度起伏，改良木材强度、涂饰性能、加工性能等提供科学基础。以往多侧重生长轮间/内轴向管胞、纤维细胞和导管的结构变化规律研究，近年来研究学者开始关注生长轮间/内木射线细胞及轴向薄壁细胞的结构变化。

轴向管胞是针叶材生长轮结构变化研究的主要细胞类型。例如，欧洲云杉（*Picea abies*）生长轮宽度主要受早材宽度的影响，生长轮宽度与木材的横切面上同一个生长轮内轴向管胞数量、胞腔直径的径弦向比值正相关。早材轴向管胞胞腔面积与其胞腔直径等比例增加，到晚材时该规律消失（Piermattei et al.，2020）。欧洲云杉生长轮内轴向管胞径向尺寸呈递减趋势，早材形成初期减速稍慢，而后减速加快。生长轮内轴向管胞的细胞壁厚与细胞面积呈递增趋势，晚材形成初期达到最大值，随后不断减小直至活跃期结束。由此，欧洲云杉轴向管胞的胞腔面积在生长季初期最大，之后持续降低，造成了早材密度低于晚材，木材密度在晚材形成末期达到最大值（Vaganov et al.，2009）。心材、边材间轴向管胞的形状、尺寸及细胞壁厚有所不同。杉木轴向管胞在边材中部、过渡区、心材中部和心材内部各取样部位间细胞壁厚有差异，心材略小于边材，且弦向壁厚大于径向壁厚，而射线薄壁细胞各取材部位间细胞壁厚无显著差异，且径向壁厚大于弦向壁厚（Song et al.，2011）。10 年、20 年、30 年轮伐期间杉木边材轴向管胞长度均大于心材，且 20 年与 30 年轮伐期间轴向管胞长度没有显著差异，均大于 10 年轮伐期的杉木，而边材轴向管胞宽度小于心材（Guo et al.，2018）。

杉木和马尾松是针叶材人工林的重要树种。如表 1-3 所示，杉木的细胞类型有轴向管胞、射线薄壁细胞和轴向薄壁细胞。杉木第 6 生长轮的轴向管胞、木射线和轴向薄壁组织的平均组织比量分别为 89.9%±2.4%、9.3%±2.1% 和 0.8%±0.4%。杉木第 19 生长轮的轴向管胞、木射线和轴向薄壁组织的平均组织比量分别为 91.6%±1.7%、8.1%±1.6% 和 0.3%±0.3%（表 1-3）。结果显示，轴向管胞是杉木的主要细胞类型，其组织比量可达 90% 左右。木射线组织比量在第 6 生长轮和第 19 生长轮间存在差异，相差 1.2%。此外，杉木轴向管胞细胞壁厚度生长轮内存在早晚材差异，晚材管胞的径向壁厚和弦向壁厚均显著大于早材。杉木生长轮间射线薄壁细胞长度、木射线高度、木射线密度也存在差异，杉木第 19 生长轮的射线薄壁细胞的平均长度大于第 6 生长轮，相差 49.5μm。杉木第 6 生长轮的单列木射线的平均高度大于第 19 生长轮，相差 77.8μm。杉木第 6 生长轮的木射线密度大于第 19 生长轮，相差 1.3 个/mm 和 5.2 个/mm^2。杉木轴向薄壁细胞星散分布，其组织比量较低，占比 1% 以内。杉木第 6 生长轮与第 19 生长轮的轴向薄壁细胞平均长度分别为 138.9μm±40.5μm 和 183.5μm±49.7μm，相差 44.6μm。

马尾松的细胞类型有轴向管胞、射线薄壁细胞、射线管胞以及少量的泌脂细胞，其中，泌脂细胞围成的孔道是树脂道。相对于杉木，马尾松具有轴向树脂道和径向树脂道，但缺少轴向薄壁组织。马尾松幼龄材，以第 6 生长轮为例，其轴向管胞、木射线平均组织比量和轴向树脂道比量分别为 95.3%±1.9%、3.9%±1.6% 和 0.8%±0.7%，而成熟材，以第 19 生长轮为例，分别是 93.4%±2.3%、3.4%±1.4% 和 3.2%±1.6%。马尾松幼龄材和成熟材的轴向管胞、木射线平均组织比量和轴向树脂道比量分别相差 1.9%、0.5% 和 2.4%。结果显示，轴向管胞是马尾松的主要细胞类型，其组织比量为 85%～99%。马尾松

表 1-3 马尾松、杉木木材生长轮的解剖结构特征

	轴向管胞组织比量 (%)	木射线组织比量 (%)	轴向薄壁组织比量 (%)	轴向树脂道比量 (%)	木射线密度 (个/mm)	木射线密度 (个/mm²)	单列木射线高度 (μm)	纺锤形木射线高度 (μm)	射线薄壁细胞长度 (μm)	射线管胞长度 (μm)	轴向薄壁细胞长度 (μm)	早材轴向管胞细胞壁厚度 径向 (μm)	早材轴向管胞细胞壁厚度 弦向 (μm)	晚材轴向管胞细胞壁厚度 径向 (μm)	晚材轴向管胞细胞壁厚度 弦向 (μm)
马尾松 幼龄材（第6生长轮）	95.3±1.9 (89.6~99.0)	3.9±1.6 (0.3~7.2)	/	0.8±0.7 (0.3~3.2)	6.3±1.1 (4~10)	35.3±4.2 (22~45)	157.3±43.8 (69.4~306.7)	192.4±65.7 (81.7~532.5)	168.5±19.8 (128.2~225.3)	111.3±22.3 (64.1~169.6)	/	2.5±0.4 (1.2~4.4)	2.2±0.3 (1.2~4.2)	6.8±1.1 (3.7~9.8)	6.3±1.3 (4.1~8.2)
马尾松 成熟材（第19生长轮）	93.4±2.3 (85.9~96.5)	3.4±1.4 (1.6~7.2)	/	3.2±1.6 (0.7~7.0)	6.0±1.3 (3~9)	28.4±3.0 (20~38)	183.3±67.0 (56.1~403.6)	193.7±67.8 (75.5~518.9)	176.0±28.6 (124.4~279.7)	104.6±40.2 (40.2~244.7)	/	2.6±0.8 (1.0~5.6)	2.4±0.5 (1.2~3.9)	7.2±1.2 (5.1~9.4)	7.4±1.5 (3.5~11.2)
P 值	0.000**	0.117	/	0.000**	0.089	0.000**	0.000**	0.292	0.026*	0.034*	/	0.002**	0.000**	0.000**	0.000**
杉木 幼龄材（第6生长轮）	89.9±2.4 (84.5~93.5)	9.3±2.1 (5.7~13.9)	0.8±0.4 (0.1~1.8)	/	9.4±1.7 (6~13)	46.5±4.2 (35~55)	244.8±109.5 (79.4~684.6)	/	164.6±79.2 (47.6~488.1)	/	138.9±40.5 (74.5~283.2)	2.1±0.4 (1.4~3.5)	2.0±0.3 (1.0~4.7)	4.7±1.1 (2.6~7.6)	5.3±1.3 (2.8~9.4)
杉木 成熟材（第19生长轮）	91.6±1.7 (86.0~94.0)	8.1±1.6 (5.7~12.9)	0.3±0.3 (0.1~1.1)	/	8.1±1.2 (6~11)	41.3±4.8 (32~52)	167.0±109.2 (30.0~581.4)	/	214.1±61.3 (51.6~399.3)	/	183.5±49.7 (88.6~304.5)	3.2±0.5 (1.7~4.3)	3.2±0.6 (1.4~5.0)	5.2±0.7 (3.2~7.3)	6.0±0.7 (4.5~8.3)
P 值	0.004*	0.016*	0.000**	/	0.000**	0.000**	0.000**	/	0.000**	/	0.000**	0.000**	0.000**	0.000**	0.000**

注：括号外数据为平均值±标准差，括号中的数据表示每个木材解剖特征的范围；射线薄壁细胞长度是用扫描电镜（SEM）测定的；"/"表示缺少或极少；**表示在 0.01 水平差异极显著，*表示在 0.05 水平差异显著

幼龄材和成熟材间轴向树脂道比量差异显著，差异可达 2.4%。此外，马尾松幼龄材和成熟材间轴向管胞细胞壁厚早晚间也差异显著，晚材管胞的径向壁厚和弦向壁厚均显著大于早材。马尾松生长轮间射线薄壁细胞长度、射线管胞长度、木射线高度（含单列木射线高度、纺锤形木射线高度）、1mm 内木射线密度和 1mm² 内木射线密度存在差异。马尾松木射线与管胞的交叉场纹孔式是窗格型，不利于在切片透射模式下判断射线薄壁细胞端壁位置，因此射线薄壁细胞长度采用扫描电镜（SEM）测量。马尾松第 19 生长轮的射线薄壁细胞长度大于第 6 生长轮，相差 7.5μm。马尾松第 6 生长轮的射线管胞长度大于第 19 生长轮，相差 6.7μm。第 19 生长轮木射线密度均高于第 6 生长轮。马尾松第 6 生长轮的 1mm 内木射线密度和 1mm² 内木射线密度均大于第 19 生长轮，分别相差 0.3 个/mm 和 6.9 个/mm²。因此，马尾松幼龄材轴向管胞早晚材细胞壁厚均小于成熟材，同时成熟材和幼龄材间单列木射线高度、射线薄壁细胞长度、射线管胞长度也存在显著差异，幼龄材的木射线密度、射线管胞长度略高，而成熟材具有略大的单列木射线高度、射线薄壁细胞长度（Meng et al.，2021）。

纤维细胞和导管是阔叶材生长轮结构变化研究的主要细胞类型。栎木生长轮明显，环孔材，早材管孔通常略大，少数甚大，在肉眼下明显或甚明显，连续排列成明显早材带，早材至晚材急变，晚材管孔通常略小，在放大镜下可见至明显。麻栎（Q. acutissima）和栓皮栎（Q. variabilis）晚材纤维细胞的壁厚是其胞腔直径的 3 倍，晚材纤维细胞纹孔膜比早材厚，轴向薄壁组织占比晚材高于早材，而早材导管直径显著大于晚材，且细胞壁厚比晚材薄，同时早材更高的导管和维管管胞比量造成了纤维细胞的组织比量较低。此外，麻栎和栓皮栎木材生长轮间结构研究表明，心材年轮宽度大于边材，晚材率由髓心至树皮略降低。心材导管侵填体明显，而边材少见。晚材纤维细胞的细胞壁厚边材大于心材，纤维细胞壁厚与细胞直径比值心材高于边材。轴向薄壁组织比量边心材间有差异。纤维细胞和导管的细胞壁厚、胞腔直径、细胞壁与细胞直径比值由髓心至树皮递增，即边材大于心材（Wang et al.，2021）。

杨木是阔叶材人工林的重要树种，杨木生长轮明显，散孔材，径列复管孔及单管孔，有木纤维、导管、射线薄壁细胞以及含量极少的轴向薄壁细胞，导管少数呈管孔团（图 1-6）。杨木轴向薄壁细胞极少，后续不做分析。欧美杨 107 木纤维组织比量约为 55%，纤维细胞是其主要细胞类型。杨木木纤维、导管和木射线的组织比量存在生长轮间差异，其中导管生长轮间差异最显著，导管平均组织比量在第 7 生长轮和第 10 生长轮之间相差可达 9.5%±0.02%。杨木第 7 生长轮的木纤维和木射线组织比量高于第 10 生长轮，造成第 7 生长轮导管组织比量仅为 30% 左右。但是，杨木生长轮间纤维细胞壁厚差异不大，第 7 生长轮的径向平均单壁厚和弦向平均单壁厚均略大于第 10 生长轮，分别相差 0.1μm 和 0.3μm，同时纤维细胞径壁厚度与弦壁厚度间无明显差异。然而，杨木导管直径存在生长轮间差异，第 7 生长轮和第 10 生长轮内的导管平均直径分别为 62.6μm±11.7μm 和 81.2μm±24.4μm，相差 18.6μm。同样，杨木生长轮间木射线结构也存在差异，第 7 生长轮和第 10 生长轮内的射线薄壁细胞平均长度分别为 77.5μm±18.1μm 和 90.2μm±23.9μm，相差 12.7μm。杨木木射线为同形单列，其第 7 生长轮和第 10 生长轮内的木射线平均高度分别为 251.5μm±59.6μm 和 278.4μm±55.6μm，相差 26.9μm。

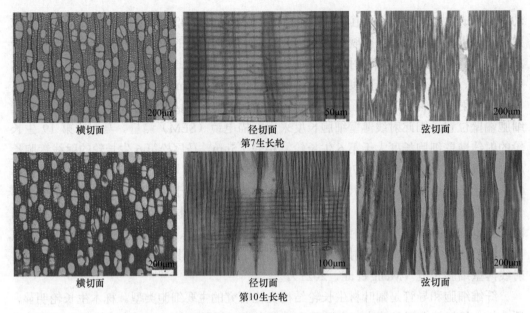

图 1-6 欧美杨 107 不同生长轮的木材光学显微镜照片

木材生长轮结构不仅反映了树木的生长速度，而且是测量树木材积的年生长量和评价木材性质优劣的重要根据。木材生长轮间/内轴向管胞、纤维细胞与导管分子等主要细胞类型以及轴向薄壁细胞、射线薄壁细胞、射线管胞与泌脂细胞等组织占比较低的细胞类型均有可能存在差异。因此，木材弱相结构定位分析时，要充分考量生长轮界、早晚材过渡区，以及各类细胞构造特征在生长轮内/间的结构差异，进而理解木材弱相结构对木材生产及可持续利用的影响。

第二节　木材细胞壁结构解译

木材细胞壁是木材的实际承载结构，对木材的宏观力学性能有着极其重要的影响，赋予了木材强度、刚度和韧性（孙娟，2009；Ansell，2011）。木材细胞壁是由不同壁层组成的同心圆层状结构，由外向内依次为胞间层（ML）、初生壁（P）和次生壁（S），其中胞间层连接着相邻的两个细胞壁，木质素含量最高；初生壁与胞间层紧密连接，以纤维素和果胶为主，纤维素排列无序，呈各向同性，具有较大的弹性和可塑性，与胞间层一起统称为复合胞间层（CML）（朱玉慧，2020；赵婉婉，2022）；次生壁是木材细胞壁中最厚的且高度结构化的壁层，由纤维素微纤丝组成的纤维素聚集体以一定的排列方向嵌于由半纤维素与木质素组成的无定形基质中，根据纤维素微纤丝与细胞轴向排列方向的不同，可将次生壁由外到内分为 S_1 层、S_2 层和 S_3 层（Casdorff et al.，2018；Adobes-Vidal et al.，2020；Cuello et al.，2020）。S_1 层和 S_3 层的纤维素微纤丝排列方向几乎与细胞轴垂直，决定着木材细胞壁的横向力学性能（Donaldson，2022）。S_2 层作为次生壁主要的壁层，厚度约为细胞壁厚度的 85%，纤维素微纤丝的排列方向几乎与细胞轴平行，对木材细胞壁的性能影响较大，决定着细胞壁的轴向力学性能（Qin et al.，2017；

陈胜等，2018；徐德良等，2018；王东等，2020；Kesari et al.，2021；Donaldson，2022）。已有研究结果表明，木材细胞壁变形或应力状态主要由细胞壁各层性质以及层间相互作用共同决定，目前对于木材细胞壁各层的结构和力学性质研究得比较明确，但外部条件作用下的细胞壁层间应力传递规律以及层间交互影响研究较少。本节以马尾松木材晚材管胞为研究对象，通过对木材细胞壁壁层结构、化学组分以及力学性能进行解译，将利于深入了解界面结构对载荷传递和应力分散的作用机制，为研究木材细胞壁多层结构的破坏和失效机制提供科学依据。

一、木材细胞壁壁层结构解译

（一）壁层尺度与形貌分析

采用原子力显微镜（AFM，Veeco，美国，轻敲模式，BRUKER RTESP-300 针，悬臂梁长度 125μm，共振频率为 300kHz）测试管胞尺寸和细胞壁厚度。AFM 测量细胞壁各层厚度主要根据钻石刀抛光细胞壁表面后的高度差来区分不同壁层位置，从而测量细胞壁不同层的厚度（Hanley and Gray，1994）。

由于纤维素微纤丝在木材细胞壁各个壁层中的排列方向不同，样品制备过程中钻石刀与细胞壁各个壁层中不同排列方向的纤维素微纤丝相互作用，使得细胞壁不同壁层表面产生高度差，AFM 测试可根据细胞壁各个壁层的高度差区分出细胞壁各个壁层的位置及其对应的厚度（王东，2020）。如图 1-7 所示，当钻石刀顺着纤维素微纤丝的排列方向切削时，钻石刀在切削过程中后刀面会对样品表面产生一定的挤压与摩擦作用，当后刀面对样品表面的挤压作用消失后，样品表面的纤维素微纤丝会产生一定程度的回弹，微纤丝角越大，这种回弹高度越小；当钻石刀逆着纤维素微纤丝的排列方向切削时，钻石刀在切削过程中后刀面对样品表面产生的摩擦作用使得样品表面的纤维素微纤丝发生部分剥离，当后刀面对样品的挤压作用消失后，样品表面的纤维素微纤丝会发生回弹，同时剥离的纤维素微纤丝会翘起一定的高度，微纤丝角越大，这种翘起高度越大，所以细胞壁 S_1 层或 S_3 层的反弹高度大于 S_2 层的反弹高度（Hanley and Gray，1994）。由于复合胞间层中的纤维素含量较少且呈无序排列，该模型不适用于讨论复合胞间层的高度变化。

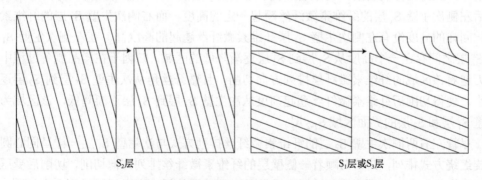

S_2层　　　　　　　　　　　　　　　　　S_1层或S_3层

图 1-7　细胞壁层对样品表面高度的影响示意图

图 1-8 为相邻两个晚材管胞弦向壁横截面的原子力显微镜高度图（图 1-8a，图 1-8b）及其对应的高度轮廓线（图 1-8c）。从图 1-8a 可以看出，相邻两个管胞弦向壁层以复合胞间层为中心呈对称结构分布的层状结构，从左到右依次为 S_3、S_2、S_1、CML、S_1、S_2、S_3，测得整个双壁的厚度为 15.74mm，其中复合胞间层的厚度为 0.80mm，约占双壁厚度的 5.08%，左侧次生壁的厚度为 7.23mm，右侧次生壁的厚度为 7.71mm。

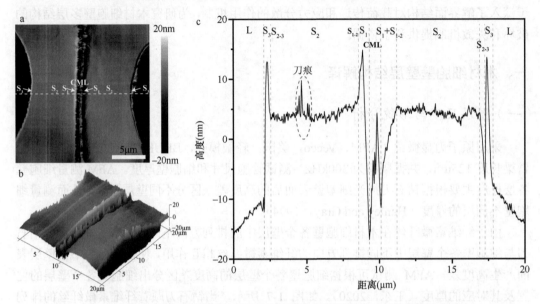

图 1-8   晚材管胞弦向壁横截面原子力显微镜高度图及其对应的高度轮廓线

如图 1-8c 所示，对于紧挨着复合胞间层的次生壁 S_1 层，左侧次生壁 S_1 层的高度显著高于与其相邻的复合胞间层和次生壁 S_2 层的高度，形成一个明显的尖峰，高达 14.82nm。而对于右侧管胞壁，在复合胞间层与次生壁 S_2 层之间存在一个高度从 −11.18nm 逐渐增加到 5.28nm 的区域，该区域比左侧次生壁 S_1 层宽，由 S_1 层以及 S_1 层和 S_2 层之间的界面区域 S_{1-2} 组成。左右两侧次生壁 S_1 层的高度差异归因于纤维素微纤丝在木材细胞壁中呈同心圆状螺旋缠绕方式排列（Maaß et al.，2022），使得在相邻两个细胞壁中纤维素微纤丝互为相反方向排列，在样品制备过程中，钻石刀逆着左侧次生壁 S_1 层的纤维素微纤丝排列方向切削，而顺着右侧次生壁 S_1 层的纤维素微纤丝排列方向切削，切削后左侧次生壁 S_1 层的纤维素微纤丝翘起一定的高度，而右侧次生壁 S_1 层的纤维素微纤丝回弹的高度没有左侧次生壁 S_1 层纤维素微纤丝翘起的高度高。在左侧次生壁 S_1 层与 S_2 层之间存在一个高度从 S_1 层到 S_2 层逐渐降低的区域，归因于在样品制备过程中钻石刀逆着该区域的纤维素微纤丝排列方向切削，且微纤丝角从次生壁 S_1 层到 S_2 层逐渐减小，使得切削后纤维素微纤丝翘起高度从次生壁 S_1 层到 S_2 层逐渐降低，该区域为次生壁 S_1 层和 S_2 层的界面区域 S_{1-2} 层。

尽管左右两侧次生壁 S_2 层的纤维素微纤丝排列方式与次生壁 S_1 层一样呈同心圆状螺旋缠绕方式排列，钻石刀顺着一侧壁层的纤维素微纤丝排列方向切削，切削后受压的纤维素微纤丝会发生回弹，而钻石刀逆着另一侧壁层的纤维素微纤丝排列方向切削，切削后因受压摩擦剥离的纤维素微纤丝发生翘起，由于次生壁 S_2 层的微纤丝排列方向几乎与细胞轴平行，回弹与翘起的高度都不大，因此左右两侧次生壁 S_2 层的高度相差不大（2.18～5.99nm）。

虽说次生壁 S_1 层与 S_3 层的纤维素微纤丝排列方向几乎与细胞轴垂直，但次生壁 S_3 层的高度并非像次生壁 S_1 层那样只在一侧壁层形成明显尖峰，另一侧壁层的高度呈逐渐变化趋势，而是左右两侧细胞壁在紧挨着细胞腔处均形成明显的尖峰，且高度相差不大，左侧次生壁 S_3 层的高度为 12.92nm，右侧次生壁 S_3 层的高度为 13.60nm，这可能是因为次生壁 S_3 层的纤维素微纤丝排列方向更接近于与细胞轴垂直，经钻石刀切削后，左右两侧次生壁 S_3 层的纤维素微纤丝均会发生翘起，且翘起高度相差不大。此外，在右侧次生壁 S_2 层与 S_3 层之间存在一个界面区域，高度从–6.67nm 增加至次生壁 S_2 层的 4.42nm，归因于在样品制备过程中钻石刀顺着该区域的纤维素微纤丝排列方向切削，且微纤丝角从次生壁 S_3 层到 S_2 层逐渐减小，使得切削后纤维素微纤丝回弹高度从次生壁 S_3 层到 S_2 层逐渐增加，该区域为次生壁 S_2 层与 S_3 层之间的界面区域 S_{2-3} 层。

（二）细胞壁微纤丝排列方式

酸性亚氯酸钠法是目前实验室最常用的从生物质中脱除木质素的方法，可最大程度地保留综纤维素不被脱除（金克霞等，2020；Xu et al.，2020）。脱木素处理可将嵌于木质素和半纤维素组成的基质中的纤维素微纤丝暴露出来，有助于探究纤维素微纤丝在细胞壁层中的排列方式。Adobes-Vidal 等（2020）利用原子力显微镜观察脱木素处理的挪威云杉管胞横截面，发现次生壁 S_1 层中的纤维素微纤丝聚集体的组织不均匀，有平行排列和螺旋排列两种方式。

图 1-9 为脱木素处理后管胞不同壁层弦切面高度图、相图及其对应的高度轮廓线，可以看出，次生壁 S_3 层和 S_1 层的形貌特征相似，表面为明显的斑点，是纤维素微纤丝的横截面，表明在次生壁 S_3 层和 S_1 层中纤维素微纤丝的排列方向几乎与细胞轴垂直，次生壁 S_3 层的厚度约为 0.42μm，次生壁 S_1 层的厚度约为 0.48μm，次生壁 S_3 层和 S_1 层的厚度相差不大。在次生壁 S_2 层中可以观察到一根根几乎与细胞轴平行排列的纤维素微纤丝，直径约为 33nm。Fahlén 和 Salmén（2003）通过相图在次生壁 S_2 层中观察到 10～30nm 的纤维素聚集体。在次生壁 S_2 层与 S_3 层之间有一个很窄的界面区域 S_{2-3} 层，宽度约为 0.10mm，该区域中的聚集体大小比次生壁 S_3 层和 S_1 层中的大。在次生壁 S_2 层与 S_1 层之间有一个较宽的界面区域 S_{1-2} 层，宽度约为 0.45μm，与次生壁 S_1 层和 S_3 层的宽度相差不大，该区域中的聚集体大小从靠近次生壁 S_1 层位置到靠近次生壁 S_2 层位置逐渐增大，在靠近次生壁 S_1 层位置的聚集体大小与次生壁 S_1 层和 S_3 层的相当，在靠近次生壁 S_2 层位置的聚集体大小与次生壁 S_{2-3} 的相当。复合胞间层中的聚集体大小没有脱木素前在横截面上观察到的聚集体大，可能是因为脱木素处理使得复合胞间层中的高聚木质素降解为低聚木质素。

二、木材细胞壁壁层化学组分研究

木材细胞壁超微结构被认为是有序排列的半结晶纤维素微纤丝作为增强材料，在细

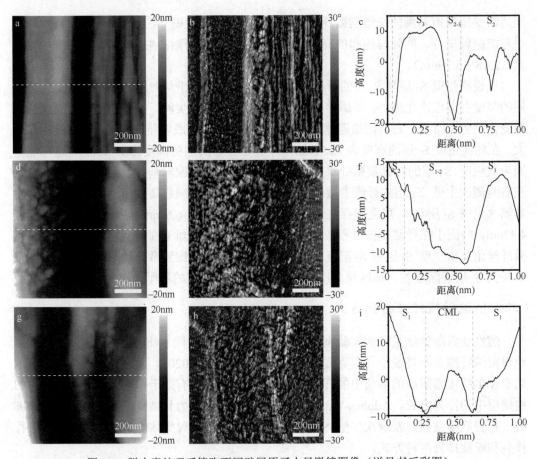

图1-9 脱木素处理后管胞不同壁层原子力显微镜图像（详见书后彩图）

a～c. 次生壁 S_3 层；d～f. 次生壁 S_{1-2} 层；g～i. 复合胞间层。a、d、g 为高度图；b、e、h 为相图；c、f、i 为高度轮廓线

胞壁形成的过程中嵌于由半纤维素和木质素组成的无定形基质材料中的纤维增强复合材料（Báder et al.，2019；Peng et al.，2019；Adobes-Vidal et al.，2020；Han et al.，2020）。纤维素是由 D-吡喃葡萄糖基在1→4位彼此以β-糖苷键连接而成的具有均一链结构的线型高分子化合物。半纤维素是在高尔基体中合成并在细胞壁形成过程中与纤维素同时沉积到细胞壁上的多糖，其主链与构成结晶纤维素的葡聚糖链相似，支链较多，且聚合度较低，可与纤维素微纤丝中的葡聚糖链相结合（Terashima et al.，2009；Simmons et al.，2016；Grantham et al.，2017）。木质素是由苯丙烷单元通过醚键和碳—碳键相互连接而成的具有三维网状结构的高分子化合物，含有丰富的芳环结构、脂肪族和芳香族羟基以及醌基等活性基团，主要由愈创木基、紫丁香基和对羟苯基三种基本结构单元组成，是细胞壁的结壳物质（朱玉慧，2020）。双亲性的半纤维素作为黏结物质，通过氢键和共价键将弹性、亲水性的纤维素与黏性、疏水性的木质素连接在一起，形成复杂且致密的网络结构（吴义强，2021；Donaldson，2022）。木材细胞壁中的主要化学组分的沉积和排列规律受细胞生化机制的影响，对木材解剖特性有着重要的影响（Bergander and Salmén，2002），是深入了解木材细胞壁力学性能的关键（龙克莹等，2021）；同时，研究细胞壁主要化学组分在不同壁层中的含量的差异与分布情况，可为细胞壁层间弱相结构的解译提供理论支撑。

（一）细胞壁拉曼成像分析

激光共聚焦显微拉曼光谱技术是激光共聚焦显微镜技术与拉曼光谱技术结合使用的表征技术，具有较高的光谱分辨率和空间分辨率，可快速且无损地原位获取木材细胞壁的化学信息，实现细胞壁化学组分空间分布的可视化（陈胜等，2018；王旋等，2018）。在木材细胞壁拉曼光谱成像分析中，$1606cm^{-1}$ 和 $2903cm^{-1}$ 处的特征峰分别归属于木质素的芳香骨架的伸缩振动与碳水化合物的—CH 和—CH_2 伸缩振动（徐德良等，2018；Mayer et al.，2020；Xu et al.，2020；Digaitis et al.，2021；Xu et al.，2021）。选用归属于木质素的 $1700\sim1560cm^{-1}$ 波数范围以及归属于碳水化合物的 $2980\sim2840cm^{-1}$ 波数范围分别对相邻两个管胞弦向壁横截面进行拉曼光谱成像（图 1-10），结果显示这两个波数范围的拉曼信号在管胞不同壁层中表现出不同的强度，表明木质素和碳水化合物在管胞不同壁层中的含量分布存在明显不同，细胞角隅和复合胞间层处的木质素拉曼信号最强，次生壁 S_2 层中碳水化合物的拉曼信号最强，表明木质素在细胞角隅和复合胞间层中的含量最高，而碳水化合物在次生壁 S_2 层中的含量最高。

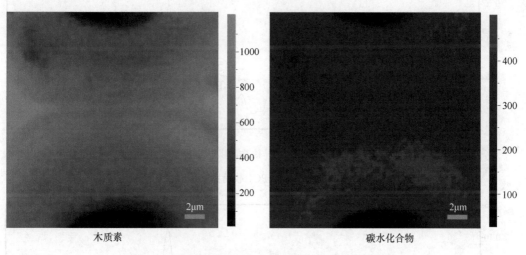

木质素　　　　　　　　　　　　碳水化合物

图 1-10　管胞壁横截面主要化学组分的拉曼光谱成像
图中数据是相对强度值

（二）细胞壁化学组分主成分分析

主成分分析可用于解释细胞壁超微结构与化学组分之间的内在联系（陈胜等，2018）。为了揭示主要化学组分在管胞不同壁层中的空间分布，用 LabSpec 5 软件在扫描区域沿径向等距读取 43 个位置的平均拉曼光谱，并进行主成分分析，结果如图 1-11 所示。

在主成分分析中，第一主成分（PC1）和第二主成分（PC2）将这 43 个位置的平均拉曼光谱分为 4 个象限（图 1-11b）。分别对 PC1 和 PC2 进行加载（图 1-12 和图 1-13），经计算，这两个主成分的累计贡献率高达 91%，包含了绝大多数原始光谱数据的信息。在 PC1 载荷图中，主要的影响因子有 $381cm^{-1}$、$1110cm^{-1}$、$1278cm^{-1}$、$1338cm^{-1}$、$1370cm^{-1}$、$1463cm^{-1}$、$1606cm^{-1}$、$1669cm^{-1}$、$2903cm^{-1}$ 和 $2945cm^{-1}$，且 PC1 载荷值均为正值，可根

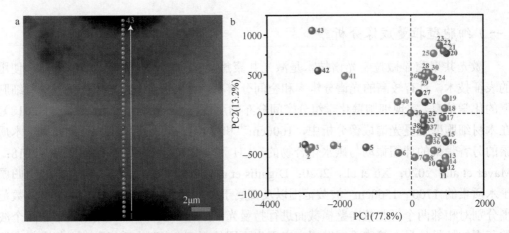

图 1-11　相邻两个晚材管胞壁拉曼光谱主成分分析
a. 选取的 43 个位置；b. 得分图

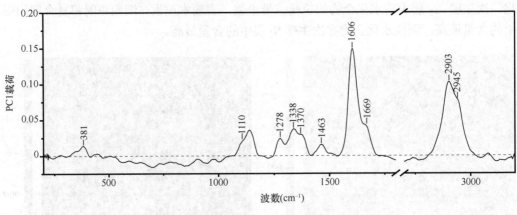

图 1-12　PC1 载荷图

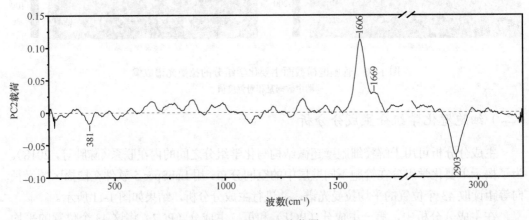

图 1-13　PC2 载荷图

据各位置的 PC1 得分大小判断该位置拉曼特征峰信号强弱（图 1-12）；在 PC2 载荷图中，主要的影响因子有 381cm^{-1}、1606cm^{-1}、1669cm^{-1} 和 2903cm^{-1}，其中归属于木质素的特征峰 1606cm^{-1} 和 1669cm^{-1} 的 PC2 载荷值为正值，而归属于碳水化合物的特征峰 381cm^{-1}

和 2903cm^{-1} 的 PC2 载荷值为负值，可根据各位置的 PC2 得分大小以及正负值判断该位置的木质素与碳水化合物含量变化（图 1-13）。其中，木质素的特征峰 1606cm^{-1} 和碳水化合物的特征峰 2903cm^{-1} 是这两个主成分最主要的影响因子。

根据拉曼成像信号强弱以及这 43 个位置的平均拉曼光谱的主成分得分，可将这 43 个位置划分为不同壁层。其中位置#1～#3 和#42～#43 是细胞腔位置，木材细胞壁主要化学组分的拉曼特征峰信号极弱。位置#4～#7 和#40～#41 分别是次生壁 S$_3$ 层和 S$_{2\text{-}3}$ 层，PC1 得分从 S$_3$ 层到 S$_{2\text{-}3}$ 层逐渐增加，PC2 得分从 S$_3$ 层到 S$_{2\text{-}3}$ 层逐渐降低，表明从次生壁 S$_3$ 层到次生壁 S$_{2\text{-}3}$ 层，木材细胞壁主要化学组分的拉曼特征峰信号逐渐增强，且与木质素相比，碳水化合物含量增加的程度逐渐变大。位置#8～#16 和#31～#39 是次生壁 S$_2$ 层，上下两侧壁层的 PC1 得分变化不大，PC2 得分主要为负值，且绝对值中间大两边小，上侧壁层的 PC2 得分绝对值小于下侧壁层，表明次生壁 S$_2$ 层的木材细胞壁主要化学组分的拉曼特征峰信号强度不变，以碳水化合物为主，碳水化合物的含量中间高两边低。位置#17～#19 和#29～#30 是次生壁 S$_{1\text{-}2}$ 层，上下两侧壁层的 PC1 得分变化不大，上侧壁层的 PC1 得分小于下侧壁层的 PC1 得分，上侧壁层的 PC2 得分变化不大，为正值，下侧壁层的 PC2 得分逐渐增加，亦为正值，表明上侧壁层的木材细胞壁主要化学组分的拉曼特征峰信号强度小于下侧壁层，次生壁 S$_{1\text{-}2}$ 层以木质素为主，上侧壁层的木质素含量变化不大，而下侧壁层的木质素含量由外向内逐渐增加。位置#20～#22 和#27～#28 是次生壁 S$_1$ 层，PC1 得分由外向内逐渐减小，PC2 得分为正值，上侧壁层的 PC2 得分由外向内逐渐减小，而下侧壁层的 PC2 得分变化不大，表明次生壁 S$_1$ 层的木材细胞壁主要化学组分的拉曼特征峰信号强度由外向内逐渐减弱，以木质素为主，上侧壁层的木质素含量逐渐降低，而下侧壁层的木质素含量变化不大。位置#23～#26 是复合胞间层，PC1 得分从位置#23 的 794cm^{-1} 降低至位置#26 的 281cm^{-1}，PC2 得分为正值，变化较大，表明复合胞间层从下到上木材细胞壁主要化学组分的拉曼特征峰信号强度逐渐减弱，该区域主要以木质素为主。

（三）细胞壁化学组分分布规律

图 1-14 为相邻两个管胞弦向壁横截面木质素和碳水化合物拉曼信号强度成像图及其对应的拉曼信号强度分布轮廓图。根据拉曼成像图及其对应的拉曼信号强度分布的轮廓图可将相邻两个管胞弦向壁沿径向从左到右依次分为细胞腔（L）、S$_3$、S$_{2\text{-}3}$、S$_2$、S$_{1\text{-}2}$、S$_1$、CML、S$_1$、S$_{1\text{-}2}$、S$_2$、S$_{2\text{-}3}$、S$_3$、L。细胞腔中木质素和碳水化合物的拉曼信号强度极低，木质素与碳水化合物含量在次生壁 S$_3$ 层和 S$_{2\text{-}3}$ 层中急剧上升直至次生壁 S$_2$ 层。从次生壁 S$_2$ 层到 CML，木质素含量逐渐上升，而碳水化合物含量逐渐下降。CML 是由富含纤维素和果胶的初生壁以及高度木质化的胞间层组成的复杂壁层，化学组成复杂，因此木质素与碳水化合物在 CML 与其相邻两侧的次生壁 S$_1$ 层组成的 S$_1$—CML—S$_1$ 结构中的变化较为复杂。

图 1-15 为木质素和碳水化合物含量在 S$_1$—CML—S$_1$ 区域的变化趋势，可以看出木质素含量在次生壁 S$_1$ 层往 CML 方向呈下降趋势，而碳水化合物含量在左侧次生壁 S$_1$ 层呈上升趋势，在右侧次生壁 S$_1$ 层呈下降趋势。在 CML 中，木质素含量呈"Λ"型变化，碳水化合物含量呈"W"型变化。

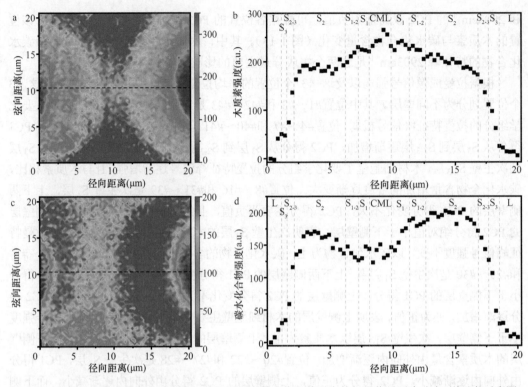

图 1-14　管胞弦向壁横截面主要化学组分的拉曼光谱成像及其对应的拉曼信号强度分布（详见书后彩图）

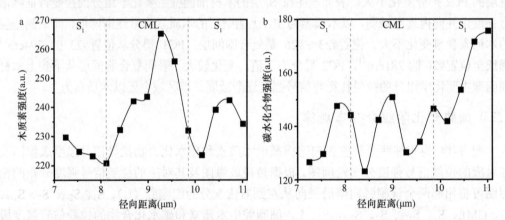

图 1-15　木质素和碳水化合物含量在 S_1—CML—S_1 区域中的变化趋势

三、木材细胞壁壁层力学性能解译

　　木材细胞壁是由具有不同微纤丝角（MFA）的结晶纤维素与木质素-半纤维素无定形基质组成的，其中纤维素具有弹性，而无定形基质在载荷作用下易产生伸展滑移，进而引起延时弹性形变和黏性流动，使得木材具有黏弹特性（王新洲等，2019；Xing et al.，2021）。由于木材细胞壁各壁层化学组分分布和微纤丝排列方向不同，使得各壁层的黏弹特性不同（Wang et al.，2019）。纳米压痕技术常用来表征材料在微纳尺度上的力学性能，如弹性模量、黏弹特性和蠕变性能（Wang et al.，2019；Xing et al.，2021；赵婉婉，2022）。由于木材细胞壁的各向异性，可以根据纳米压痕技术的测试结果来解释纤维素微纤丝的变化情况（Qin et al.，2017）。纳米压痕技术还可以通过延长保载时间来表征材料的黏弹特性（Xing et al.，2021）。与传统的准静态测试模式相比，纳米压痕成像具有高分辨率和无损测试的优点，可用于分析木材细胞壁各壁层微观性能的细微变化，解译细胞壁结构与化学组成对细胞壁力学性能的影响。

（一）细胞壁压痕模量和硬度分析

图 1-16 为管胞弦向壁不同壁层位置典型的纳米压痕载荷-位移曲线及其对应的压痕深度。可以看出，在最大载荷为 $75\mu N$ 的作用下，细胞壁 S_2、S_1、CML/S_1 和 CML 层的最大压痕深度依次增加，表明细胞壁层的纵向压缩变形从 S_2、S_1、CML/S_1 到 CML 层依次增加，这是因为与 CML 相比次生壁中含有大量的平行排列的纤维素微纤丝，对细胞壁的压缩变形起抵抗作用，次生壁 S_2 层中的纤维素微纤丝几乎与细胞轴向平行排列，而次生壁 S_1 层中的纤维素微纤丝几乎与细胞轴向垂直排列，因此次生壁 S_2 层中的纤维素微纤丝沿细胞轴向的刚度分量大于次生壁 S_1 层，使得次生壁 S_2 层抵抗压缩变形的能力大于次生壁 S_1 层。卸载后，细胞壁层的残留压痕深度从 S_1、S_2、CML 到 CML/S_1 层依次减小。尽管 CML/S_1 层的残留压痕深度小于 CML，S_2 层的残留压痕深度小于 S_1 层，但 CML/S_1 层的压痕回弹量小于 CML，S_2 层的压痕回弹量小于 S_1 层，CML/S_1 层和 CML 的压痕回弹量远大于 S_2 层和 S_1 层，这是因为 CML 有 80%是由木质素组成，其结构比次生壁中的纤维素和半纤维素更紧密，称为形状记忆性聚合物（Qin et al.，2017）。

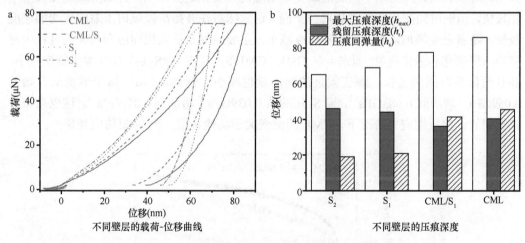

图 1-16 管胞弦向壁的准静态纳米压痕测试

图 1-17 为管胞弦向壁不同壁层的平均压痕模量和硬度，可以看出，次生壁 S_2 层的平均压痕模量（20.48GPa±0.92GPa）和硬度（0.62GPa±0.03GPa）最大，细胞间的界面区域 CML 的平均压痕模量（7.45GPa±0.24GPa）和硬度（0.47GPa±0.03GPa）最小。平均压痕模量和硬度从次生壁 S_2、S_1、CML/S_1 到 CML 逐渐降低，次生壁 S_2 层的平均压痕模量约为 CML 的 3 倍，平均硬度约为 CML 的 1.32 倍。这是因为次生壁 S_2 层的纤维

素含量最高，从次生壁 S_2 层到 CML，纤维素含量逐渐降低，使得力学性能从次生壁 S_2 层到 CML 逐渐降低。

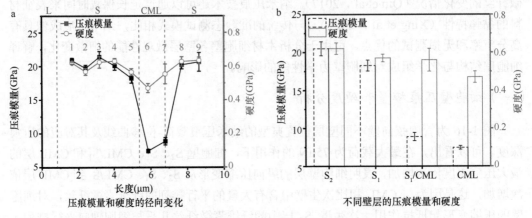

压痕模量和硬度的径向变化　　　　　　　　不同壁层的压痕模量和硬度

图 1-17　管胞弦向壁平均压痕模量和硬度

（二）细胞壁蠕变性能分析

木材作为一种生物高分子聚合物材料，同时具有弹性和黏性两种不同的变形机制（Schniewind and Barrett，1972），蠕变是木材黏弹性行为的重要表现形式，包括应力松弛与动态黏弹性（Xing et al.，2021）。在长期载荷作用下，细胞壁蠕变是木材形变和破坏的重要原因（Wang et al.，2020）。图 1-18 为不同壁层的蠕变柔量与保载时间之间的关系，可以看出，细胞壁不同层的蠕变柔量随时间变化趋势相同，开始阶段蠕变柔量增加较快，但随时间变化蠕变柔量增加变慢，这意味着在开始阶段纵向压缩应变增加速度较快，随着应变增加，应变的增加速度减小，主要原因是纵向压缩应变变大的过程中材料会出现硬化和强化现象。此外，从 CML、CML/S_1、S_1/S_2 到 S_2 层，蠕变柔量依次减小，并且随保载时间的延长，蠕变柔量的增加量也减小。例如，CML 蠕变柔量从开始的 $0.059GPa^{-1}$ 增加到 $0.083GPa^{-1}$，而 S_2 层的从 $0.039GPa^{-1}$ 增加到 $0.059GPa^{-1}$，这也意味着在相同的纵向压缩应力情况下，CML 的应变大于其他各层，而 S_2 层的应变最小。

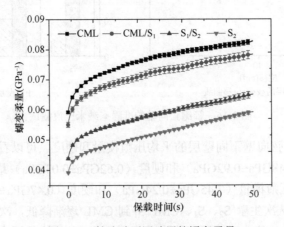

图 1-18　管胞壁不同壁层的蠕变柔量

各个壁层的蠕变性能差异与其化学组成及纤维素微纤丝排列方向有关。木材细胞壁可视为由半纤维素和木质素组成的黏性基质与弹性的纤维素微纤丝构成，当微纤丝角较小时，纤维素微纤丝沿细胞轴向的刚度分量较大，从而制约了基质沿细胞轴向的蠕变变形，随着微纤丝角的增大，纤维素微纤丝沿细胞轴向的刚度分量减小，即纤维素微纤丝对基质沿细胞轴向蠕变变形的约束力减弱，使得木材细胞的轴向蠕变变形量增加（吴义强，2021）。在复合胞间层中木质素的含量最高，而纤维素的含量较少，纤维素微纤丝对基质沿细胞轴向蠕变变形的约束力较弱，使得复合胞间层初始蠕变柔量大于次生壁（Donaldson，1995；Stevanic and Salmén，2009）。

各个壁层的蠕变柔量随着保载时间的延长而增加，初始阶段蠕变柔量随着保载时间的延长急剧增加，随后蠕变柔量的增加趋势随着保载时间的延长而变缓，这是因为随着纵向压缩应变的增加，木材细胞壁发生密实化，强度增加。根据 Burgers 力学模型对实测的管胞不同壁层的纳米压痕蠕变柔量曲线进行非线性拟合，根据拟合参数，木材细胞壁不同层的力学常数如表 1-4 所示。从表 1-4 可以看出，细胞壁 CML、CML/S_1 层、S_1/S_2 层和 S_2 层的刚性[瞬时弹性模量（E_1）]依次增加，黏性[黏性系数（η_2）]依次减小，黏弹性中的刚性部分[延时弹性模量（E_2）]和黏性部分[黏弹性系数（η_3）]都依次增加。根据胡克定律和牛顿黏性定律，在相同载荷情况下刚性增加表明材料的应变减小，黏性增加表明材料应变随时间的变化减小。对于细胞壁的 CML，其刚性最小，黏性最大，在相同载荷作用下，该层相对于其他各层屈服应变最大，并且应变随时间的变化较小（应变曲线平缓）；S_2 层的刚性最大，黏性最小，在相同载荷作用下，S_2 层相对于其他各层屈服应变最小，并且应变随时间的变化较大（应变曲线陡峭）。所以细胞壁从 CML、CML/S_1 层、S_1/S_2 层到 S_2 层的应变和应变速率存在梯度变化的规律。当不同层之间平行排列时，各层结构导致的力学性质存在差异，进而导致各层之间存在应力传递，并且会在某一层或层间发生应力集中（Mishnaevsky and Qing，2008；Qing and Mishnaevsky，2009）；此外，细胞壁壁层内也是由许多薄层按照一定的方式排列而成的，薄层的排列方式也会影响细胞壁上的裂纹扩展方向（Fahlén and Salmén，2002）。

表 1-4　细胞壁不同层的黏弹性参数

力学性质	CML	CML/S_1	S_1/S_2	S_2
瞬时弹性模量（E_1，GPa）	16.16	17.42	21.96	24.75
延时弹性模量（E_2，GPa）	89.69	111.61	152.90	210.97
黏弹性系数（η_3，GPa·s）	13.69	26.12	47.52	89.24
黏性系数（η_2，GPa·s）	5136.74	4051.35	3795.05	3499.23
压入弹性模量（E_r，GPa）	8.19	16.06	21.72	24.79
硬度（H，GPa）	0.44	0.50	0.50	0.55

（三）细胞壁压痕模量和硬度成像分析

图 1-19 为管胞横截面高分辨率的压痕模量和硬度成像图以及压痕模量和硬度轮廓曲线，压痕间距为 200nm，压痕深度为 40nm。从图 1-19 中可以看出马尾松管胞壁各个壁层结构以及各个壁层之间的力学性能差异。CML 的压痕模量和硬度最小，其次是次

生壁 S_1 层和 S_3 层，S_2 层的压痕模量和硬度最大。次生壁 S_2 层的平均压痕模量和硬度分别为 19.10GPa±0.55GPa 和 0.61GPa±0.02GPa，CML 的平均压痕模量和硬度分别为 5.72GPa±0.69GPa 和 0.21GPa±0.03GPa；次生壁 S_2 层的平均压痕模量和硬度相差不大，CML 的平均压痕模量和硬度也相差不大，次生壁 S_2 层的平均压痕模量和硬度约为 CML 的 3 倍。压痕模量和硬度在 S_2 层到 CML 之间的区域逐渐降低，在 S_2 层到细胞腔之间的区域也逐渐降低。这是因为在 S_2 层到 CML 之间的区域纤维素微纤丝排列方向从与细胞轴平行逐渐变成几乎与细胞轴垂直，木质素含量逐渐增加，碳水化合物含量逐渐降低，使得在 S_2 层到 CML 之间的区域力学性能逐渐降低；在 S_2 层到细胞腔之间的区域纤维素微纤丝排列方向从与细胞轴平行也逐渐变成几乎与细胞轴垂直，且木质素含量和碳水化合物含量逐渐降低，使得在 S_2 层到细胞腔之间的区域力学性能逐渐降低。

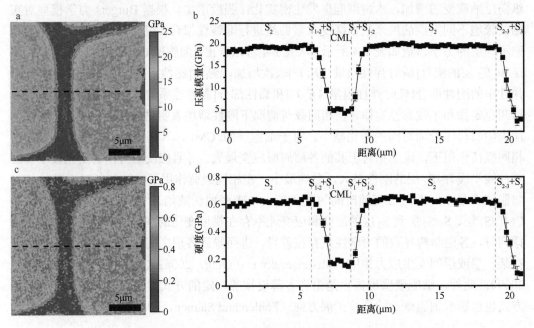

图 1-19 管胞细胞壁的纳米压痕成像图及轮廓曲线（详见书后彩图）

胞间层是细胞壁结构中高度木质化的部分，富含果胶物质，夹在相邻细胞的初生壁中，起细胞黏结作用，防止细胞彼此分离或滑移，具有较高的抗剪强度，在维持组织结构完整性中起着至关重要的作用（Donaldson，2022）。作为细胞间的界面相，胞间层有助于转移和分配因外部因素（如风和雨）或内部因素（如润胀）作用在细胞上的载荷（Zamil and Geitmann，2017）。由于胞间层的尺寸较小，分子组成复杂，深入研究胞间层内的力学性能将有助于深入了解细胞壁层间界面相的结构变化及其对壁层间界面力学性能的影响机制。图 1-20 为管胞壁复合胞间层的压痕模量和硬度，可以看出压痕模量和硬度在复合胞间层中呈"W"型变化，压痕模量和硬度从复合胞间层的中间位置先下降后上升。同样地，Qin 等（2017）在利用纳米压痕动态模量成像研究落叶松边材样品两个管胞之间界面区域复合胞间层的微力学性能时发现，复合胞间层的储存模量也呈"W"型变化。同时，采用激光共聚焦显微拉曼光谱技术研究管胞壁化学组分分布时发现，复合胞间层中的碳水化合物含量的变化趋势呈"W"型。在细胞间的界面区域复合胞间层中，木质素的含量最高，碳水化合物含量比次生壁 S_2 层的低，使得复合胞间层的压痕模量和硬度比次生壁 S_2 层低，而蠕变柔量比次生壁 S_2 层大。复合胞间层的瞬时弹性模量（E_1）和延时弹性模量（E_2）均小于次生壁 S_2 层，而黏性系数（η_2）和黏弹性系数（η_3）均大于次生壁 S_2 层。在复合胞间层中，木质素含量呈"Λ"型变化，碳水化合物含量呈"W"型变化，使得复合胞间层的压痕模量和硬度呈"W"型变化。

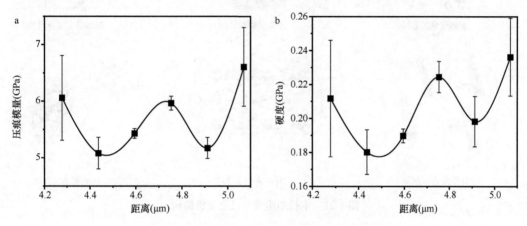

图 1-20 管胞壁复合胞间层的压痕模量和硬度

第三节 木材高分子结构解译

木材是一种非均质天然高分子材料，具有多尺度、层次状、各向异性等特点。其尺度结构跨越了宏观组织结构、细胞及细胞壁结构、纳米级聚集体结构及亚纳米级分子结构，如图 1-21 所示（卢芸，2022）。在以往的研究中，分形理论在木材科学领域中的应用大多集中在对木材物理、力学性质以及微观构造的分析方面，如木材的吸湿解吸过程、断裂行为、孔隙结构等，而在木材细胞壁中纤维超微构造表征方面的研究涉及较少。同时，细胞及细胞壁结构研究应主要从细胞层面研究木材性质与其加工利用的内在联系，木材实体物质为木材细胞壁，其中，纤维素通过分子链聚集组成基本纤丝并形成排列有序的微纤丝束，构成木材细胞壁的骨架结构。研究木材细胞壁的超微构造的形成及变化规律对掌握木材多维结构、实现木材细胞壁改性等具有重要的科学意义。

一、木材超微构造解译

木材细胞壁在超微水平上主要以纤维素微纤丝及结晶区的形式体现，木材科学中常用微纤丝角表征细胞次生壁 S_2 层中微纤丝排列方向与细胞主轴方向的夹角（刘一星和赵广杰，2004）。研究发现微纤丝角和结晶度沿轴向和径向的变化规律不尽相同，对细胞形态的影响也不同，细胞壁超微构造会影响木材密度、干缩性和强度等物理力学性能。因此，探究微纤丝角、结晶度和微晶形态的形成及变化规律，是了解木材基础性质的重要途径，也是木材科学领域的研究热点之一。

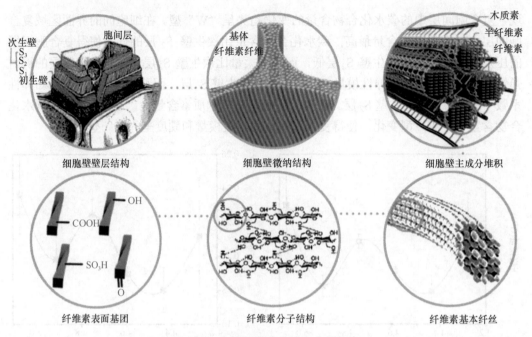

图 1-21　木材细胞壁多尺度分级结构

（一）木材细胞壁超微构造的形成

纤维素是木材细胞壁的主要组成成分，对木材细胞壁中纤维素结构的研究发现，细胞壁超微构造是按照"微晶—微纤丝—结晶区"的顺序形成的，如图 1-22 所示（Chen et al., 2020）。葡萄糖残基首先形成纤维素单链，然后在氢键的作用下形成片层结构，再逐渐有序堆积成为纤维素微晶，进而形成不同形状、不同大小的微纤丝，定向排列的微纤丝有序堆积形成结晶区。

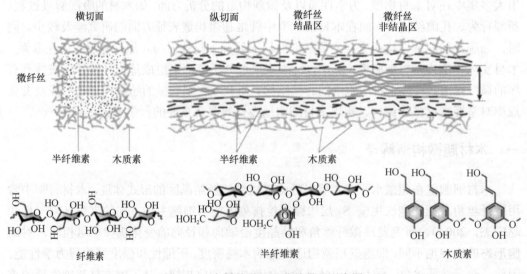

图 1-22　木材结晶区及非结晶区示意图

纤维素是由众多 *D*-吡喃葡萄糖基通过 β-1,4-糖苷键相连形成的高聚物，纤维素中相邻纤维素分子链上含有大量羟基，羟基通过"搭桥"，脱去水分子生成大量分子间氢键，并形成有序聚集体，使纤维素分子形成稳定的片层结构。这些片层结构在范德瓦耳斯力（又称范德华力）和疏水力等次级键作用下自发堆积形成具有相对规则的六面体结构的结晶纤维素。此外，木材细胞壁微纤丝是在纤维素微晶的基础上形成的。受环境等因素影响，在形成过程中纤维素微晶结构沿着不同晶面聚集生长或沿着某一轴向扭转，形成大小不同、形状各异的微纤丝结构，其中微纤丝中晶胞数目不同，晶面聚集方向不一致，微纤丝间不能进一步紧密聚集，因此微纤丝是细胞壁中的基本结构单元。定向排列的微纤丝几何结构发生螺旋状扭曲，分子链有序堆积形成结晶区，分子链无序堆积则形成非结晶区。

（二）木材细胞壁超微构造的结构特征

木材主要成分——纤维素的超分子结构主要包括在纤维素生物形成后葡萄糖分子的翻转、构象排列、葡萄糖分子内和分子间氢键形成的高度结晶结构，纤维素分子链中结晶和无定形态共存的两相结构。高分子链聚集成为基本纤丝并在木材细胞壁中进一步交联排列成微纤丝，纤维素微纤丝与木质素、半纤维素依靠分子间相互作用结合形成聚集体薄层，许多薄层围绕木材细胞腔逐层缠绕、沉积再聚集形成木材细胞壁，多个木材细胞相互连接从而形成了木材组织结构。研究表明，细胞壁中的纤维素分子链存在着双折射螺旋结构，由纤维素分子链聚集而成的基本纤丝，以及由基本纤丝聚集而成的微纤丝和尺寸更大一级的粗纤丝均具有类似的螺旋束状结构。此外，由纤维素分子链聚集而成的各级截面尺寸的纤丝在排列上都呈现出两相结构特性，其基元长度在一定范围内变化，排列时而规整时而紊乱，结晶区与非结晶区交替出现，在小范围内和较大范围内并不存在显著的形态差异，说明木材细胞壁中各级尺寸的纳米纤维还具有无特征长度这一分形体系的另一重要特征，满足了应用分形理论对细胞壁超微构造进行定量表征的基本条件（Nishimura et al.，2018）。

在木材科学界，通常将木材细胞壁分为胞间层、初生壁和次生壁，而从超分子科学的角度出发，木材细胞壁可以看作是由大量聚集体薄层聚集形成的实体结构，因此可认为木材细胞壁的基本组成单元是聚集体薄层。细胞壁聚集体薄层本身就是介于壁层尺度和分子尺度之间的一种典型的木材超分子结构。具体来说，次生壁占到了整个细胞壁层组织的绝大部分，是影响木材细胞壁微观物理力学性质乃至整体木材宏观上相应性质的基础。而次生壁又可根据其上微纤丝排列方向的不同而划分为外（S_1）、中（S_2）、内（S_3）三层，各壁层中微纤丝角的排列方向依次为 50°~70°、10°~30° 和 60°~90°。在木材细胞分化成熟的过程中，初生壁最先形成，由于在胞壁增厚的过程中木材细胞同时还要进行体积的扩张，这就必须要求此时沉积下来的壁层具有较好的柔韧性和弹性。因此初生壁上微纤丝的排列非常松散，壁层弹性较好，刚性较弱。进入次生壁沉积后最先形成的是次生壁 S_1 层，已有研究表明该层最先形成的薄层中微纤丝排列方向与初生壁区别很小，S_1 层的结构可认为是初生壁至次生壁中层（S_2 层）结构的过渡。与次生壁 S_2 层相比，S_1 层的刚度和硬度通常都会低一些，但其韧性和弹性性能相对较好。到了次生壁沉积中期，木材细胞的体积已固定完全，微纤丝迅速叠加在已形成的 S_1 层上，对细胞壁进行加固。从次生壁组成物质的功能化角度来考虑，由纤维素分子链聚集而成的微纤丝属于细胞壁的骨架物质，是确保细胞力学性能的结构单元，必须具备足够的力学强度，因而其分形特性呈现较明显的波形陡变。而填充在微纤丝无定形区和微纤丝间的基体物质以及共存的部分孔隙则在一定程度上降低了胞壁纤维的扭曲刚度，提高了细胞壁整体的柔韧性。

（三）木材细胞壁超微构造的变化规律

木材木质部细胞次生壁在形成过程中，每一薄层的微纤丝沉积方向和排列密度都在不断发生变化，因此木材不同位置的微纤丝角会有所不同。微纤丝角可决定材料微观和宏观的各项性能，直接关系到木材加工利用，被认为是影响木质纤维材料性质的重要指标之一。研究表明，木材细胞壁微纤丝角和结晶度的变化特点在一定程度上表现出相反的变化规律，即径向方向从髓心到树皮微纤丝角逐渐减小，结晶度逐渐增大，最终均趋于稳定；轴向方向从基部向上，微纤丝角先减小后增加，结晶度逐渐增加，到梢部有所减小，但不同材种变化规律不尽相同。

纤维素的结晶区由纤维素大分子链有序排列形成，结晶区占纤维素整体的百分比即结晶度，其可表征木材纤维素聚集态形成结晶的程度。木材纤维素结晶度在不同树种及同一树种不同部位均具有差异性。一般认为针叶材的纤维素结晶度大于阔叶材。结晶度的变化也与不同树种细胞生长发育阶段有关。通常认为随木质部细胞的不断发育，纤维素的结晶度会不断增加，且呈正相关关系。在径向方向的结晶度研究表明，随生长轮龄的增加，结晶度逐渐增大，至成熟后趋于稳定；并且在同一年轮内晚材的结晶度一般比早材的大。此外，细胞壁微纤丝的排列和结晶区的大小与其细胞形态相关，微纤丝角越小，管胞和纤维细胞越长，两者呈负相关关系；结晶度越高，细胞越长，两者呈正相关关系。

二、木材分子间的相互作用

纤维素通过分子链聚集组成排列有序的微纤丝束状态，存在于细胞壁中并赋予木材较高的机械强度，被称为细胞壁的骨架物质。半纤维素以无定形状态渗透在骨架物质中起着基体黏结作用，故称为基体物质。木质素渗透在骨架物质和基体物质中可使细胞壁坚硬，所以称其为结壳物质。木材纤维素、半纤维素、木质素分子之间的非共价键作用不仅组装形成了细胞壁构造，而且影响木材的物理、化学及力学性质。其中，半纤维素与纤维素虽然没有化学键连接，但是它们之间通过其他方式紧密地结合在一起，如氢键以及分子间作用力交联，而与木质素通过化学键相结合（Thomas et al.，2020），形成木质素-碳水化合物复合体（LCC）（图 1-23）（Kang et al.，2019）。纤维素是一种线状高分子聚合物，具有良好的亲水性能，纤维素可以发生很多种化学反应，一定条件下纤维素可以发生纤维素分子链的断裂与降解（氧化、被酸解和酶水解等）和与纤维素的羟基有关的衍生化学反应（Jarvis et al.，2023）。木质素大分子的形成主要分为两个阶段，木材细胞壁中首先形成了木质素单体，木质素单体再进一步聚合形成木质素大分子。在木质素的生物形成过程中，木质素大分子的空间不规则性和多功能性逐渐增加，导致分子内相互作用力增加，此外，木质素作为一种填充和黏合的物质存在于木材的纤维素纤维之间，将纤维素紧紧地包围在结构中间（Zhang et al.，2022）。

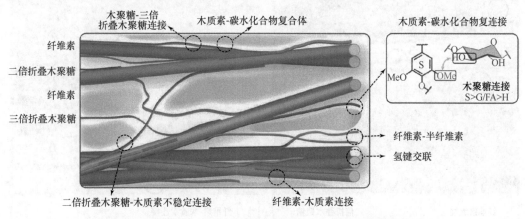

图 1-23 纤维素、半纤维素（木聚糖为主）及木质素连接机制

使用化学、物理等方法研究表明，木材细胞壁中各种成分的分布是异质的，即使在亚微观和超分子范围内，组分的分布也存在差异。通过固体核磁共振研究发现，木聚糖中的羟基通过与木质素中的甲氧基之间的静电力与后者进行相互作用（Giummarella et al.，2019）。并且，半纤维素在木材细胞壁三维结构的形成中起着至关重要的作用，通过静电力调节木质素和木聚糖之间的相互作用，共价相互作用（即 LCC）的影响很小（Kang et al.，2019）。根据分子间接触的数量和强度的统计，G 型结构单元及 S 型结构单元与木聚糖碳之间具有广泛关联，因此木聚糖为木质素的主要相互作用者。同时，木质素与纤维素之间的交叉峰占所有分子间交叉峰的 20%~30%，S 型结构单元芳香环两侧的甲氧基更优先向碳水化合物结构靠近，G 型结构单元中单一甲氧基更靠近碳水化合物，木质素主要分布在纤维素的疏水表面（Terrett et al.，2019）。

纤维素、半纤维素以及木质素的不同分子结构导致这些成分在细胞壁内的不同超分子排列。纤维素的分子链以原纤维单元排列，而木质素由纤维素原纤维之间的三维网络组成（Boerjan et al.，2003）。木材的超微构造在不同种类的木材和不同种类的细胞之间差异均较大，如图 1-24、图 1-25 所示，针叶材中（如杉木、马尾松等）最主要的半纤维素类型为葡甘露聚糖，并且针叶材的超微结构以均匀的分子混合为特征，排列整齐的葡甘露聚糖夹在纤维素微纤丝与木质素的外部结构之间，木聚糖处在最外层（Kirui et al.，2022）。而阔叶材中（如杨木）的主要半纤维素是 O-乙酰基-4-O-甲基葡萄糖醛酸-β-D-木聚糖，约占细胞壁总成分的 30%。

通过不同预处理方法研究杉木细胞壁的微观结构，并利用红外以及核磁共振等技术研究不同处理条件下的细胞壁的结构特点和变化。木质素在亚氯酸钠（$NaClO_2$）处理过程中，芳基醚键（β-O-4）的断裂、缩合是最主要的反应。由图 1-26 可知，在亚氯酸钠处理初始阶段，β-O-4 的断裂占据主导作用；随着处理时间增加，β-O-4 的缩聚反应不断增多，分子量随之上升。杉木木质素在 1330cm^{-1} 及 1140cm^{-1} 处出现吸收峰，而

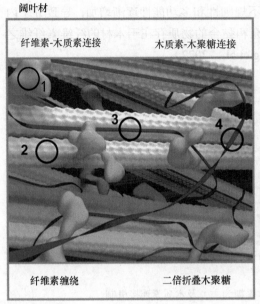
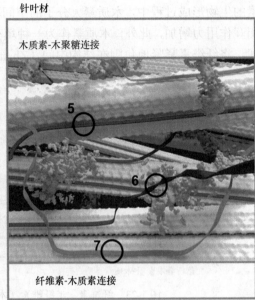

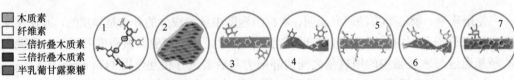

图 1-24　阔叶材和针叶材次生壁中的空间排列（详见书后彩图）

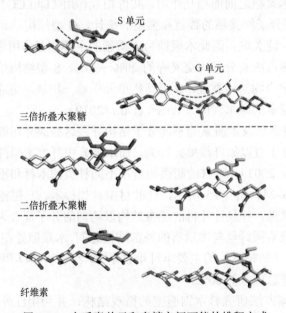

图 1-25　木质素单元和多糖之间可能的堆积方式

在 835cm^{-1} 处的吸收峰几乎没有，表明杉木中对羟苯基的含量非常少，主要为 G 型、S 型木质素。随着处理时间增加，木质素在芳香环以及愈创木基处的吸收峰降低明显，说明芳香环官能团在反应过程中发生了氧化断裂。

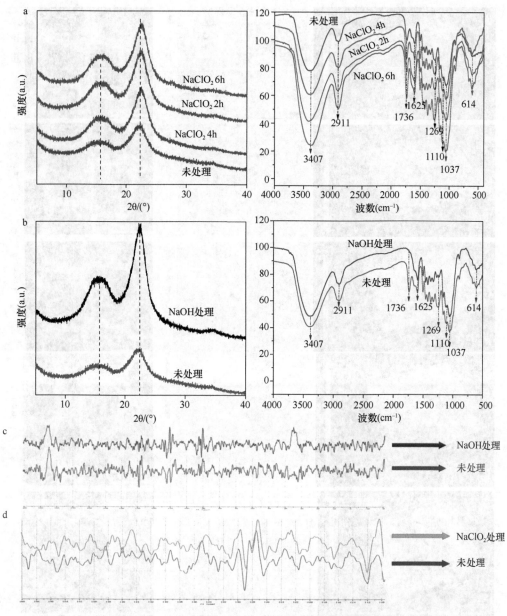

图 1-26 不同预处理方式对杉木细胞壁微观构造的影响
a. NaClO₂ 处理前后相对结晶度及红外分析；b. NaOH 处理前后相对结晶度及红外分析；
c. NaOH 处理前后核磁共振分析；d. NaClO₂ 处理前后核磁共振分析

NaOH 预处理材较未处理材相比结晶度有较大提升，从 46.4% 提升至 59.6%。其主要原因是在预处理过程中，木材细胞壁内的部分无定型半纤维素被脱除以及部分木质素被溶解。NaOH 预处理虽然会导致小部分结晶纤维素的结构被破坏或降解，使结晶区的比例减少，但无定形区内物质的脱除仍然占据主导地位，因此最终导致 NaOH 预处理材结晶度提高。

对杨木和杉木分别进行水热处理，研究处理时间对微观结构的影响。如图 1-27 所示，

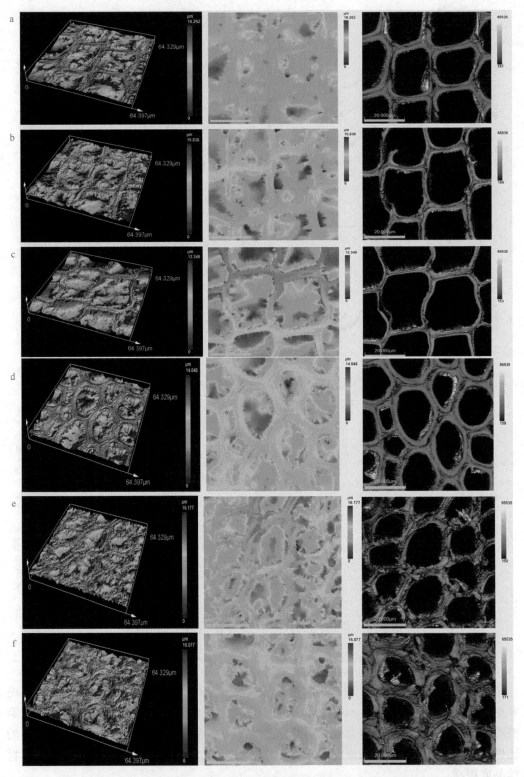

图 1-27　水热处理对杨木/杉木微观结构的影响（详见书后彩图）

a. 杨木素材；b. 杨木水热处理 3h；c. 杨木水热处理 6h；d. 杉木素材；e. 杉木水热处理 3h；f. 杉木水热处理 6h

与相对光滑的未处理木材细胞壁表面相比，水热处理后的木材细胞壁表面较为粗糙，且随着处理时间的延长，粗糙程度呈现加剧态势。在相同处理时间条件下，杨木细胞壁表面的粗糙程度明显高于杉木。这是由于水热处理能有效脱除包裹在纤维素微纤丝表面上的物质，且随着处理时间的增加，脱除物质逐渐增多，部分纤维素微纤丝之间出现大小不一的孔隙，增加了纤维素微纤丝的比表面积和细胞壁的粗糙程度。从研究结果中我们还可以发现，水热处理过程中 β-O-4 芳基醚键的断裂会使 S 型木质素更易从细胞壁中脱除，由于杨木中 S_2 层内的 S 型木质素含量高，因此从 S_2 层中脱除的木质素要比从 CML 和细胞角隅（CC）中脱除的木质素多。

使用纤维素酶处理杨木，将 460ml 0.1mol/L 柠檬酸和 540ml 0.1mol/L 柠檬酸钠混合均匀，作为缓冲溶液备用，杨木放入真空干燥箱 60℃至绝干后浸泡在含有 1g、2g、3g 纤维素酶（酶活单位 50 000U/g）的 400ml 缓冲溶液中，温度保持 50℃孵育 12h/24h/36h/48h，根据纤维素酶质量及处理时间分别命名为 W-E-1-12、W-E-1-24、W-E-1-36 等。木材酶解处理后用去离子水以及乙醇洗涤至 pH 为 7，在 60℃真空干燥 12h。经酶解处理后木材均具有完整的形态结构，并未出现破碎及断裂现象，保持较好的机械强度。使用万能力学试验机对不同酶解条件的木材进行抗压强度测试，如图 1-28 所示，在酶解 12h/24h/36h 后，木材抗压强度并未发生显著下降，而在 3 种不同纤维素酶浓度处理 48h 后，抗压强度均出现不同程度的降低。从 X 射线衍射（XRD）图可以看出，与未处理材相比，纤维素酶处理后的木材的峰强度均略有降低，随着纤维素酶处理时间的增加，峰宽度逐渐增大，说明酶解木材产生了一定的晶格缺陷，使层间距增大。

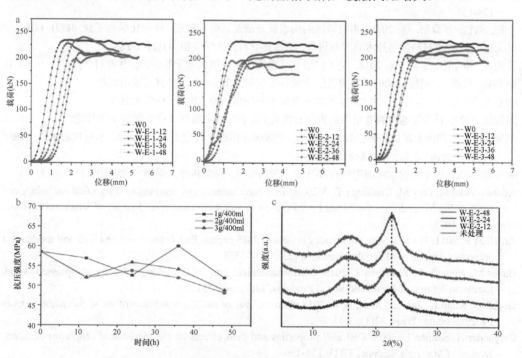

图 1-28　纤维素酶预处理对杨木结晶度及力学强度的影响

a. 酶解前后试样的载荷位移曲线；b. 酶解前后试样的抗压强度；c. 酶解前后试样的相对结晶度

主要参考文献

陈胜, 张逊, 许凤. 2018. 基于显微拉曼光谱的稀酸预处理马尾松细胞壁解构机理研究. 光谱学与光谱分析, 38(7): 2136-2142.

费本华, 余雁, 黄安民, 等. 2010. 木材细胞壁力学研究进展. 生命科学, 22(11): 1173-1176.

姜笑梅, 程业明, 殷亚方, 等. 2010. 中国裸子植物木材志. 北京: 科学出版社.

姜笑梅, 殷亚方, 刘晓丽, 等, 译. 2004. IAWA 针叶树材显微特征一览表 (续一). 木材工业, 18(5): 37-38.

金克霞, 江泽慧, 马建锋, 等. 2020. 基于拉曼光谱快速检测亚氯酸钠法脱木素的动力学及选择性. 光谱学与光谱分析, 40(9): 2951-2956.

李昕, 李姗, 邓丽萍, 等. 2020. 楸树木质部水分输导组织构造特征的轴向变化. 北京林业大学学报, 42(1): 27-34.

刘一星, 赵广杰. 2004. 木质资源材料学. 北京: 中国林业出版社.

刘兆婷. 2008. 木材结构分级多孔氧化物制备、表征及其功能特性研究. 上海交通大学博士学位论文.

龙克莹, 王东, 林兰英, 等. 2021. 木材多尺度界面结构及其力学性能的研究进展. 中国造纸学报, 36(1): 88-94.

卢芸. 2022. 木材超分子科学: 科学意义及展望. 木材科学与技术, 36(2): 1-10.

邵卓平. 2012. 植物材料 (木、竹) 断裂力学. 北京: 科学出版社.

孙娟. 2009. 杉木、马尾松细观力学性能及热处理材性能研究. 内蒙古农业大学硕士学位论文.

王东. 2020. 顺纹拉伸和弯曲作用下的木材破坏机理研究. 南京林业大学博士学位论文.

王东, 林兰英, 傅峰. 2020. 木材多尺度结构差异对其破坏影响的研究进展. 林业科学, 56(8): 141-147.

王新洲, 谢序勤, 王思群, 等. 2019. 基于纳米压痕技术的木材胶合界面力学行为. 林业科学, 55(7): 128-136.

王旋, 刘竹, 张耀丽, 等. 2018. 木材微区结构表征方法及其研究进展. 林产化学与工业, 38(2): 1-10.

吴义强. 2021. 木材科学与技术研究新进展. 中南林业科技大学学报, 41(1): 1-28.

徐德良, 徐朝阳, 丁涛, 等. 2018. 基于扫描热显微镜的木材细胞壁导热特性. 林业科学, 54(1): 105-110.

杨家驹, 程放, 卢鸿俊. 2009. 木材识别: 主要乔木树种. 北京: 中国建材工业出版社.

殷亚方, 何拓, 焦立超, 等. 2022. 常见贸易濒危木材识别图鉴. 北京: 科学出版社.

赵婉婉. 2022. 杉木管胞细胞壁精细结构及其微观力学的研究. 南京林业大学硕士学位论文.

中华人民共和国国家质量监督检验检疫总局, 中国国家标准化管理委员会. 2016. 木材构造术语: GB/T 33023—2016. 北京: 中国标准出版社.

朱玉慧. 2020. 杨木应拉木细胞壁结构和微观力学的研究. 南京林业大学硕士学位论文.

Adobes-Vidal M, Frey M, Keplinger T. 2020. Atomic force microscopy imaging of delignified secondary cell walls in liquid conditions facilitates interpretation of wood ultrastructure. Journal of Structural Biology, 211(2): 107532.

Ansell M P. 2011. Wood: a 45th anniversary review of JMS papers. Part 1: the wood cell wall and mechanical properties. Journal of Materials Science, 46(23): 7357-7368.

Báder M, Németh R, Konnerth J. 2019. Micromechanical properties of longitudinally compressed wood. European Journal of Wood and Wood Products, 77(3): 341-351.

Begum S, Kudo K, Rahman M H, et al. 2018. Climate change and the regulation of wood formation in trees by temperature. Trees, 32(1): 3-15.

Bergander A, Salmén L. 2002. Cell wall properties and their effects on the mechanical properties of fibers. Journal of Materials Science, 37(1): 151-156.

Bigorgne L, Brunet M, Maigre H, et al. 2011. Investigation of softwood fracture criteria at the mesoscopic scale. International Journal of Fracture, 172(1): 65-76.

Boerjan W, Ralph J, Baucher M. 2003. Lignin biosynthesis. Annual Review of Plant Biology, 54: 519-546.

Carlquist S. 2018. Living cells in wood 3. Overview; functional anatomy of the parenchyma network. The Botanical Review, 84(3): 242-294.

Cartenì F, Deslauriers A, Rossi S, et al. 2018. The physiological mechanisms behind the earlywood-to-latewood transition: a process-based modeling approach. Frontiers in Plant Science, 9: 1053.

Casdorff K, Keplinger T, Ruggeberg M, et al. 2018. A close-up view of the wood cell wall ultrastructure and its mechanics at different cutting angles by atomic force microscopy. Planta, 247(5): 1123-1132.

Chaffey N. 1999. Cambium: old challenges - new opportunities. Trees, 13(3): 138-151.

Chen C J, Kuang Y D, Zhu S Z, et al. 2020. Structure-property-function relationships of natural and engineered wood. Nature Reviews Materials, 5(9): 642-666.

Chundawat S P, Beckham G T, Himmel M E, et al. 2011. Deconstruction of lignocellulosic biomass to fuels and chemicals. Annual Review of Chemical and Biomolecular Engineering, 2: 121-145.

Cuello C, Marchand P, Laurans F, et al. 2020. ATR-FTIR microspectroscopy brings a novel insight into the study of cell wall chemistry at the cellular level. Frontiers in Plant Science, 11: 105.

Digaitis R, Thybring E E, Thygesen L G, et al. 2021. Targeted acetylation of wood: a tool for tuning wood-water interactions. Cellulose, 28(12): 8009-8025.

Donaldson L A. 1995. Cell wall fracture properties in relation to lignin distribution and cell dimensions among three genetic groups of radiata pine. Wood Science and Technology, 29: 51-63.

Donaldson L A. 2022. Super-resolution imaging of Douglas fir xylem cell wall nanostructure using SRRF microscopy. Plant Methods, 18(1): 27.

Fahlén J, Salmén L. 2002. On the lamellar structure of the tracheid cell wall. Plant Biology, 4: 339-345.

Fahlén J, Salmén L. 2003. Cross-sectional structure of the secondary wall of wood fibers as affected by processing. Journal of Materials Science, 38: 119-126.

Gennaretti F, Carrer M, García-González I, et al. 2022. Editorial: quantitative wood anatomy to explore tree responses to global change. Frontiers in Plant Science, 13: 998895.

Giummarella N, Pu Y, Ragauskas A J, et al. 2019. A critical review on the analysis of lignin carbohydrate bonds. Green Chem, 21: 1573-1595.

Grantham N J, Wurman-Rodrich J, Terrett O M, et al. 2017. An even pattern of xylan substitution is critical for interaction with cellulose in plant cell walls. Natrure Plants, 3(11): 859-865.

Guo J, Guo X, Xiao F, 2018. Influences of provenance and rotation age on heartwood ratio, stem diameter and radial variation in tracheid dimension of *Cunninghamia lanceolate*. European Journal of Wood and Wood Products, 76(2): 669-677.

Guo J, Song K, Salmén L, et al. 2015. Changes of wood cell walls in response to hygro-mechanical steam treatment. Carbohydrate Polymers, 115: 207-214.

Han L, Tian X, Keplinger T, et al. 2020. Even visually intact cell walls in waterlogged archaeological wood are chemically deteriorated and mechanically fragile: a case of a 170 year-old shipwreck. Molecules, 25(5): 1113.

Hanley S J, Gray D G. 1994. Atomic force microscope images of black spruce wood sections and pulp fibres. Holzforschung, 48(1): 29-34.

He M, Yang B, Bräuning A, et al. 2019. Recent advances in dendroclimatology in China. Earth-Science Reviews, 194: 521-535.

Helmling S, Olbrich A, Heinz I, et al. 2018. Atlas of vessel elements. IAWA Journal, 39(3): 249-352.

Committee on Nomenclature International Association of Wood Anatomists. 1964. Multilingual glossary of terms used in wood anatomy. Winterthur, Switzerland: Verlagsanstalt Buchdruckerei Konkordia.

Committee on Nomenclature International Association of Wood Anatomists. 1989. IAWA list of microscopic features for hardwood identification. IAWA Bulletin, 10: 219-332.

Committee on Nomenclature International Association of Wood Anatomists. 2004. IAWA list of microscopic features for softwood identification. IAWA Journal, 25: 1-70.

Jarvis M C. 2023. Hydrogen bonding and other non-covalent interactions at the surfaces of cellulose microfibrils. Cellulose, 30(2): 667-687.

Kang X, Kirui A, Widanage M, et al. 2019. Lignin-polysaccharide interactions in plant secondary cell walls revealed by solid-state NMR. Nature Publishing Group, 10(1): 347.

Kesari K K, O'Reilly P, Seitsonen J, et al. 2021. Infrared photo-induced force microscopy unveils nanoscale features of Norway spruce fibre wall. Cellulose, 28(11): 7295-7309.

Kirui A, Zhao W C, Deligey F, et al. 2022. Carbohydrate-aromatic interface and molecular architecture of lignocellulose. Nature Communications, 13(1): 538.

Klisz M, Miodek A, Kojs P, et al. 2018. Long slide holders for microscope stages. IAWA Journal, 39(4): 489-496.

Li S, Li X, Link R, et al. 2019. Influence of cambial age and axial height on the spatial patterns of xylem traits in *Catalpa bungei*, a ring-porous tree species native to China. Forests, 10(8): 662.

Liu S, He T, Wang J, et al. 2022. Can quantitative wood anatomy data coupled with machine learning analysis discriminate CITES species from their look-alikes? Wood Science and Technology, 56: 1567-1583.

Maaß M C, Saleh S, Militz H, et al. 2022. Radial microfibril arrangements in wood cell walls. Planta, 256(4): 75.

Mayer K, Grabner M, Rosner S, et al. 2020. A synoptic view on intra-annual density fluctuations in *Abies alba*. Dendrochronologia, 64: 125781.

Meng Q, Fu F, Wang J, et al. 2021. Ray traits of juvenile wood and mature wood: *Pinus massonia* and *Cunninghamia lanceolata*. Forests, 12: 1277.

Micco V D, Campelo F, de Luis M, et al. 2016. Intra-annual density flucturations in tree rings: how, when, where, and why? IAWA Journal, 37(2): 232-259.

Micco V D, Carrer M, Rathgeber C B K, et al. 2019. From xylogenesis to tree rings: wood traits to investigate tree reponse to environmental changes. IAWA Journal, 40(2): 155-182.

Mishnaevsky L, Qing H. 2008. Micromechanical modelling of mechanical behaviour and strength of wood: state-of-the-art review. Computational Materials Science, 44(2): 363-370.

Morris H, Plavcová L, Cvecko P, et al. 2016. A global analysis of parenchyma tissue fractions in secondary xylem of seed plants. New Physiologist, 209: 1553-1565.

Nishimura H, Kamiya A, Nagata T, et al. 2018. Direct evidence for α ether linkage between lignin and carbohydrates in wood cell walls. Scientific Reports, 8(1): 6538.

Peng H, Salmén L, Stevanic J S, et al. 2019. Structural organization of the cell wall polymers incompression wood as revealed by FTIR microspectroscopy. Planta, 250(1): 163-171.

Piermattei A, von Arx G, Avanzi C, et al. 2020. Functional relationships of wood anatomical traits in Norway spruce. Frontiers in Plant Science, 11: 683.

Qin L, Lin L, Fu F, et al. 2017. Micromechanical properties of wood cell wall and interface compound middle lamella using quasi-static nanoindentation and dynamic modulus mapping. Journal of Materials Science, 53(1): 549-558.

Qing H, Mishnaevsky L. 2009. Moisture-related mechanical properties of softwood 3D micromechanical modeling. Computational Materials Science, 46: 310-320.

Schniewind A P, Barrett J D. 1972. Wood as a linear orthotropic viscoelastic material. Wood Science and Technology, 6: 43-57.

Scholz A, Klepsch M, Karimi Z, et al. 2013. How to quantify conduits in wood? Frontiers in Plant Science, 4: 56.

Silva M S, Funch L S, da Silva L B. 2019. The growth ring concept: seeking a broader and unambiguous approach covering tropical species. Biological Reviews, 94(3): 1161-1178.

Simmons T J, Mortimer J C, Bernardinelli O D, et al. 2016. Folding of xylan onto cellulose fibrils in plant cell walls revealed by solid-state NMR. Nature Communications, 7: 13902.

Song K, Liu B, Jiang X, et al. 2011. Cellular changes of tracheids and ray parenchyma cells from cambium to heartwood in *Cunninghamia lanceolata*. Journal of Tropical Forest Science, 3(4): 478-487.

Stevanic J S, Salmén L. 2009. Orientation of the wood polymers in the cell wall of spruce wood fibres. Holzforschung, 63(5): 497-503.

Terashima N, Kitano K, Kojima M, et al. 2009. Nanostructural assembly of cellulose, hemicellulose, and lignin in the middle layer of secondary wall of ginkgo tracheid. Journal of Wood Science, 55(6): 409-416.

Terrett O M, Lyczakowski J J, Li Y, et al. 2019. Molecular architecture of softwood revealed by solid-state NMR. Nat Commun, 10: 4978.

Thomas L H, Martel A, Grillo I, et al. 2020. Hemicellulose binding and the spacing of cellulose microfibrils in spruce wood. Cellulose, 27(8): 4249-4254.

Vaganov E A, Schulze E, Skomarkova M V, et al. 2009. Intra-annual variability of anatomical structure and δ^{13}C values within tree rings of spruce and pine in alpine, temperate and boreal Europe. Oecologia, 161: 729-745.

von Arx G, Crivellaro A, Prendin A L, et al. 2016. Quantitative wood anatomy-practical guidelines. Frontiers in Plant Science, 7: 781.

Wang D, Lin L, Fu F, et al. 2020. Fracture mechanisms of softwood under longitudinal tensile load at the cell wall scale. Holzforschung, 74(7): 715-724.

Wang D, Lin L, Fu F. 2019. The difference of creep compliance for wood cell wall CML and secondary S_2 layer by nanoindentation. Mechanics of Time-Dependent Materials, 25: 219-230.

Wang J, Li S, Guo J, et al. 2021. Characterization and comparison of the wood anatomical traits of plantation grown *Quercus acutissima* and *Quercus variabilis*. IAWA Journal, 42(3): 244-257.

Wiedenhoeft A, Miller R B. 2005. Structure and function of wood. *In*: Rowell R M. Handbook of Wood Chemistry and Wood Composites. New York: CRC Press.

Xing D, Wang X, Wang S. 2021. Temperature-dependent creep behavior and quasi-static mechanical properties of heat-treated wood. Forests, 12: 968.

Xu E, Wang D, Lin L. 2020. Chemical structure and mechanical properties of wood cell walls treated with acid and alkali solution. Forests, 11(1): 87.

Xu H M, Zhao Y Y, Suo Y Z, et al. 2021. A label-free, fast and high-specificity technique for plant cell wall imaging and composition analysis. Plant Methods, 17(1): 29.

Yin L, Jiang X, Ma L, et al. 2022. Anatomical adaptions of pits in two types of ray parenchyma cells in *Populus tomentosa* during the xylem differentiation. Journal of Plant Physiology, 278: 153830.

Zamil S, Geitmann A. 2017. The middle lamella - more than a glue. Physical Biology, 14(1): 1-11.

Zhang X, Li L, Xu F. 2022. Chemical characteristics of wood cell wall with an emphasis on ultrastructure: a mini-review. Forests, 13(3): 439.

第二章 拉伸和弯曲载荷作用下的木材弱相结构及其失效机制

木材作为使用最久远的天然复合材料，随着人们生活水平的不断提高以及木结构建筑在国内的快速发展，木材被广泛应用于木结构建筑、室内装饰装修等领域，如木结构梁、墙体和地板。随着木材使用范围的不断拓展，在木材传统的力学测试的基础上研究木材破坏行为将会越来越重要。断裂破坏是材料和构件在使用过程中最危险的失效形式，在很多情况下可能会造成灾难性的事故。因此研究木材强度，认识其破坏行为，对木材构件的设计、安全评估非常重要。此外，木材是一种具有明显细观结构、可在多尺度结构下研究的非均质、各向异性天然复合材料，对木材力学性质及其失效破坏机制的研究归根结底是从木材不同尺度的结构出发，研究外部载荷作用下木材多尺度结构的破坏规律，并建立木材结构与破坏之间的联系。

木结构梁、木桥面等在实际使用过程中，木材及木构件受到外部载荷作用时通常会发生弯曲破坏，并且破坏也都发生在受拉部位最外侧，其主要原因是受拉部位最外侧的木材承受了较大的顺纹拉伸应力。此外，顺纹拉伸作为一种简单的单轴应力状态，常被用来研究木材力学性质与结构之间的内在关系。所以深入探讨顺纹拉伸和弯曲作用下的木材的破坏规律，对于木材的力学性质研究及其实际使用都具有重要意义。

木材独特的生物生长控制机制及生长环境差异导致其不同尺度结构内部单元之间的结构与性质存在差异。例如，在木材生长轮结构中存在射线与管胞的排列方向差异，生长环境不同导致的早晚材细胞结构差异，并且在生物生长控制机制作用下，细胞壁不同层的化学组分分布以及微纤丝排列方向也都存在差异；其次，木材内部存在节子、斜纹理、树脂道/树胶道、细胞间隙及纹孔等天然"缺陷"。这些木材内部结构的差异以及初始"缺陷"的不规则演化共同决定了木材的破坏行为。木材结构破坏主要包括初始裂纹的萌生以及裂纹扩展。裂纹扩展主要通过断裂力学方法研究裂纹在木材内部的扩展路径以及扩展过程中的能量消耗。在外载荷作用下，木材多尺度结构内部单元性质差异较大的位置以及天然"缺陷"都会造成木材易产生应力集中和发生初始破坏，木材中易产生初始裂纹或初始破坏的结构称为木材弱相结构。所以深入研究顺纹拉伸和弯曲作用下木材的起始破坏位置，并结合多尺度结构差异及天然"缺陷"，精准定位木材破坏过程中的弱相结构，分析不同尺度结构内部的破坏机理，建立木材细观结构破坏与宏观结构破坏的关系，不仅有助于深入了解木材结构与力学性质的内在联系，也可为后续木材增强改性提供一定的理论指导。

第一节 顺纹拉伸和弯曲载荷作用下的木材弱相结构

木材使用过程中，受外部载荷作用时通常会发生弯曲和拉伸破坏，研究顺纹拉伸和弯曲载荷作用下的木材破坏行为对其力学性质研究和实际使用都具有重要意义。木材破坏过程主要包括初始裂纹的萌生及裂纹扩展过程，其中，产生初始裂纹的部位称为木材破坏过程中的弱相结构。以马尾松无疵木材为例，研究顺纹拉伸和弯曲载荷作用下无疵小试样木材内部生长轮结构和细胞壁结构的起始破坏位置及裂纹扩展规律，并结合木材生长轮结构中组成单元之间的结构与性质差异，精准定位木材破坏过程中的弱相结构。研究不同破坏位置的细胞壁破坏类型、细胞壁结构的起始破坏壁层以及裂纹扩展规律，结合细胞壁多层结构差异、纹孔缺陷及层间应力传递规律分析细胞壁结构破坏机理，阐明木材结构差异对木材多尺度弱相结构和破坏的影响机制。

一、顺纹拉伸载荷作用下的木材弱相结构

（一）光学显微镜原位拉伸监测木材破坏

为了实时监测到裂纹在木材内部的萌生和扩展路径，采用光学显微镜原位拉伸技术研究顺纹拉伸过程中木材生长轮结构的起始破坏位置和裂纹扩展规律。试样为哑铃状，大小为 56mm（纵向，L）×15mm（径向，R）×80μm（弦向，T），为确保颈部直线段受到均匀的拉伸应力，长细比设计为 5，颈部直线段宽度 2mm（一个完整年轮的宽度），长度为 10mm。图 2-1 表示早材（EW）薄试样顺纹拉伸破坏过程，顺纹拉伸过程中起始破坏位置往往与木射线有关，裂纹沿木射线长度方向，木射线细胞之间似乎发生剥离，与此同时木射线细胞下方的管胞也发生横断，裂纹方向与管胞轴向垂直。其主要原因是：①木射线细胞属于薄壁细胞，木材顺纹拉伸时木射线细胞受到横向拉伸载荷，胞间层的强度小于细胞壁纵向强度；②木射线和早材管胞交叉区域（交叉场）存在大量的窗格状交叉纹孔，使得管胞易产生应力集中（Bodner et al.，1997；Ozden and Ennos，2014）。早材试样顺纹拉伸的整体破坏呈现阶段性，断面呈现锯齿状（图 2-2），裂纹首先产生在

对照组　　　　　　　　　　起始破坏位置　　　　　　　　　　裂纹扩展

图 2-1　早材薄试样顺纹拉伸破坏过程

木射线或者附近管胞，随后沿木射线的长度方向横向传播，到达木射线末端后，裂纹会改变原来的方向，沿木材纵向传播，裂纹方向平行于管胞的长轴方向，其主要原因是：当裂纹尖端到达木射线末端时，管胞会阻断裂纹继续横向传播，较大的裂纹横向扩展阻力迫使裂纹沿着阻力较小的管胞纵向扩展。当该裂纹纵向延伸到下一个木射线时，裂纹会再一次改变方向，并沿木射线长度方向进行横向扩展，所以裂纹横向和纵向的交替扩展形成的锯齿状阶段性破坏也和木射线有关。

对早晚材薄试样，如果试件直线部分不存在树脂道（图 2-2a），顺纹拉伸破坏的起始位置通常会发生在早材一侧体量较大的木射线位置（图 2-2a-2），沿木射线长度方向并垂直于管胞长轴方向。此外，初始裂纹沿木射线细胞纵向扩展，当到达生长轮边界时，裂纹会改变原来的传播方向，沿生长轮边界纵向扩展，裂纹方向平行于管胞长轴方向。当裂纹到达生长轮边缘中木射线体量较大的晚材（LW）部位时，裂纹再一次沿木射线长度方向向晚材内部横向扩展（图 2-2a-3），但在木射线细胞的末端，横向扩展的裂纹再一次被晚材管胞抑制，裂纹会偏离原来的扩展方向，沿能量消耗较小的纵向进行扩展。所以裂纹在木射线

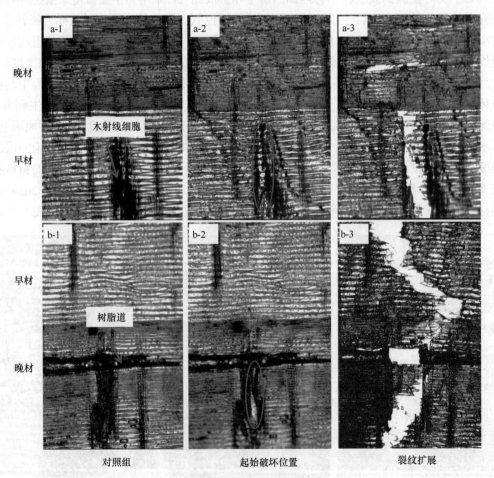

图 2-2　早晚材薄试样顺纹拉伸破坏过程
a. 不存在树脂道；b. 存在树脂道

细胞内部的横向扩展以及沿生长轮边界和管胞的纵向扩展,构成了早晚材试样的阶段性破坏模式。如果早晚材试样中晚材部位直线段存在树脂道,初始破坏往往在树脂道边缘的木射线位置产生(图 2-2b),但裂纹扩展路径的复杂程度小于不存在树脂道的早晚材试样。

(二)无疵小试样顺纹拉伸破坏

无疵小试样拉伸破坏主要研究木材不同破坏位置的细胞破坏类型及细胞壁横截面上裂纹的萌生及扩展规律。试样分为径切面和弦切面两种形式,大小为 76mm(L)×15mm(R)×1mm(T)或者 76mm(L)×15mm(T)×1mm(R)。采用哑铃状磨具和微型砂光机将试样外形加工成哑铃状,哑铃状目的:①较大的夹持端,防止在拉伸夹持过程中发生应力集中而夹持端破坏;②驱使破坏发生在颈部直线段。试样外形和尺寸设计参照原位拉伸的试件要求及前人研究结果(Mark, 1967)。此外,长细比为 15,确保颈部直线段受到均匀的拉伸应力,颈部直线段宽度 2mm,确保宽度方向有一个完整年轮的宽度,颈部直线段长度 30mm。试样颈部直线段包括早材或者早晚材,共 4 组(径切面早材、径切面早/晚材、弦切面早材、弦切面早/晚材)。通过氯化钠饱和溶液调节试样平衡含水率为 13.7%。拉伸破坏结束后,通过场发射扫描电镜(FSEM)和原子力显微镜(AFM)对试样的破坏断面进行表征,研究木材不同破坏位置的细胞破坏类型及细胞壁横截面上裂纹的萌生及扩展规律。

图 2-3 表示无疵小试样顺纹拉伸的应力-应变关系,其结果表明,早材小试样的拉伸破坏为脆性断裂。径切面无疵早材小试样的顺纹拉伸破坏以及不同破坏位置的细胞壁横截面破坏形貌如图 2-4 所示,其中,图 2-4a 为破坏断面的 SEM 图像,图 2-4b~g 为不同破坏断面的细胞壁横截面 AFM 相位图像。如图 2-4a 所示,单纯的早材断裂表面平整,管胞主要发生垂直纹理的横断,裂纹沿管胞长度方向扩展较少,表现为脆性断裂。图中Ⅰ、Ⅱ、Ⅲ这 3 个区域位于相邻的两组木射线之间,3 个区域管胞断裂都属于垂直纹理的横断,但是从Ⅰ区域到Ⅲ区域,裂纹沿纵向扩展的趋势越来越明显。Ⅰ区域位于试样最外侧并且靠近木射线的位置,破坏断面垂直于管胞纵向,没有明显的细胞腔外露。该区域的细胞的破坏类型为垂直于纹理的横断,主要是裂纹沿径向扩展时木材横断产生的细胞断裂类型。此外,Ⅰ区域中木射线所在的交叉场径切面很光滑,没有明显的木射线破坏碎片,有可能是木射线组织整体被从管胞上剥离下来。根据薄切片试样的光学显微镜原位拉伸破坏结果,Ⅰ区域可能是径切面无疵早材小试样顺纹拉伸的起始破坏位置。当Ⅰ区域管胞横向断裂之后,会在断裂面的法线方向产生平行于管胞长度方向的剪切应力,这个剪切应力会使得裂纹沿管胞的顺纹扩展,但由于Ⅱ区域和Ⅲ区域位于相邻的两列木射线之间,该剪切应力会因为木射线的干扰而减小,裂纹沿顺纹扩展较小,所以Ⅱ区域和Ⅲ区域细胞壁破坏模式依然属于横断,但有一小部分细胞腔会裸露出来。Ⅱ区域和Ⅲ区域中木射线所在的交叉场径切面也很光滑,也没有明显的木射线破坏碎片,其也有可能是木射线组织整体被从管胞上剥离下来。图中Ⅳ区域,细胞壁平行于纹理方向纵向开裂,细胞腔完全外露,细胞的破坏类型为平行于纹理的横断。

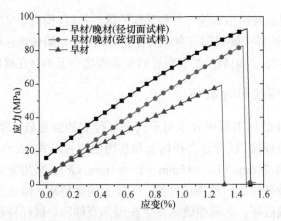

图 2-3　无疵小试样顺纹拉伸应力-应变关系

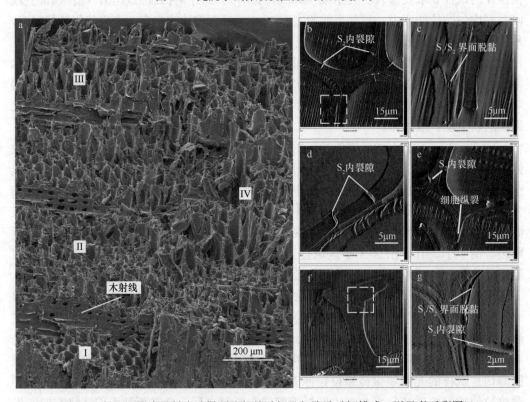

图 2-4　径切面无疵早材小试样顺纹拉伸破坏及细胞壁破坏模式（详见书后彩图）

a. 破坏断面 SEM 图；b～g. 细胞壁横截面 AFM 相位图

在细胞壁尺度上，图 2-4a 中 I 区域的管胞属于交叉场附近的管胞，纹孔口的大小几乎和细胞壁的径面壁宽度相当（图 2-4f）。根据图 2-4f 的 AFM 图像及裂隙形状，I 区域木材管胞壁破坏的起始位置可能是半具缘纹孔附近的 S_2 层，随后裂纹会沿 S_1/S_2 边界方向扩展（图 2-4g），最终细胞壁 S_2 层连同 S_3 层被从 S_1/S_2 界面拔出，管胞发生横断。II 区域断面的细胞壁横截面如图 2-4d 所示，细胞壁横截面裂纹形貌与 I 区域细胞横截面的裂纹情况类似，起始裂纹也可能发生在 S_2 层，随后裂纹沿 S_1/S_2 界面扩展。此外，横断管胞横

截面 S_2 层上的起始裂隙位置主要发生在壁层厚度变化较大的地方（细胞角隅向径面壁或者弦面壁过渡的地方）。Fahlén 和 Salmén（2002）的研究结果也表明，顺纹拉伸时细胞壁 S_2 层会产生径向裂纹。Ⅲ区域断面位置细胞壁横截面裂纹情况与Ⅰ区域和Ⅱ区域类似（图 2-4b），但是随后裂纹横穿两个相邻的细胞壁，最终细胞壁破坏形式为沿纤维轴向的横断（图 2-4c），SEM 图像显示，裂纹横穿两个相邻的壁层会导致Ⅲ区域中部分细胞腔外露。

弦切面早/晚材无疵小试样顺纹拉伸破坏同样表现为脆性断裂。弦切面早/晚材无疵小试样顺纹拉伸破坏及细胞壁破坏模式如图 2-5 所示，其中，图 2-5a 为破坏断面的 SEM 图像，图 2-5b～g 为不同破坏断面的细胞壁横截面 AFM 图像。从图 2-5a 可以看出，断口呈现一个斜三角形，在生长轮边界的早材一侧形成了一个新的延轴向扩展的 RL（R 表示断裂面的法线方向，L 表示裂纹扩展方面）破坏断面，并且在断裂表面存在许多细胞壁破坏碎片，这是因为较大破坏断面有利于裂纹扩展能量的耗散。此外，裂纹在晚材内部横向和纵向交替扩展产生了阶梯状的断面形貌。图 2-5b 表示Ⅰ区域早材细胞壁横截面破坏形貌，细胞壁的破坏类型为平行于纹理的横断，次生壁的 S_2 层也存在裂口（图 2-5c）。裂纹在早/晚材边界靠近早材一侧纵向扩展，导致早/晚材边界处的早材细胞

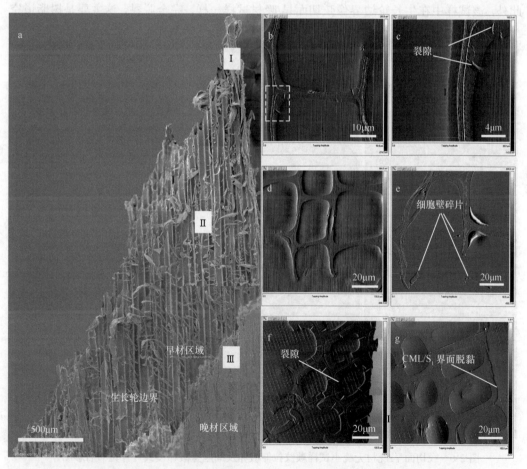

图 2-5 弦切面早/晚材无疵小试样顺纹拉伸破坏及细胞壁破坏模式（详见书后彩图）

a. 破坏断面 SEM 图；b～g. 细胞壁横截面 AFM 相位图

发生了平行于纹理的横断（图 2-5d），断面上的细胞壁碎片主要是细胞壁 S_2 层甚至是 S_3 层（图 2-5e）。对于晚材区域（图 2-5aⅢ），裂纹横向扩展导致细胞主要发生垂直于纹理方向的横断，起始裂纹可能发生在细胞壁 S_2 层，随后裂纹会沿 S_1/S_2 界面扩展，最终细胞壁 S_2 层连同 S_3 层被从 S_1/S_2 界面拔出（图 2-5f）。但裂纹在晚材内部沿纵向扩展时，晚材细胞壁破坏主要是沿 S_1/CML 界面脱黏（图 2-5g）。

图 2-6 为径切面早/晚材无疵小试样顺纹拉伸破坏及细胞壁破坏模式，其中，图 2-6a 为破坏断面的 SEM 图像，图 2-6b～e 为不同破坏位置的细胞壁横截面的 AFM 图像。从图 2-6a 可看出，破坏呈现出延轴向扩展的 TL（T 表示断裂面的法线方向，L 表示裂纹扩展方面）断面，并且会在生长轮边界早材一侧形成一个 RT（R 表示断裂面的法线方向，T 表示裂纹扩展方面）断面。由图 2-6a 可知，试样的晚材部分存在纵向树脂道，晚材部分沿树脂道边缘以及生长轮边界被拔出，树脂道会导致裂纹在纵向的扩展路径加长，长度与树脂道的纵向长度有关。晚材内部裂纹的纵向扩展导致晚材细胞之间发生剥离。与弦切面早/晚材破坏试样相比，径切面试样早材部分细胞壁的破坏类型也是平行于纹理方向的横断，但径切面试样的破坏断面相对比较平滑，没有大量的细胞壁碎片出现。此外，该试样中在生长轮边界像弦切面早/晚材试样一样，完全脱黏，这主要是树脂道空

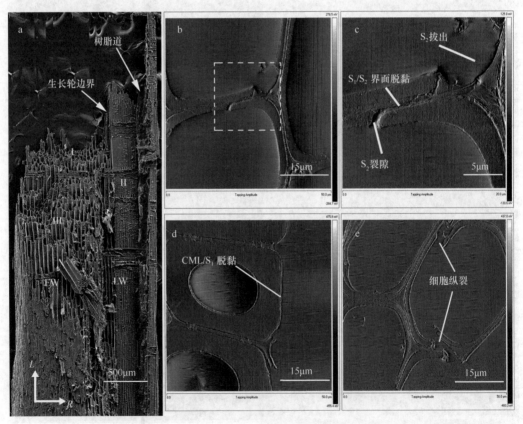

图 2-6　径切面早/晚材无疵小试样顺纹拉伸破坏及细胞壁破坏模式（详见书后彩图）

a. 破坏断面 SEM 图；b～e. 细胞壁横截面 AFM 相位图

隙缺陷导致裂纹沿其边缘扩展的能量消耗小于沿早/晚材边界扩展的能量消耗。根据 SEM 结果，Ⅰ区域的早材细胞壁破坏类型为横断破坏，Ⅱ区域为晚材细胞之间发生剥离，Ⅲ区域的早材细胞壁破坏类型为平行于纹理的横断。图 2-6b～e 为不同破坏位置的细胞壁横截面破坏形貌，其中，图 2-6b 和图 2-6c 为早材横断管胞的横截面 AFM 图像，从中可以得知裂纹产生在细胞角隅边缘厚度变化较大的 S_2 层，并且沿 S_1/S_2 界面扩展，最后次生壁被拔出。图 2-6d 为晚材管胞断裂的横截面 AFM 图像，裂纹沿 S_1/CML 界面扩展，导致细胞之间剥离，次生壁外露。裂纹在早材内部扩展时，细胞壁发生平行于管胞顺纹的横断，整个细胞腔外露（图 2-6e）。

综上，对于早材试样，木材管胞的破坏类型以垂直于纹理的横断为主，横断管胞的起始裂纹也发生在 S_2 层，裂纹位置通常发生在纹孔附近和壁厚变化较大的 S_2 层，随后沿 S_1/S_2 界面层扩展。对于早/晚材试样，裂纹在早材内部横向扩展至生长轮边界时，晚材管胞抑制裂纹横向扩展，促使其沿生长轮边界靠近早材一侧纵向扩展，而晚材破坏断面呈现锯齿状。在细胞壁尺度上，裂纹在早/晚材试样内部横向扩展时导致管胞发生垂直纹理的横断，裂纹在生长轮边界早材内部顺纹扩展时导致管胞发生平行于纹理的横断，而在晚材内部顺纹扩展时导致管胞之间沿 CML/S_1 界面层发生剥离。因此，顺纹拉伸作用下木材宏观组织层面的弱相结构为早材交叉场区域，交叉场管胞发生垂直于纹理的横断，微观弱相结构为半具缘纹孔附近的细胞壁 S_2 层，随后裂纹沿 S_1/S_2 界面层扩展。

二、弯曲载荷作用下的木材弱相结构

在实际使用过程中，如木结构房屋的梁、木桥面等，木材及木构件的弯曲破坏会经常出现。此外，树木在自然界中经常受到大风、雪等自然载荷作用，树干和树枝的弯曲破坏会经常发生（Sonderegger and Niemz, 2004）。所以，研究弯曲作用下木材断裂的机理对木材的实际使用以及强度预测都具有重要意义。在生长轮结构内，木材结构主要是由早材和晚材交替排列形成的同心层状结构，早晚材差异及生长轮边界都会导致木材复杂的裂纹萌发及扩展过程（Farruggia and Perre, 2000）。在木材弯曲过程中细胞壁主要承受了剪切和顺纹拉伸或压缩耦合应力，细胞壁中不同层的结构与性质差异所导致的细胞壁各层受力及应力传递规律都对木材细胞壁结构破坏具有重要的影响。从生长轮结构及壁层等多个尺度研究木材顺纹弯曲作用下的木材的破坏，将有助于全面了解木材的破坏机理（Conrad et al., 2003）。木材承受顺纹弯曲时，凸出的一侧为受拉面，凹进的一侧为受压面，受拉部分和受压部分都会对木材产生横向压缩。从受拉一侧到受压一侧细胞壁承受的应力从拉伸剪切耦合应力变为压缩剪切耦合应力。木材顺纹弯曲破坏过程中裂纹呈现阶段性扩展，破坏的起始裂纹通常发生在受拉部分的最外侧。此外，裂纹易沿着早晚材边界扩展（Bodner et al., 1997），但不同破坏断面上的细胞壁破坏模式研究较少。

通过原位扫描电镜研究顺纹弯曲作用下木材的起始破坏位置以及破坏模式，分析木材宏观生长轮结构的破坏顺序及裂纹扩展规律，确定弯曲载荷作用下木材破坏的起始位置。原位三点弯曲破坏是通过在扫描电镜的腔体内放入一个微型力学测试系统（最大载荷 1000N），在记录加载过程的同时，实时观测木材的弯曲过程。试样尺寸为 4mm(R)×4mm

（T）×50mm（L），试样径向方向依次是晚材、早材、晚材、早材，存在两个完整的生长轮，样品的平均平衡含水率为 13.7%。弯曲测试采用三点弯曲测试，两个支点的跨距为 20mm，加载速度为 0.15mm/min，根据加载方向和生长轮的关系，加载方向被分为两种（图 2-7），一种是加载方向与木材的生长轮平行（Case 1），另一种是加载方向与木材的生长轮垂直（Case 2），加载过程中通过 SEM 记录了载荷-位移曲线上主要的趋势及拐点的木材形貌或表面裂纹形貌。

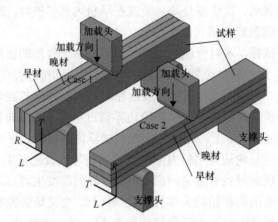

图 2-7　不同加载方向的三点弯曲测试
Case 1，弦向加载；Case 2，径向加载

（一）弦向加载弯曲木材破坏

弦向加载弯曲破坏时，受拉一侧早材和晚材管胞同时受到拉伸应力，其中晚材强度大于早材，所以早、晚材在同时承受拉伸应力时会出现应力再分配现象，晚材承担了较大的拉伸应力。木材弦向弯曲加载的载荷-位移曲线如图 2-8 所示，其中，弦向加载时载荷-位移曲线（Case 1）上 A、B、C 三个拐点分别对应木材破坏的 3 个过程，如图 2-9a、图 2-9b、图 2-9c 所示。如图 2-9a 所示，木材弯曲破坏的初始位置在加载头正下方的试样受拉部位最外侧，主要原因是最外侧木材受到的拉伸应力最大。受拉最外侧的破坏 TL 断面局部如图 2-9a1 所示，其中图 2-9a1 左侧的晚材为图 2-9a 裂纹所在的位置，由图 2-9a1 可知，初始裂纹产生在木射线附近位置，导致晚材部分横断，这与 Bodner 等（1997）的研究结果类似。初始裂隙产生后，在垂直裂纹扩展方向形成了较大的剪切应力，导致裂纹沿木材纵向扩展，裂纹平行于管胞轴向方向，并与水平方向夹角 10°～30°。在弯曲断裂过程中初始裂纹产生后，裂纹的纵向和横向交替扩展，形成了锯齿状破坏断面（图 2-9b，图 2-9c），这种锯齿状的破坏模式主要和木射线及管胞的排列方向有关（Bodner et al.，1997）。如图 2-9c 所示，越靠近受拉部位外侧，裂纹纵向扩展越长，主要原因是受拉部位最外侧的木材受到的拉伸应力最大。此外，在受拉部位最外侧裂纹沿生长轮边界扩展明显。图 2-9c1 表示靠近中性层部分的断裂形貌，从中可知破坏断面依然呈现锯齿状，靠近木射线的部位，裂纹会横向扩展，导致管胞主要发生垂直纹理的横断，裂纹在早材内部纵向扩展时导致早材管胞发生平行于纹理的横断，而在晚材内部纵向扩展时导致晚材管胞之间相互剥离。

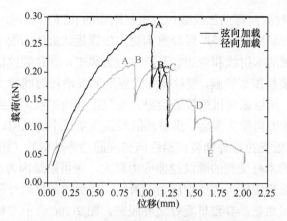

图 2-8　不同加载方向的三点弯曲载荷-位移曲线

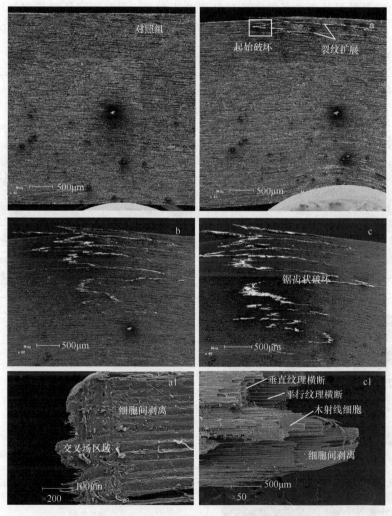

图 2-9　木材弦向弯曲加载过程中不同破坏阶段破坏形貌

a~c. 弦向加载时载荷-位移曲线 A、B、C 三个阶段对应的破坏过程；

a1. 图 a 中拉伸最外侧的 TL 断面；c1. 图 c 中受拉伸部分破坏的 TL 断面

图 2-10 表示木材弦向弯曲加载破坏后木材断面的 μCT 形貌图。根据断面 μCT 三维形貌分析,裂纹纵向和横向交替扩展导致木材发生锯齿状破坏断面(图 2-10b),主要原因为:①交叉场区域的木射线和管胞容易产生应力集中,导致裂纹横向扩展;②在木射线末端管胞会阻止裂纹横穿管胞,裂纹横穿管胞所需要消耗的能量大于裂纹沿管胞纵向扩展所消耗的能量,所以纵向排列管胞会阻止裂纹沿横向扩展,起到了"止裂器"的作用,诱导裂纹扩展的方向发生偏转,沿着耗散裂纹能量较小的纵向进行扩展(Liu et al.,2016)。此外,越靠近受拉最外侧裂纹沿纵向扩展的趋势越明显(图 2-10a),主要原因是受拉部位最外侧的木材受到的顺纹拉伸应力最大,也可能是因为在初始裂纹形成后,在断裂面法线方向会形成较大的剪切应力。最后,在受拉部位最外侧,裂纹沿生长轮边界纵向扩展的趋势很明显,导致早晚材边界脱黏。图 2-10c 表示木材断口 Ⅰ 处的横截面的 μCT 二维灰度图像,在生长轮边界未见明显的裂纹扩展或者断面形成,这意味着生长轮边界对除受拉最外侧之外的部位破坏影响不显著,主要原因是载荷方向与生长轮的方向平行。综上,木材弦向弯曲加载作用下的破坏模式如图 2-10d 所示,整体破坏呈现锯齿状,越靠近拉伸最外侧,锯齿状越明显。

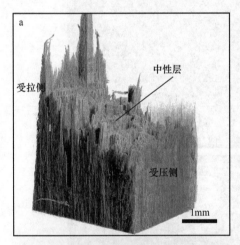

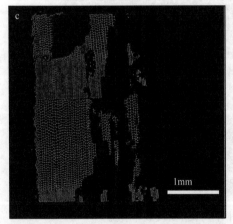
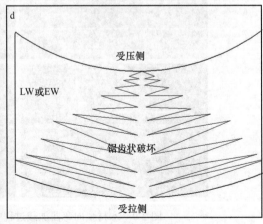

图 2-10　木材弦向弯曲加载破坏后的断面 μCT 形貌图

a、b. 三维重构断面形貌;c. 断面横截面形貌;d. 弦向加载的试件破坏模式通过原子力显微镜（AFM）等显微分析手段研究试样受拉伸部位到剪切层之间的不同断口位置的细胞壁横截面裂纹形貌，确定不同破坏断面位置的细胞破坏类型，推测细胞壁上裂隙萌生与扩展规律，揭示顺纹拉伸和剪切耦合应力下的细胞壁破坏机理。图 2-11 为木材弦向弯曲加载破坏后受拉部位及中性层的细胞壁破坏形貌。对起始破坏位置的交叉区域晚材管胞，交叉场区域管胞的主要破坏类型是垂直于纹理的横断（图 2-11a），裂纹发生在半具缘纹孔附近的次生壁 S_2 层。此外，在交叉场初始破坏位置附近也存在正常的横断管胞，细胞壁 S_2 层产生明显的裂隙，并且 S_1/S_2 界面层之间发生脱黏。根据无疵小试样顺纹拉伸破坏研究结果，细胞壁在顺纹拉伸应力作用下，首先破坏的壁层是 S_2 层，而受拉一侧的管胞主要承受拉伸和剪切耦合应力，所以弯曲试件最外侧的管胞在承受顺纹拉伸应力时会导致细胞壁 S_2 层产生裂纹（图 2-11b），而剪切应力可能会导致 S_1/S_2 界面层发生剥离（图 2-11b）。

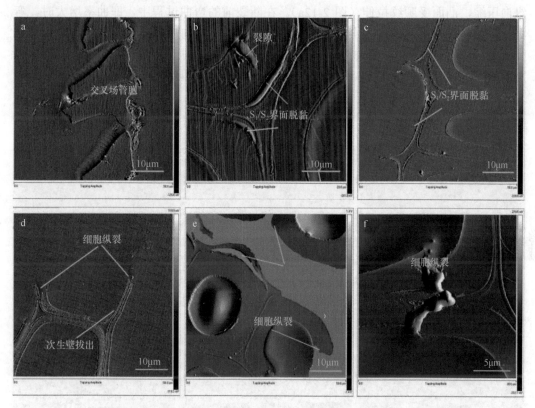

图 2-11　木材弦向弯曲加载破坏后细胞壁横截面破坏形貌 AFM 图像（详见书后彩图）
a. 起始破坏位置横断管胞；b. 受拉最外侧横断管胞；c. 裂纹在受拉最外侧纵向扩展的晚材管胞；
d. 裂纹在受拉最外侧纵向扩展的早材管胞；e. 中性层位置晚材管胞；f. 中性层位置早材管胞

裂纹在受拉伸部位晚材内部顺纹扩展时，晚材细胞壁的破坏主要是细胞之间发生剥离，裂纹通常发生在 S_1/S_2 界面层（图 2-11c）。裂纹在拉伸部位早材内纵向扩展时，细胞会发生平行于纹理的横断，裂纹通常会发生在早材细胞壁的径面壁的角隅附近（图 2-11d）。中性层位于该试件的中间位置，中性层的法线与载荷方向平行，并且中性层中的早晚材都会受到 LR（L 表示剪切力方向，R 表示剪切面）面内剪切应力，早材破坏主要为平行于纹理的横断，裂纹通常发生在细胞径面壁附近的细胞角隅处，同时也会伴有沿 S_1/S_2 界面层的裂纹扩展（图 2-11f）。对于中性层的晚材管胞，细胞破坏主要发生在 S_1/S_2 界面层，细胞壁沿 S_1/S_2 界面脱黏。综上，在弦向弯曲加载的过程中，受拉最外侧起始破坏位置的晚材发生横断，裂纹发生在半具缘纹孔附近的次生壁 S_2 层，而裂纹在受拉部位最外侧顺纹扩展时，迫使早材细胞主要发生平行纹理方向的横断，晚材细胞之间沿 S_1/S_2 界面发生脱黏。此外，对于中性层部位的晚材管胞，细胞之间沿 S_1/S_2 界面发生脱黏，而早材细胞发生平行纹理方向的横断。

（二）径向加载弯曲木材破坏

图 2-12 表示木材径向加载弯曲的破坏过程，其中，图 2-12a～e 为载荷-位移曲线（Case 2）上 A～E 5 个不同阶段的木材破坏表面形貌。木材径向加载弯曲时，凹面受纵向压缩，凸面受顺纹拉伸（图 2-12a）。在断裂前的弯曲过程中，即曲率增大时，弯曲试件外侧部分受到的张力会对弯曲试件内的材料产生向内的压力。同样，内侧部分受到的压缩会对外侧部分的材料产生向外的压力，所以对于各向同性材料，试件中间层的横向压缩应力最大（Ennos and van Casteren，2010）。但对于各向异性的木材，因为

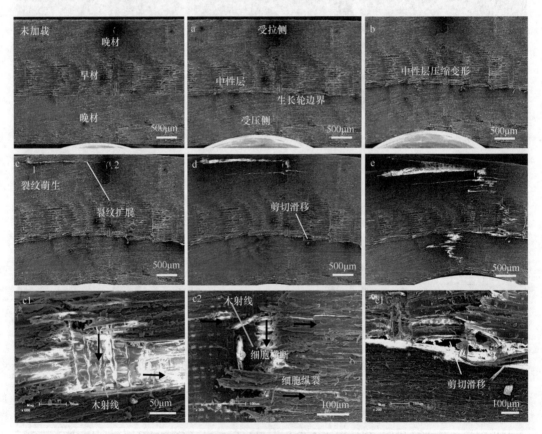

图 2-12　木材径向受力弯曲破坏过程

a～e. 载荷-位移曲线（Case 2）的 A、B、C、D、E 5 个阶段对应的破坏过程；
c1、c2. 图 c 局部放大图；e1. 中性层的剪切滑移破坏

早材细胞腔大壁薄，而晚材细胞腔小，壁厚，早晚材差异会导致木材沿径向弯曲加载时早材细胞首先被压缩，最大横向压缩位置会向试样中间位置附近的生长轮边界移动。所以随着弯曲变形的增加，靠近试件中间附近位置的生长轮边界的早材会鼓起（图 2-12a～b）。

当弯曲变形达到临界点时，初始裂纹会在加载头正下方的受拉部位最外侧产生（图 2-12c），与此同时，图 2-8 中的 Case 2 曲线出现拐点（C 点），木材承载能力下降。由图 2-12c1 可知，初始裂纹发生在木射线附近位置，并且裂纹会沿着木射线的长度方向进行扩展（Bodner et al.，1997；Ozden and Ennos，2014）。随后，裂纹在木射线的端头改变方向沿管胞顺纹扩展（图 2-12c），当木材射线组织在弯曲过程中发生破坏时，管胞承担着跨越裂纹的弯曲载荷，起到桥梁的作用，抑制裂纹的扩展，裂纹桥接被认为是许多其他生物结构的重要增韧机制，如骨骼、珍珠和软体动物壳等（Peterlik et al.，2006；Studart，2012），这也是木材破坏存在一定韧性的主要原因。当裂纹顺纹扩展到体量较大的木射线边缘，裂纹再一次沿木射线长度方向横向传播（图 2-12c2）。对于各向同性的弯曲试样，试样的受拉和受压之间的边界层，该层既不受拉也不受压，而是承受最大的面内剪切应力，该层也被称为中性层，一般位于试样中间位置。对于径向加载的木材弯曲试件，随着弯曲曲率继续增加，试样中间附近位置的生长轮边界两侧木材组织发生明显的剪切滑移（图 2-12d），载荷-位移曲线再一次发生拐点下滑（图 2-8 中的 D 点），从结果可知径向加载弯曲试样的中性层位置会发生偏移。当弯曲曲率进一步增加时，受拉部位破坏，甚至木材整体发生破坏（图 2-12e）。

图 2-13 为木材径向弯曲加载破坏试样的 μCT 图像，其中，图 2-13a 和图 2-13b 为断裂口的三维重构图像。在加载方向上存在两个生长轮，一个生长轮边界位于受拉部位最外侧，另一个生长轮位于试样厚度的中间位置（图 2-13b，图 2-13c）。由图 2-13a 和图 2-13b 可知，在受拉最外侧的晚材部位，裂纹的横向和纵向交替扩展形成了锯齿状的破坏断面（图 2-13d-A），同时在早晚材过渡区域（TW）形成了一个新的 RL 断裂面（图 2-13d-B），而过渡区域 RL 断裂面到中性层附近之间的早材主要发生横断（图 2-13d-C）。此外，在生长轮边界（中性层）靠近早材一侧又会形成一个新的 RL 破坏断面（图 2-13d-D）。图 2-13c 为破坏断口横截面的二维灰度图像，生长轮边界靠近早材的一侧存在明显的裂口。最后，靠近中性层的晚材也会发生锯齿状破坏，但相比受拉最外侧晚材管胞，其锯齿状破坏沿着顺纹扩展不明显（图 2-13d-E），同样，受压部位的早材管胞也以横断为主（图 2-13d-G）。

径向弯曲加载破坏试样的受拉部位和中性层细胞壁断裂形式如图 2-14 所示。图 2-14a 为起始破坏位置管胞的横截面，可以看出初始破坏发生在交叉场管胞的次生壁，部分细胞壁次生壁被拔出，但木射线壁层相对完整。受拉最外侧（初始破坏位置，见图 2-12c）横断的晚材管胞横截面如图 2-14b 所示，细胞壁横截面 S_2 层也存在明显的径向裂口，并且 S_1/S_2 界面层发生明显的脱黏。同样根据无疵小试样顺纹拉伸破坏研究结果，顺纹拉伸应力会导致细胞壁 S_2 层出现裂纹，所以径向加载弯曲破坏时，试样的受拉最外侧晚材管胞同时承受了顺纹拉伸和剪切两个应力，顺纹拉伸应力会导致细胞

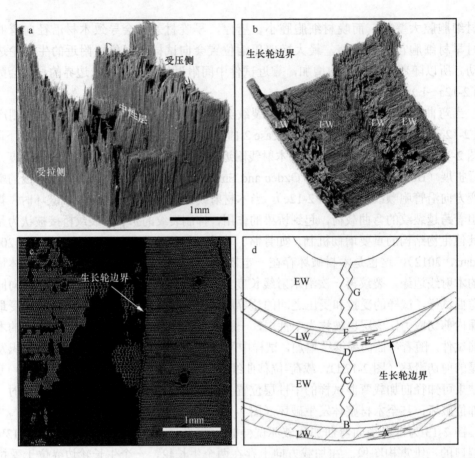

图 2-13　木材径向弯曲加载破坏断面 μCT 图像

a～b. 三维破坏断口；c. 图 a 中 I 位置的横截面二维灰度图；d. 木材径向弯曲加载破坏模式

壁 S_2 层发生破坏，而剪切应力会导致次生壁 S_1/S_2 界面之间发生脱黏。最后在受拉部位最外侧的晚材部分，裂纹也会沿着木材纵向扩展，形成的断面细胞壁破坏类型为平行于纹理的横断和细胞之间发生剥离，平行于纹理的横断破坏裂纹通常产生在细胞径向壁角隅处（图 2-14c），而细胞之间剥离破坏的裂纹发生在 S_1/S_2 界面层（图 2-14d）。图 2-13a 为受拉一侧的早材管胞，细胞的破坏主要形式是垂直于纹理的横断，裂纹通常发生在 S_1/S_2 界面（图 2-14e）。对于中性层附近或者生长轮边界的早材，由于最大的横向压缩应力，生长轮边界的早材管胞被径向压缩，管胞的径向壁上发生了较大的弯曲变形，甚至破坏（图 2-14f）。

　　弦向加载弯曲作用下木材破坏断面为锯齿状。对受拉一侧，管胞主要受到顺纹拉伸和 LR 面内剪切作用，裂纹在木材内部纵向扩展时导致晚材之间沿 S_1/S_2 界面层脱黏，而早材管胞主要发生平行于纹理的横断。对于中性层位置，管胞主要受到 LR 面内剪切作用，晚材管胞之间也沿 S_1/S_2 界面层脱黏，早材管胞也会发生平行于纹理的横断。径向加载顺纹弯曲作用下木材破坏的起始破坏发生的同时，试样中性层附近的早材管胞发生明显的横向压缩变形。木材破坏断面主要表现为锯齿状和横断。裂纹在受拉一侧晚材内部纵向扩展时，导致晚材管胞主要沿 S_1/S_2 界面层剥离和平行于纹理的横断。而受拉

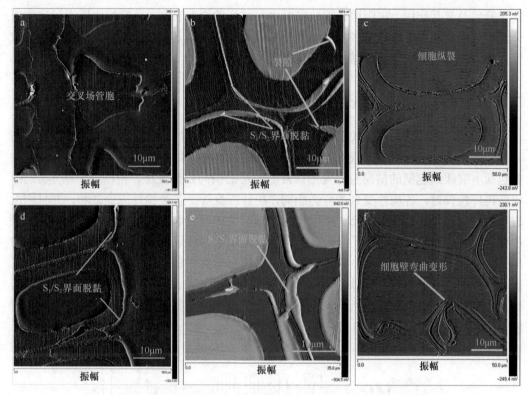

图 2-14 不同位置的细胞壁破坏形貌 AFM 图像（详见书后彩图）
a. 起始破坏位置横断管胞；b. 受拉最外侧横断管胞；c、d. 裂纹在受拉最外侧纵向扩展的晚材管胞；
e. 受拉部位横断的早材管胞；f. 中性层位置早材管胞。图例为测试电压

一侧的早材管胞主要破坏形式是垂直于纹理的横断，裂纹通常发生在 S_1/S_2 界面层。中性层附近由于较大的横向压缩应力，早材管胞的径面壁发生较大的弯曲变形，甚至破坏。因此，顺纹弯曲作用下木材宏观弱相结构为受拉部位最外侧的交叉场区域，并且交叉区域管胞发生横断，木材微观弱相结构为半具缘纹孔附近的细胞壁 S_2 层。

第二节 木材弱相结构的失效破坏影响机制

木材破坏过程中的裂纹萌生和扩展过程主要与木材内部结构的差异和天然"缺陷"有关（Zink et al.，1994；Mott et al.，1995；Lukacevic et al.，2015）。顺纹拉伸应力作用下细胞壁壁层起始破坏位置发生在 S_2 层或者 S_1/S_2 界面层（Mark，1967；Fahlén and Salmén，2002），不同壁层之间的结构差异所导致的层间应力传递规律对细胞壁破坏机理研究具有重要意义。此外，木射线所在区域是木材顺纹拉伸和弯曲破坏易失效的关键部位，是木材破坏过程中的弱相结构（Bodner et al.，1996；Bodner et al.，1997）；早晚材管胞的力学性质差异也会导致生长轮边界成为木材的一个力学界面，裂纹易沿着生长轮边界纵向扩展（Sippola and Frühmann，2002）。本节主要分析木材生长轮结构中木射线与管胞形成的交叉区域结构与力学性质对木材弱相结构的影响机制，进一步确定顺纹拉伸与弯曲作用下木材结构破坏过程中的起始破坏位置，即木材弱相结构；研究早晚材

力学差异及交互作用，树脂道孔隙缺陷对木材破坏的影响机制；研究细胞壁不同化学组分及微纤丝角差异下细胞壁各层变形机制和层间的应力传递规律，揭示顺纹拉伸和顺纹弯曲剪切应力作用下的细胞壁层破坏起始位置。

一、交叉场结构对失效破坏的影响

木材顺纹拉伸时，木射线受到了相当于沿木射线横向的拉伸应力，木射线细胞壁与其胞间层串联，并且平行于载荷方向（图 2-15a），木材顺纹拉伸时射线组织内部变形主要包括木射线细胞壁的横向拉伸变形以及胞间层的横向拉伸变形。根据力学基本原理，串联构件拉伸时，各构件受到的应力相同，拉伸应变等于各个构件应变之和，并且刚度较小的构件会产生较大的变形。所以当木材顺纹拉伸时，木射线与相邻的管胞属于并联拉伸，随着拉伸应变的增加，应力会出现再分配现象，导致交叉区域管胞的细胞壁发生应力集中（图 2-15a）。此外，径向排列的木射线会干扰相邻管胞的正常排列，导致交叉区域管胞的次生壁出现孔隙缺陷，并且交叉场区域管胞壁上的半具缘纹孔干扰了纹孔边缘次生壁的微纤丝的正常排列，上述变化都会导致在顺纹拉伸应力作用下，交叉区域管胞易产生应力集中和破坏（Bodner et al.，1997）。

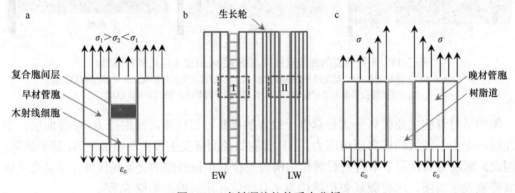

图 2-15　木材顺纹拉伸受力分析
a. 交叉场区域 I 受力分析；b. 木材纵切面；c. 晚材树脂道区域 II 受力分析

图 2-16 为木材破坏过程中起裂位置的断面横截面 AFM 图像。图 2-16a 为木材三点弯曲作用下的木材破坏起始位置的横断管胞横截面 AFM 图像，图 2-16b 为木材顺纹拉伸作用下木材破坏起始位置的横断管胞横截面 AFM 图像。从中可以看出，木射线细胞壁相对完整，而管胞破坏比较明显，木射线和管胞之间也会发生剥离，这也证明了交叉场区域的管胞可能是起始破坏位置。此外，顺纹拉伸作用下的木材破坏 SEM 断面显示，初始破坏区域的交叉场区域断面光滑，没有明显的木射线细胞壁破坏碎片（图 2-4a），此结果也证明了整个木射线被从管胞径面壁剥离下来。以上结果都证明了木材顺纹拉伸时起始破坏位置发生在早材交叉场区域的管胞；此外，木材顺纹弯曲时，受拉最外侧主要受到了纵向的拉伸应力，所以弯曲破坏时起始破坏位置也发生在受拉部位最外侧的交叉场区域管胞。因此，顺纹拉伸和三点弯曲作用下的木材弱相结构为交叉场区域的管胞。

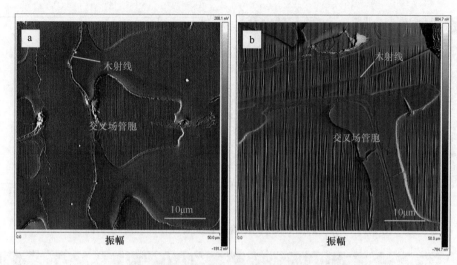

图 2-16　木材破坏起裂位置的断面横截面 AFM 图像
a. 三点弯曲；b. 顺纹拉伸。图例为测试电压

　　当初始裂纹产生后，裂纹会沿着木射线长度方向进行横向扩展，裂纹扩展方向与管胞纵向垂直，但在木射线末端纵向排列的管胞会阻止裂纹继续沿横向扩展，促使裂纹向能量较低的纵向进行扩展。因为当裂纹横穿正常的管胞时，纤维素大分子链发生横断，需要消耗大量的能量（Liu et al.，2016），所以正常的管胞会阻止裂纹继续沿横向扩展，裂纹扩展发生偏转，平行于管胞长轴方向进行纵向扩展。当裂纹纵向扩展到下一列木射线附近时，裂纹会再一次沿木射线长度方向进行横向扩展，这种横向与纵向的交替扩展构成了木材阶段性和锯齿状裂纹扩展的路径，木材破坏断面呈现锯齿状，而这种破坏模式主要与木射线和管胞的排列方式密切相关。

二、早晚材差异对失效破坏的影响

　　通过数字散斑相关方法（DSCM）研究木材顺纹拉伸过程中早晚材部分纵向应变、横向应变差异，分析生长轮边界以及交叉场区域对木材纵向应变和横向应变的影响机制。试样直线段宽度方向依次是早材、晚材和早材。顺纹拉伸的载荷-位移曲线如图 2-17 所示，不同时间节点的应变大小分布规律如图 2-18 所示。由顺纹拉伸应变云图可知，右侧部分的纵向应变较大，主要原因是拉伸加载头在右侧。此外，早材部位的交叉场区域易产生应变集中，并且早材的横向应变也明显大于其他区域，而生长轮边界会出现明显的横向应变差异分界线（图 2-18）。该试样中不同拉伸阶段的早材和晚材部分顺纹拉伸应变如图 2-19 所示，从拉伸开始到 35s，早晚材之间的顺纹拉伸应变没有明显的差异。当拉伸位移增加到 0.175mm 时，早材中射线组织导致交叉场区域发生应力集中，出现较大的应变值，所以 35s 后应变集中区域为早材交叉场区域。早晚材之间的顺纹拉伸应变差异结果表明，早材的纵向应变明显大于晚材，早晚材并联顺纹拉伸时首先破坏的部位为早材；此外，早晚材纵向应变的差异也会导致生长轮边界产生剪切应力，裂纹沿生长轮边界纵向扩展。

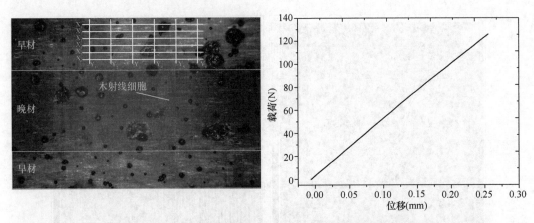

图 2-17 马尾松正常木材的早晚材试样顺纹拉伸载荷-位移曲线

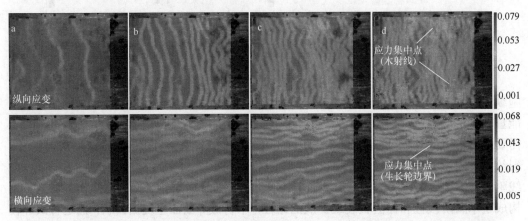

图 2-18 马尾松早晚材试样顺纹拉伸不同阶段的纵向应变场和横向应变场图像（详见书后彩图）

图例为应变

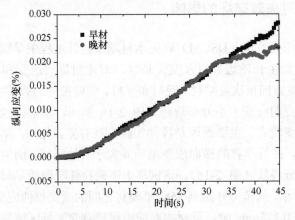

图 2-19 马尾松早晚材试样中早材和晚材部分的纵向应变

由于泊松比效应，在顺纹拉伸变形的同时木材会发生横向收缩变形。图 2-20 为顺纹拉伸时试样横向应变随时间的变化规律。从拉伸开始到 26s，早晚材横向应变几乎为零，而在 25s 到 35s，试样的早材或晚材都发生了横向收缩（应变为负值表示收缩），并且早材部分的横向应变大于晚材。但35s后早材和晚材部分的横向应变都会减小。虽然早、晚材的横向应变随时间的变化趋势类似，但早材的横向应变绝对值大于晚材横向应变绝对值。早、晚材横向应变的差异会导致生长轮边界成为一个力学界面，裂纹容易沿生长轮边界纵向扩展。此外，如图 2-21 所示，早晚材的泊松比变化趋势与其横向应变变化趋势相同。综上，早材部分的交叉场区域会导致顺纹拉伸应变易在该区域产生应变集中，容易首先发生破坏；此外，早、晚材之间顺纹拉伸应变以及横向收缩应变差异会导致生长轮边界成为一个力学界面，易在生长轮边界产生剪切应力，导致裂纹易沿着生长轮边界靠近早材内部一侧平行于纹理纵向进行扩展。

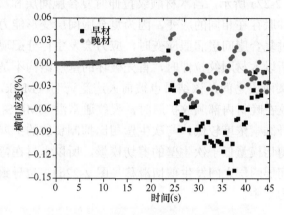

图 2-20　马尾松早晚材试样中早材和晚材部分的横向应变

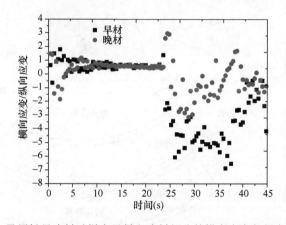

图 2-21　马尾松早晚材试样中早材和晚材部分的横向应变与纵向应变比值

　　裂纹纵向扩展时早晚材管胞的破坏类型也存在差异。顺纹拉伸时裂纹在早材内部沿纵向扩展导致早材发生平行于纹理方向的横断，而在晚材内部沿纵向扩展时裂纹沿 CML/S_1 之间扩展，导致晚材管胞之间发生剥离。木材弦向加载弯曲作用下，裂纹纵向扩展时，受拉部位早材管胞发生平行于纹理方向的横断，而晚材管胞沿 S_1/S_2 之间剥离。综上，早晚材管胞的破坏类型差异主要和早晚材的壁厚有关，其中，早材腔大壁薄裂纹容易造成细胞壁 S_2 层整体破坏，而晚材较厚的 S_2 层会限制裂纹扩展进入 S_2 层内部，迫使裂纹沿能量耗散较低的胞间层进行扩展。

三、壁层结构差异对弱相结构及其失效破坏的影响

木材细胞壁胞间层中极高的木质素浓度（Donaldson，1995；Schmidt et al.，2009；Ji et al.，2014；Wang et al.，2014）以及初生壁中较高的果胶与蛋白质含量（Stevanic and Salmén，2009）导致复合胞间层具有较大的变形能力。复合胞间层作为相邻的两个次生壁之间的连接层，主要起应力传递和弱界面层的作用。当木材顺纹拉伸时，复合胞间层允许了相邻的两个次生壁发生剪切滑移，管胞会发生适应性取向（Barthelat et al.，2016）。此外，如图 2-22a 所示，当木材顺纹拉伸时复合胞间层和次生壁并联拉伸，复合胞间层与次生壁并联存在相同的应变，因为复合胞间层变形能力大于次生壁，所以当顺纹拉伸应变超过复合胞间层屈服应变时，应力会发生再分配现象，导致次生壁首先发生应力集中。所以木材顺纹拉伸时，首先破坏的壁层结构不是复合胞间层，而是次生壁的某一层或某两层之间，该结果也被前人广泛证明（Mark，1967）。其次，木材顺纹拉伸时，裂纹在晚材内部顺纹扩展时，裂纹通常沿 CML/S$_1$ 边界扩展，其主要原因是复合胞间层纤维素浓度较低，与次生壁相比抑制裂纹的扩展能力较低。最后，因为复合胞间层的剪切模量低于次生壁的剪切模量，所以木材在弯曲时复合胞间层允许了次生壁沿着胞间层两层之间发生剪切滑移（图 2-22c），也导致次生壁的某一层或某两层之间产生应力集中。

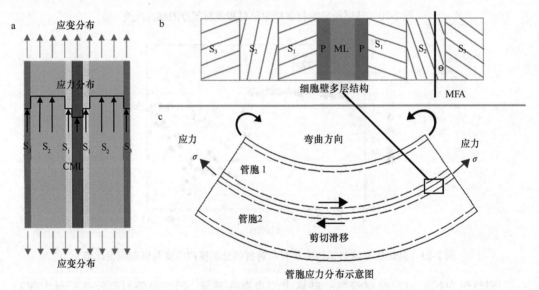

图 2-22　管胞顺纹拉伸和弯曲加载应力分布
a. 管胞顺纹拉伸应力分布；b. 细胞壁层结构；c. 木材弯曲加载时管胞应力分布

细胞壁次生壁最显著的差异是微纤丝角（MFA），其中 S$_1$ 层或者 S$_3$ 层的微纤丝取向几乎和细胞轴垂直，而 S$_2$ 层几乎与细胞轴平行（图 2-23a）。纵向拉伸应力下，木材大分子变形主要包括纤维素伸长变形（图 2-23d）以及纤维素与基体之间的剪切滑移变形（图 2-23b）。对于微纤丝角较大的壁层，壁层顺纹拉伸变形主要来源于纤维素与基体之

间的剪切滑移（图 2-23b），并且该变形要大于纤维素自身顺纹的拉伸变形。木材细胞壁次生壁中 S_1 层的微纤丝角为 $60°\sim90°$，S_2 层为 $10°\sim30°$，S_3 层为 $70°\sim90°$，所以在顺纹拉伸的过程中，S_1 层或 S_3 层的屈服变形大于 S_2 层。S_1 层和 S_3 层屈服变形较大的主要原因是 S_1 层或者 S_3 层顺纹拉伸时，壁层内部纤维素与基体之间的剪切滑移较大，甚至是基体发生较大顺纹拉伸应变。所以细胞壁受到纵向拉伸应力时由于 S_1 层或者 S_3 层较大的屈服变形，拉伸过程中随拉伸应变的增加，拉伸应力重新被分配，导致 S_2 层首先发生应力集中。因此管胞受到顺纹拉伸应力时，起始裂隙会产生在 S_2 层，沿径向扩展，到达 S_1 层边界后，由于 S_1 层较大的微纤丝角，裂纹不易横断 S_1 层内的微纤丝，而沿着消耗能量较低的 S_1/S_2 边界扩展，最终次生壁 S_2 层连同 S_3 层被拔出（图 2-24a，图 2-24b），细胞壁会发生横断。所以顺纹拉伸和弯曲作用下木材起始破坏位置的交叉场区域管胞发生横断，并且横断细胞壁上的起始破坏位置为 S_2 层。

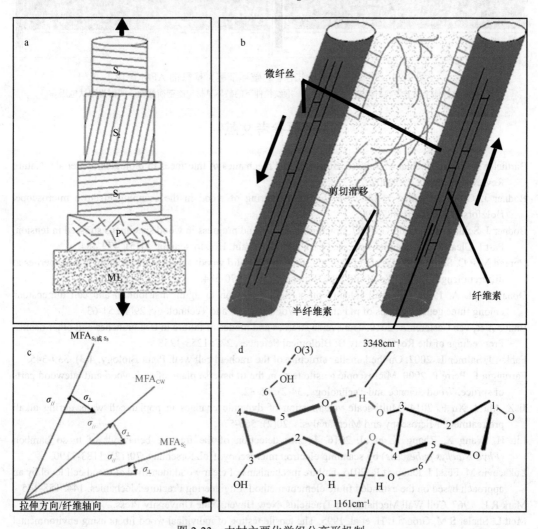

图 2-23　木材主要化学组分变形机制

a. 细胞壁同心层状结构；b. 细胞壁主要组分变形；c. 不同微纤丝角壁层的应力分量；d. 纤维素大分子变形。

MFA，微纤丝角；MFA$_{CW}$，应压木微纤丝角；σ，应力

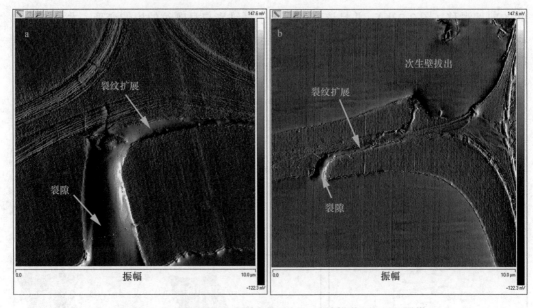

图 2-24　顺纹拉伸应力作用下的破坏细胞壁横截面 AFM 图像

a. 顺纹拉伸下的破坏晚材细胞壁横截面；b. 顺纹拉伸下的破坏早材细胞壁横截面。图例为测试电压

主要参考文献

Barthelat F, Yin Z, Buehler M J. 2016. Structure and mechanics of interfaces in biological materials. Nature Reviews Materials, 1: 16007.

Bodner J, Grüll G, Schlag M G. 1996. *In-situ* fracturing of wood in the scanning electron microscope. Holzforschung, 50(6): 487-490.

Bodner J, Schlag M G, Grüll G. 1997. Fracture initiation and progress in wood specimens stressed in tension. Part I. Clear wood specimens stressed parallel to the grain. Holzforschung, 51(5): 479-484.

Conrad M P C, Smith G D, Fernlund G. 2003. Fracture of solid wood: a review of structure and properties at different length scales. Wood and Fiber Science, 35(4): 570-584.

Donaldson L A. 1995. Cell wall fracture properties in relation to lignin distribution and cell dimensions among three genetic groups of radiata pine. Wood Science and Technology, 29(1): 51-63.

Ennos A R, van Casteren A. 2010. Transverse stresses and modes of failure in tree branches and other beams. Proceedings of the Royal Society B: Biological Sciences, 277: 1253-1258.

Fahlén J, Salmén L. 2002. On the lamellar structure of the tracheid cell wall. Plant Biology, 4(3): 339-345.

Farruggia F, Perré P. 2000. Microscopic tensile tests in the transverse plane of earlywood and latewood parts of spruce. Wood Science and Technology, 34(2): 65-82.

Ji Z, Ma J, Xu F. 2014. Multi-scale visualization of dynamic changes in poplar cell walls during alkali pretreatment. Microscopy and Microanalysis, 20(2): 566-576.

Liu H, Wang X, Zhang X, et al. 2016. *In situ* detection of the fracture behaviour of moso bamboo (*Phyllostachys pubescens*) by scanning electron microscopy. Holzforschung, 70(12): 1183-1190.

Lukacevic M, Füssl J, Lampert R. 2015. Failure mechanisms of clear wood identified at wood cell level by an approach based on the extended finite element method. Engineering Fracture Mechanics, 144: 158-175.

Mark R E. 1967. Cell Wall Mechanics of Tracheids. New Haven: Yale University Press.

Mott L, Shaler S M, Groom L H, et al. 1995. The tensile testing of individual wood fibers using environmental scanning electron microscopy and video image analysis. Tappi Journal, 78(5): 143-148.

Ozden S, Ennos A R. 2014. Understanding the function of rays and wood density on transverse fracture behaviour of green wood in three species. Journal of Agricultural Science and Technology B, 4: 731-743.

Peterlik H, Roschger P, Klaushofer K, et al. 2006. From brittle to ductile fracture of bone. Nature Materials, 5: 52-55.

Schmidt M, Schwartzberg A M, Perera P N, et al. 2009. Label-free in situ imaging of lignification in the cell wall of low lignin transgenic *Populus trichocarpa*. Planta, 230: 589-597.

Sippola M, Frühmann K. 2002. *In situ* longitudinal tensile tests of pine wood in an environmental scanning electron microscope. Holzforschung, 56(6): 669-675.

Sonderegger W, Niemz P. 2004. The influence of compression failure on the bending, impact bending and tensile strength of spruce wood and the evaluation of non-destructive methods for early detection. European Journal of Wood and Wood Products, 62(5): 335-342.

Stevanic J S, Salmén L. 2009. Orientation of the wood polymers in the cell wall of spruce wood fibres. Holzforschung, 63(5): 497-503.

Studart A R. 2012. Towards high-performance bioinspired composites. Advanced Materials, 24(37): 5024-5044.

Wang X, Keplinger T, Gierlinger N, et al. 2014. Plant material features responsible for bamboo's excellent mechanical performance: a comparison of tensile properties of bamboo and spruce at the tissue, fibre and cell wall levels. Annals of Botany, 114(8): 1627-1635.

Zink A G, Pelikane P J, Shuler C E. 1994. Ultrastructural analysis of softwood fracture surfaces. Wood Science and Technology, 28(5): 329-338.

第三章 横纹压缩载荷作用下的木材弱相结构
及其失效机制

木材是一种各向异性的非线性生物质材料。木材不同纹理方向的力学性能差异明显，其横纹拉压强度仅有 0.5～15.0MPa，弹性模量仅有 200～1500MPa（Forest Products Laboratory，2010），远低于顺纹方向。另外，木材横纹方向受拉和受压的力学响应也不同：受拉时呈现脆性破坏（Thelandersson and Larsen，2003）；受压时载荷-位移（或应力-应变）关系呈三段式曲线。图 3-1 给出了一条木材横纹受压时的典型应力-应变曲线，由图可见，横纹受压全过程曲线可划分为弹性段、平台段和强化段（Gibson and Ashby，1988；Watanabe et al.，1999；Tabarsa and Chui，2001）。在横纹压缩载荷作用下，木材经历非常短的弹性段后即发生屈服，过屈服点后，压缩应变快速增长，但应力仅小幅增长，当木材的压应变达到 0.6～0.7 后，应力-应变曲线斜率迅速增大，木材进入强化段，继续增大载荷，木材不会出现强度破坏，因而极限强度的概念不适用于横纹受压，一般采用屈服应力或比例极限应力作为木材的横纹抗压强度。木材横纹受压具有低强度、大变形的特征。

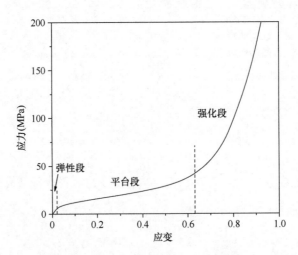

图 3-1　木材横纹受压应力-应变曲线

木材横纹受压在木结构建筑中较为常见，如木梁端部支撑于柱、墙体或其他梁时，梁上的竖向载荷通过横纹承压传递至下方构件；搁栅、正交胶合木楼板上部有墙体时，上部载荷作用于搁栅和楼板，使其横纹受压；古建筑木结构的榫卯连接和斗栱铺作中，普遍存在通过横纹承压传递弯矩和竖向载荷的情况（王双永等，2022）。若不能在设计中妥善考虑横纹受压性能，可能出现局部变形过大或变形不均匀等情况，威胁结构安全。在木材改性处理时，横纹压缩性能也很重要。通过与水热处理结合，适度横纹压缩可使木材表面强化、密度增加、强度提高（李坚，1991）。此外，木材横纹压缩大变形的特征使其可吸收和耗散冲击载荷能量，因而在缓冲吸能领域，木材也有广泛应用。因此有必要深入研究木材横纹受压力学性能。材料的力学性能与其微观结构关系密切，需从木材的微观结构出发研究木材横纹受压的失效机理和大变形力学行为。

早在 1929 年，Price（1929）就已经研究了木材各向异性与微观结构之间的关系，指出木材的各向异性源于其定向排列的多孔状微观结构。木材在组织层面呈现早晚材相间的条带状结构。不同方向施压，木材的响应和受力机制不同：径向受压时，早晚材串联受力，弦向受压时，早晚材并联受力。国内外学者对木材横纹受压的微观结构演化规律和失效机制开展了大量试验研究。以下从观察设备和手段、失效部位和原因、失效过程和失效后的大变形力学行为等方面对相关研究进行梳理。经统计，径向横纹受压相关研究数量较多，弦向受压相关研究数量较少；其中，木材径向受压相关研究信息汇总于表 3-1。已有研究的树种覆盖了针叶材和阔叶材，且阔叶材按照导管分布不同，有散孔材和环孔材。从观测设备和手段来看，主要使用光学显微镜和扫描电镜，早期研究者通常在加载到一定应力水平后卸载再对试件表面进行观测，2010 年后主要采用加载和观测同步进行的手段进行研究。受限于观测手段，现有研究仅能观测横纹压缩时木材表面细胞的形态变化，对于细胞内部构造的变化研究，还需借助计算机断层成像和 X 射线层析等先进技术。

关于木材径向受压的失效起始位置，现有研究的共性结论为：针叶材的破坏始于早材内的某一层管胞，环孔材的破坏始于早材内尺寸较大的导管，散孔材的破坏始于尺寸较大的导管。但初始失效管胞在年轮中的位置结论不一，有的认为接近早晚材边界，有的认为距离早晚材边界有 10 余层细胞。出现上述差异的原因在于同一树种不同部位以及不同树种间木材微观结构存在差异，且加载方法和速度也会影响破坏的萌生位置（边明明等，2012）。另外，Kunesh（1968）采用加载结束后再观测的方法，同时观测到了木射线弯曲和早材细胞的破坏，因此判断横纹压缩失效始于木射线，但其结论未被学术界认可。

关于木材径向受压的失效机理，目前的认识不统一，表述差异较大。有的学者认为木材某一层细胞的失效是突然发生的，而有的学者认为细胞变形累积最终导致破坏。对于失效原因，有细胞壁弯曲（bending）、细胞壁屈曲或失稳（buckle）、细胞壁屈服（yield）和细胞壁压溃（crushing）等多种表述，另外还有一些研究用塌陷（collapse）和失效（fail）等词汇进行描述。对失效机理认识的不统一，一方面是受技术手段限制，研究者对初始破坏位置没有进行准确捕捉；另一方面，同一试验现象存在多种不同解读，仅通过细胞壁弯曲的现象并不能判断其究竟是弯曲强度不足导致的失效还是长细比过大导致的失稳，需通过理论和试验相结合的方式明确失效机理。

对于弦向受压，目前仅有 Bodig（1965）、Kennedy（1968）、Tabarsa 和 Chui（2001）等学者开展了少量研究。得到的共性结论为：弦向受压时，在弹性段晚材细胞即出现变形，随着载荷增大，晚材层作为整体发生弯曲。Tabarsa 和 Chui（2001）发现，北美短叶松弦向受压时，晚材细胞在整体弯曲前可观察到树脂道塌陷。而对于构造不太典型的轻木，Easterling 等（1982）发现，在弦向受压时，其细胞逐渐被压平，载荷-位移曲线较为平缓。

表 3-1 木材经向受压相关研究

文献来源	树种	观测设备	观测手段	失效部位	失效原因	失效过程	失效后行为（大变形）
Bodig (1965)	花旗松 北美乔柏	光学显微镜	卸载后观测	早材中距生长轮界第 4 层管胞及附近管胞	/	/	/
Courtney (2000)	花旗松 异叶铁杉	/	卸载后观测	木射线	屈曲	/	/
Wang (1974)	日本扁柏	光学显微镜	/	早材中生长轮界附近管胞	/	突然	/
Aiuchi 等 (1981)	冷杉	扫描电镜	连续观测	早材管胞	/	渐进	/
Easterling 等 (1982)	轻杉	扫描电镜	连续观测	纤维细胞	胞壁弯曲	渐进	/
Ando 和 Onda (1999a, 1999b)	日本扁柏 日本柳杉 黑松	扫描电镜	连续观测	早材中距生长轮界第 10 层管胞	胞壁侧向屈曲	突变	过比例极限后，早材逐层压溃形成平台，晚材压密后进入强化段
Tabarsa 和 Chui (2001)	白云杉	光学显微镜、 扫描电镜	光学显微镜连续观测； 卸载后电镜观测	早材中距生长轮界第 10 层管胞	胞壁弯曲导致某一层细胞塌陷	渐变一突变	过比例极限后，早材逐层压密进入强化段
	北美短叶松	光学显微镜	卸载后电镜观测	早材中距生长轮界第 14 层管胞	某一层变形塌陷	突变	早材逐层压密进入强化段
	美洲白蜡			早材中部的导管	导管变形，塌陷	渐进	/
	美洲山杨			年轮中部导管	导管塌陷	渐进	多个导管塌陷后导致屈服
Müller 等 (2003)	栎木	扫描电镜、 光学显微镜	卸载后切片观测	早材导管所围导管纤维	导管壁弯曲	渐进	/
	欧洲水青冈			多个年轮内的导管	导管壁变形	渐进	/
	欧洲云杉			早材中距生长轮界第 3~10 层管胞	屈曲	/	/
边明明 (2011)	杉木	光学显微镜	连续观测	早材管胞	心材：胞壁压溃 边材：胞壁弯曲	突变 渐进	早材逐层压溃形成平台，全部压密强化
Huang 等 (2020)	北美短叶松 香脂杨	光学显微镜	连续观测	早材中距生长轮界第 1 层管胞 较大导管	胞壁弯曲 导管壁弯曲	突变 渐进	导管全部都被压密后，曲线尚未进入强化段

注："/" 表示该文献未开展相关研究

国内外学者也研究了横纹压缩载荷下木材大变形特性与微观结构的关系。针叶材在横纹压缩载荷作用下首层管胞失效后，应力-应变曲线出现拐点，从弹性段转入平台段；随着早材细胞被逐层压溃，木材出现较大的横纹压缩变形，在应力-应变曲线上表现为较长的平台段；当所有的早材均被压密实后，晚材开始被压溃，应力迅速上升，在应力-应变曲线上表现为强化段。阔叶材横纹受压时的应力-应变曲线也呈现三段式的特征，但应力-应变曲线的拐点与微观构造的变化尚未建立明确对应关系。现有研究对木材横纹受压的大变形特征进行了描述，然而关于木材在不同横纹压缩阶段受力机制的研究较少，木材横纹压缩大变形的受力机制仍未被明确阐述。针对上述问题，本章通过试验、理论分析和有限元分析，研究了木材横纹压缩载荷下的弱相结构及其失效机制和大变形受力机制。

第一节　横纹压缩载荷作用下的木材弱相结构

为研究木材在横纹压缩载荷作用下的弱相结构，选取了典型针叶材马尾松和阔叶材杨木作为研究对象，首先通过横纹压缩试验研究木材在径向、弦向及不同约束条件下的横纹受压力学性能，从应力-应变曲线上选取不同特征点，研究对应阶段的木材微观结构变化，定位横纹压缩载荷下木材的弱相结构。

一、横纹压缩载荷下木材的宏观受力特征

加工马尾松和杨木标准横纹抗压试件 20mm×20mm×30mm（径向×弦向×纵向），试件横截面包含 3～5 层早材和晚材，加工圆柱形横纹抗压试件 Φ20mm×30mm（长度方向为径向或弦向）。试件在 20℃、65%湿度环境中养护两周以上，测试时马尾松和杨木试件的含水率分别在 12.8%和 12.4%左右。

本研究开展了单向压缩、侧向约束压缩和环向约束压缩试验，木材分别处于单向、双向和三向受力状态，如图 3-2 所示。对每种约束条件，均进行径向和弦向加载，每种工况进行 5 次（马尾松）或 8 次（杨木）重复试验。加载速度为 0.5mm/min，长方体试件加载至 100kN，圆柱形试件加载至 50kN，对应名义压缩应力约为 150MPa。

单向压缩　　　　　　　　　侧向约束压缩　　　　　　　　　环向约束压缩

图 3-2　木材横纹压缩试验

表 3-2 给出了试件在横纹压缩载荷下的宏观变形和破坏模式。如表 3-2 所示，单向压缩时，试件在侧向无约束可自由变形，试验结束时试件宽度由 20mm 扩展至 30mm 左右，宽度增加 50%左右。试件边缘变形与内部变形不同步，在两侧边缘可见明显宏观裂纹。径向压缩时试件的纹理平展，早晚材的厚度均明显变小，且早材压缩变形程度高于晚材。弦向压缩时，试件纹理整体卷曲、剪断，裂纹沿年轮扩展。与单向压缩相比，木材受侧向约束压缩时，相同载荷下木材的压缩变形小，且截面仍能保持矩形。由于侧向变形被约束，试件宽度范围内木材变形较均匀，无明显裂纹。侧向约束弦向压缩试件的纹理出现整体弯曲，且局部也有不规则弯曲。环向约束压缩时，试件在高度方向均匀变形，其高度由 30mm 压缩至 10mm 左右，截面形状仍保持圆形。单向压缩、侧向约束压缩和环向约束压缩试验结束，卸压后试件均有少量回弹。杨木试件的宏观变形和破坏模式与马尾松相同，区别在于杨木的纹理较马尾松不太明显。

表 3-2 试件的宏观变形和破坏模式

	单向压缩	侧向约束压缩	环向约束压缩
径向			
弦向			

无侧向约束时，试件在压缩载荷下出现侧向变形，即垂直于加载方向的膨胀变形，试件的真实应力难以计算，因此仅计算试件的名义压缩应力，即载荷和试件初始截面的比值。大变形时，采用对数应变表征试件的压缩应变，即

$$\varepsilon = \int_{l_0}^{l_1} \frac{\mathrm{d}l}{l} = \ln \frac{l_1}{l_0} \qquad (3\text{-}1)$$

式中，ε 为对数应变，l_1 为试件压缩后的高度，l_0 为试件初始高度。在一些研究中，也采用压缩率（ϱ）或工程应变（e_E）来描述横纹压缩变形，对数应变（ε）、压缩率（ϱ）和工程应变（e_E）之间的关系为

$$\varrho = e_E = 1 - e^{\varepsilon} \qquad (3\text{-}2)$$

图 3-3 给出了马尾松在不同受力工况下的横纹压缩应力-对数应变关系曲线。由图 3-3 可见，三种工况下试件的径向屈服应力均低于弦向。小应变时，不同约束条件下的应力-

对数应变关系曲线差异较小,说明该阶段变形主要为加载方向的轴向变形,侧向膨胀较小,侧向约束起到的作用较小,此时试件的总体积随载荷的增大而减小。在应变较大时,径向压缩和弦向压缩的应力-对数应变关系曲线趋同,相同应变下单向压缩试件的应力低于侧向约束压缩和环向约束压缩试件的应力,说明木材的侧向变形趋势受到夹具约束,

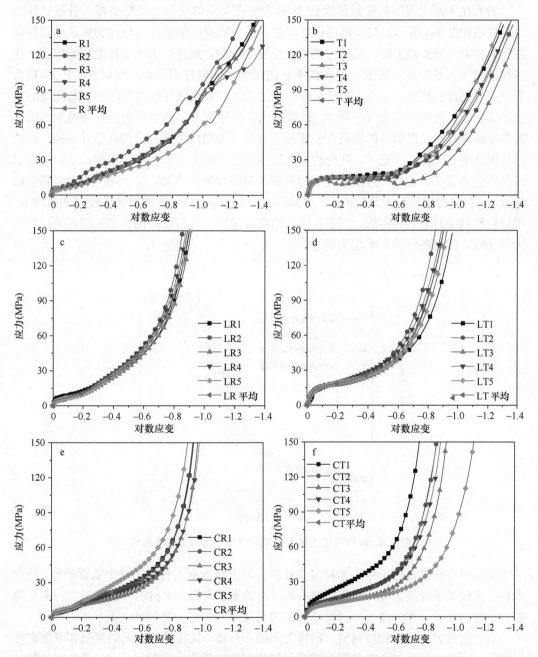

图 3-3　马尾松横纹压缩应力-对数应变关系曲线

图中 R 和 T 分别代表径向和弦向单向压缩,LR 和 LT 分别代表侧向约束径向和弦向压缩,CR 和 CT 分别代表环向约束径向和弦向压缩。字母后面的数字“1”～“5”表示试件编号,“平均”表示 5 个试件的平均曲线

从而影响了试件抵抗轴向载荷的能力。压应力较大时侧向变形趋势的增加是由于木材内部的孔隙受挤压逐渐消失，木材不能再通过孔隙的减小提供压缩变形空间，促使木材实质材料向侧向流动造成的。这种侧向变形趋势是否受到约束，是影响木材横纹受压力学性能的一个重要因素。

杨木在不同工况下的横纹压缩应力-对数应变关系曲线与马尾松类似，各组试件的平均曲线如图 3-4 所示。与马尾松试件类似，侧向约束压缩试件和环向约束压缩试件存在侧向约束，应变较大时，试件的侧向变形受到限制，反过来影响试件的压缩应力。在径向压缩下，径向单向压缩、侧向约束径向压缩和环向约束径向压缩试件的应力-对数应变关系曲线在应变 0~–0.4 几乎重合，超过–0.4 后各组试件的曲线随着对数应变的增加逐渐发散。表明在应变 0~–0.4，试件的侧向变形很小。随着压缩变形的增加，试件的高度越来越小，但试件的横截面几乎没有变化，表明由于木材内部孔隙被压密，试件的体积减小。在较大应变下，环向约束组试件的压缩应力高于侧向约束组，单向压缩组试件的应力最低。这是因为侧向变形趋势随应变的增加而增加，对于环向约束组和侧向约束组，侧向变形受到夹具的约束，导致压缩应力增加。单向压缩组试件没有侧向约束，可以观察到明显的侧向膨胀。因而，木材的横纹受压与内部孔隙的变形密切相关，且在大应变时，约束条件的影响较为明显。

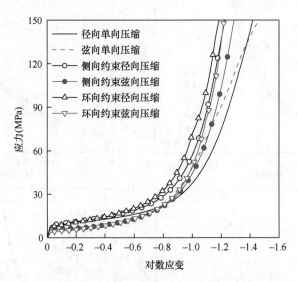

图 3-4 横纹压缩下杨木试件的应力-对数应变关系曲线

受压时体积是否可压缩是木材等多孔材料与金属等密实材料的一个重要差异，研究木材的横纹受压性能，其体积变形是不可回避的重要问题。木材的体积变形与内部孔隙的大小密切相关，在此进一步讨论木材的内部孔隙与压应力之间的关系。

对于土壤和沙子等颗粒材料，颗粒之间相互分离，仅靠颗粒之间的接触和摩擦来传递载荷。颗粒材料内部孔隙体积与实质材料体积的比值称为孔隙比（e），孔隙比与等效压应力（p）的对数在弹性应变范围内呈线性关系（Butterfield，1979；Keller et al.，2011）。如果一种材料的等效压应力和孔隙比的 $\ln(p)$-e 关系呈线性，则提示该材料可能有类似于颗粒材料的承载机制，即材料通过颗粒等基本单元的相互接触和摩擦来传递载荷，而这些颗粒或单元之间没有固定的连接或特定结构。具有有序多孔结构的材料（如木材）不应遵循这种关系。一旦木材的 $\ln(p)\text{-}e$ 关系转变为线性，则提示细胞微观结构几乎被完全破坏。基于以上推论，分析侧向约束压缩试件的 $\ln(p)\text{-}e$ 关系。

孔隙比（e）定义为（Braja，2008）

$$e = \frac{V_v}{V_s} \tag{3-3}$$

式中，V_v 是孔隙的体积，V_s 是固体或实质材料的体积，在木材中，固体部分为细胞壁，孔隙部分为细胞腔和自由水等占据的空间。

假定木块的体积（V）是 V_v 和 V_s 的总和，孔隙比可写为

$$e = \frac{V - V_s}{V_s} \tag{3-4}$$

对于木块，木材内部固体体积（V_s）与气干质量（m_0）、含水率（w）和木材细胞壁密度（ρ_s）有关。

$$V_s = \frac{m_0}{(1+w)\rho_s} \tag{3-5}$$

式中，木材细胞壁的密度为 1.50g/cm^3，该值几乎与木材树种无关（Dinwoodie，2000；刘一星和赵广杰，2012）。

因此，孔隙比可改写为

$$e = \frac{(1+w)\rho_s V}{m_0} - 1 \tag{3-6}$$

对于侧向约束压缩和环向约束压缩试件，由于试件截面不变，木块的体积与试件的高度呈线性关系。因此，孔隙比可进一步改写为

$$e = \frac{(1+w)\rho_s hA}{m_0} - 1 \tag{3-7}$$

式中，A 和 h 分别为试件的截面积和高度。将杨木侧向约束压缩和环向约束压缩试件的对数压应力-孔隙比曲线绘制于图 3-5 中。

从图 3-5 中可以看出，当孔隙比足够小或压应变足够大时，对数压应力与孔隙比大致呈线性关系，但需通过数学工具检验对数压应力和孔隙比之间是否存在线性关系，若存在，需评估线性关系的适用范围。在不同孔隙比范围内对对数压应力-孔隙比测试数据进行线性回归，通过决定系数判断二者是否符合线性关系，并选定决定系数大于 0.995 的范围作为符合线性关系的区域，在这个范围内，对数压应力-孔隙比曲线数据遵循线性关系。通过遍历孔隙比上限，得到了不同工况下符合线性关系的范围，并在图 3-5 中给出了拟合关系式。由图 3-5 可知，在不同工况压缩下，木材的孔隙比小于某个阈值时，其对数压应力-孔隙比曲线将近似符合线性相关关系，且相关性很好。通过该现象可以判断，木材横纹受压时，一旦孔隙比小于某个阈值，木材的初始有序多孔结构就已被彻底破坏，此时木材内部主要依靠细胞壁之间的接触和摩擦传递载荷。

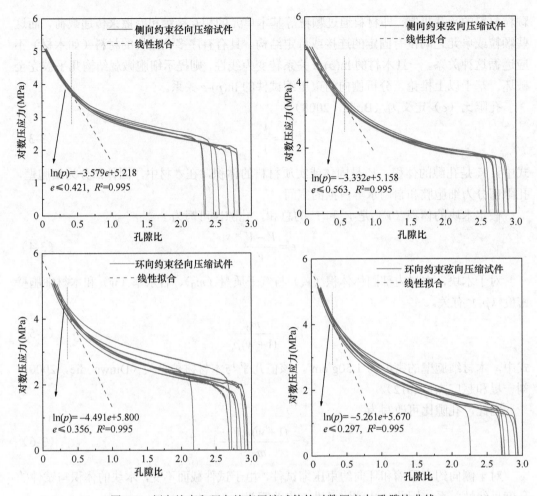

图 3-5　侧向约束和环向约束压缩试件的对数压应力-孔隙比曲线

二、横纹压缩载荷下木材的微观结构变化

（一）马尾松的微观结构变化

从马尾松径向压缩平均载荷-位移曲线的不同阶段选定图 3-6 所示的 5 个典型载荷水平：弹性段代表载荷水平 a，弹性段和平台段的分界点即屈服点 b，平台段代表载荷水平 c，平台段和强化段过渡区为载荷水平 d，强化段代表载荷水平 e。采用扫描电镜观察各载荷水平下木材的细胞变形形态。

如图 3-7 所示：弹性段（图 3-7a），木材细胞无明显变形和破坏；屈服点（图 3-7b），在早材中可见与加载方向垂直的一层早材细胞变形并破坏；平台段（图 3-7c），几乎所有的早材细胞均出现细胞壁弯曲变形，同时在晚材中可观察到细胞壁变形（图 3-7c1）；平台段和强化段过渡区（图 3-7d），早材几乎全部被压密，晚材细胞壁出现明显弯曲；强化段（图 3-7e），早晚材细胞结构破坏，细胞腔几乎全部消失，所有细胞壁叠合在一起，形成密实结构。

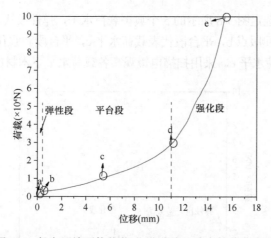

图 3-6 径向压缩平均载荷-位移曲线及选定的载荷水平

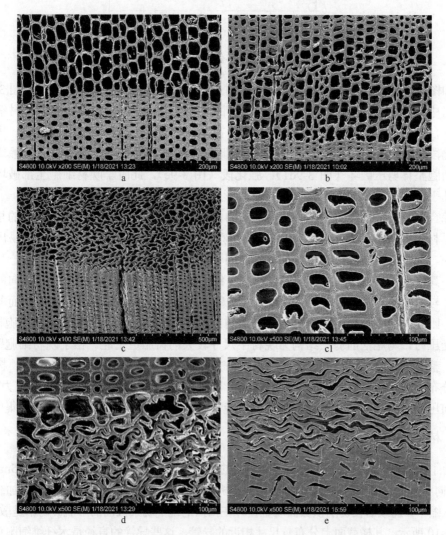

图 3-7 径向压缩时不同载荷水平下木材细胞形态特征

对于弦向压缩，选定图 3-8 所示的 5 个典型载荷水平，弹性段代表载荷水平 a，弹性段和平台段的分界点即屈服点 b，平台段代表载荷水平 c，平台段和强化段过渡区代表载荷水平 d，强化段代表载荷水平 e。采用扫描电镜观察各载荷水平下木材的细胞变形形态。

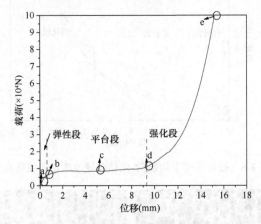

图 3-8 弦向压缩平均载荷-位移曲线及选定的载荷水平

如图 3-9 所示：弹性段（图 3-9a），木材细胞无明显变形和破坏；屈服点（图 3-9b），在晚材中树脂道处可见一处明显塌陷，并带动树脂道周边晚材细胞和邻近早材细胞破坏；平台段（图 3-9c），与径向受压不同，在晚材细胞中可观察到细胞壁弯曲；平台段和强化段过渡区（图 3-9d），此时可观察到晚材整体弯曲带动早材剪切变形，最终导致早材细胞整体剪压破坏（图 3-9d1）；强化段（图 3-9e），此时早晚材细胞全部破坏，细胞腔几乎全部消失，细胞壁叠合在一起，形成密实结构。

综合分析可知，径向受压时，马尾松的弱相结构为直径较大、细胞壁较薄的早材管胞。早材管胞的细胞壁较薄，且存在天然弯曲（缺陷），在承受横纹压缩时极易出现压弯失稳。失稳是外载荷与结构内部抵抗力间不能维持平衡状态造成的破坏，是一种变形问题。其临界承载力由细胞壁的弹性模量、细胞壁厚度、细胞壁平行于加载方向的长度决定，与细胞壁的强度几乎不相关，若细胞壁的弯曲失效被证明为失稳或屈曲而非弯曲破坏，则径向横纹压缩时木材弱相不是源自细胞壁的强度，而源自其特有的细胞构型；弦向受压时，马尾松的弱相结构为晚材中尺寸较大的树脂道空腔。由于晚材细胞壁厚、腔小，整体刚度较大，弦向受压时，早晚材并联受力，晚材承担了更多的载荷。树脂道主要分布于晚材带，单个树脂道的直径是管胞直径的 5~7 倍，造成树脂道处应力集中。故弦向压缩时马尾松横纹压缩的弱相源自晚材树脂道处材料不连续导致的应力集中。

（二）杨木的微观结构变化

为了观察不同载荷水平下杨木微观结构的形态变化，制作尺寸为 5mm×5mm×5mm（径向×弦向×纵向）的小试件。通过滑走式切片机切削一端横截面，然后将这些木块加载到预定的压缩率，卸载后在切削横截面喷金，并在扫描电镜下观察截面的形貌。杨木是散孔材，如图 3-10 所示，其横截面上分布着尺寸相近的导管，这些导管的直径是木纤维细胞直径的 5~7 倍，且被薄壁细胞组织包围。相比导管，木纤维细胞直径较小，但细胞壁较厚。

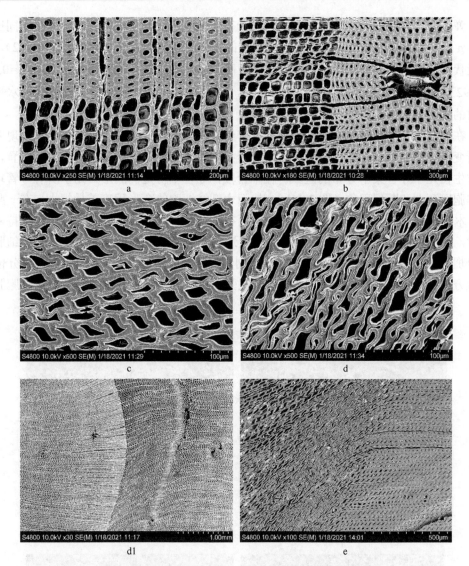

图 3-9　弦向压缩时不同应力水平下木材细胞形态特征

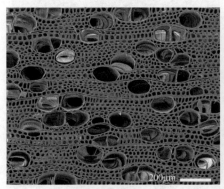

横截面的SEM照片

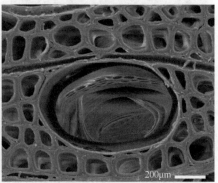

典型的导管和导管周围的组织

图 3-10　杨木的典型横截面图像

弹性段木材微观结构无明显变化，对于径向压缩，在弹性段之外选定 4 个不同压缩率（ϱ）对应的载荷水平：弹性段和平台段的分界点即屈服点 a（$\varrho=0.02$，$\varepsilon=0.02$），平台段代表载荷水平 b（$\varrho=0.29$，$\varepsilon=0.34$），平台段和强化段过渡区代表载荷水平 c（$\varrho=0.60$，$\varepsilon=0.92$），强化段代表载荷水平 d（$\varrho=0.73$，$\varepsilon=1.31$）。采用扫描电镜观察各载荷水平下木材的细胞变形形态。

在屈服点处，在横截面中可观察到导管细胞壁弯曲，且穿过导管的木射线出现明显弯折变形（图 3-11a）。有趣的是，这种变形并不总是出现在生长轮的某个特定位置，而是发生在几个导管集中分布的区域。在平台段，导管不再是椭圆形，几乎所有导管均出现细胞壁弯曲和断裂现象（图 3-11b）。然而木纤维细胞的变形程度差异很大，在一些区域，木纤维细胞的细胞腔几乎完全塌陷，而在另外一些区域，木纤维细胞还可维持原始形状。如图 3-11c 所示，在平台段和强化段过渡区，导管变为梭形，一些木纤维细胞已完全坍塌，但也有一些木纤维细胞变形较小，这些变形较小的木纤维细胞大部分位于加载方向的导管之间。如图 3-11d 所示，在强化段，所有导管和木纤维细胞的细胞腔均

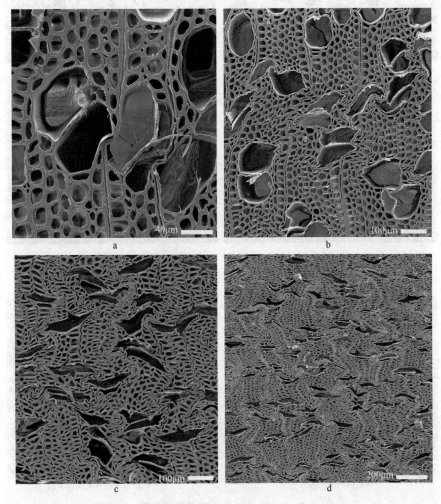

图 3-11　径向压缩下杨木横截面微观结构形态变化

已被挤压消失，其中狭窄的细胞腔是卸载后回弹造成的。在该阶段，导管、木纤维和薄壁组织的细胞壁相互接触，木材的细胞结构完全被破坏。

对于弦向压缩，在弹性阶段之外选定 4 个不同压缩率（ϱ）对应的载荷水平：弹性段和平台段的分界点即屈服点 a（ϱ=0.025，ε=0.025），平台段代表载荷水平 b（ϱ=0.29，ε=0.34），平台段和强化段过渡区代表载荷水平 c（ϱ=0.60，ε=0.92），强化段代表载荷水平 d（ϱ=0.73，ε=1.31）。采用扫描电镜观察各载荷水平下木材的细胞变形形态。

在弦向压缩下，如图 3-12a 所示，在杨木横截面发现径向导管壁弯曲。与径向压缩类似，这种变形不发生在特定位置，但与径向压缩不同的是木射线在弦向压缩下不会弯曲。在平台段，如图 3-12b 所示，大多数导管的细胞壁发生弯曲，一些细胞壁甚至断裂，但木纤维细胞壁变形不明显。如图 3-12c 所示，在平台段和强化段过渡区，所有导管均已被压溃。木纤维细胞壁变形明显，部分木纤维细胞甚至已塌陷。如图 3-12d 所示，在强化段，所有导管和木纤维细胞均已塌陷，细胞壁相互接触，木材的有序多孔结构被破坏。

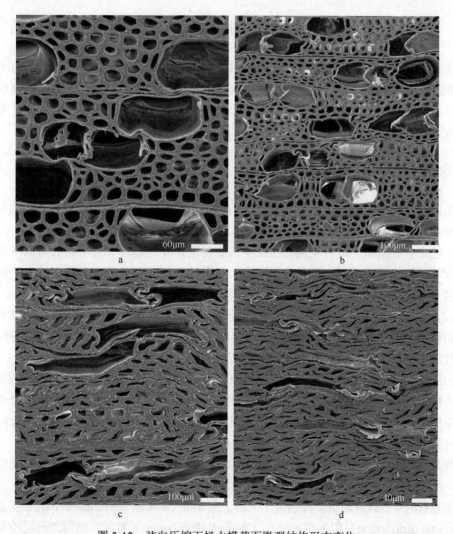

图 3-12　弦向压缩下杨木横截面微观结构形态变化

综合分析可知，径向受压时，杨木的弱相结构为截面中尺寸较大的导管。在径向横纹压缩载荷下，横截面中可观察到导管细胞壁弯曲，且穿过导管的木射线出现明显的弯折变形；弦向受压时，杨木的弱相结构是截面中尺寸较大的导管，在弦向横纹压缩载荷下，横截面中可观察到导管细胞壁弯曲变形。杨木的弱相结构与导管的位置及其分布密切相关，并不出现在生长轮的特定位置。

木材的横纹受压屈服与其内部结构的首次明显改变密切相关，该结构即为木材横纹压缩的弱相结构。研究结果表明，弱相结构不仅与木材种类有关，还与加载方向等有关。需要注意的是，木材横纹受压屈服并不等同于破坏。木材横纹受压屈服后可继续承载，随着载荷的增加，木材内部孔隙逐渐减小，在超过一定压应变，或孔隙比小于某一阈值后，木材有序微观结构完全被破坏，内部孔隙挤压消失，各种细胞的细胞壁相互接触，形成近似密实结构，在载荷-位移曲线中表现为进入强化段。因而，上述弱相结构主要影响木材的横纹受压屈服应力，其对屈服后行为的影响尚需开展研究。

第二节　横纹压缩载荷作用下木材弱相结构的失效机制

在第一节中，通过试验定位了横纹压缩载荷下针叶材马尾松和阔叶材杨木的弱相结构，并结合横纹压缩应力、孔隙比、对数应变的相关关系分析，研究了木材屈服点后的大变形特征和对应的微观结构变化。但试验手段有一定局限性，还需结合其他手段对木材在横纹压缩载荷下的屈服机制和大变形机制进行研究。

一、木材横纹受压屈服机制分析

通过对马尾松横纹受压屈服现象进行有限元分析，研究木材的横纹受压屈服机制。

针叶材中管胞占到90%以上，其横截面的微观结构较为规则，可对横截面结构进行简化，建立分析模型。试验发现，横纹压缩载荷下针叶材细胞壁有明显的弯曲现象，但关于针叶材横纹受压下其结构的失效机制，目前的认识并不统一，大致有细胞壁弯曲和细胞壁失稳两种观点。针对该问题，采用扫描电镜观察和统计实验法（Monte Carlo Method，蒙特卡罗法）进行研究，视木材为模糊系统，将细胞壁的几何尺寸和力学参数作为随机变量输入系统中，获得屈服强度和刚度的随机分布特征，可通过输入参数与输出参数之间的相关性分析，研究木材横纹受压的失效机制。

如图3-13所示，建立了针叶材6行乘6列的早晚材微观结构模型，其中早材细胞3行，晚材细胞3行。模型中将细胞壁和胞间层分别进行建模，但不区分细胞壁的初生壁和次生壁。细胞简化为圆角矩形结构，其中早材细胞的尺寸为 45μm×45μm，晚材细胞的尺寸为 45μm×38μm。采用平面应变单元模拟细胞壁和胞间层，单元尺寸约为 1μm，每个模型由大约 35 000 个单元组成。结合文献，细胞壁采用正交各向异性材料模型进行模拟，胞间层采用各向同性材料模型进行模拟。

细胞壁的厚度通过随机抽样确定。采用正态分布（normal distribution）、对数正态分布（lognormal distribution）和韦布尔分布（Weibull distribution）对试验测得的马尾松早晚材

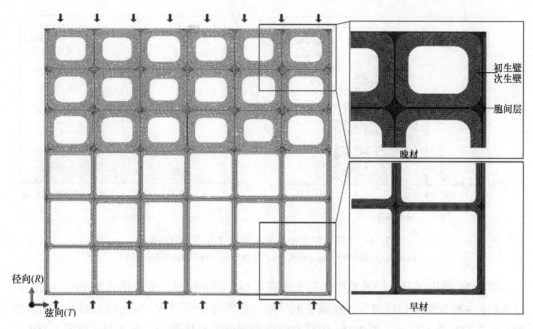

图 3-13　微观结构有限元模型示意图

细胞壁几何尺寸进行拟合，通过科尔莫戈罗夫-斯米尔诺夫（Kolmogorov-Smirnov，KS）检验，发现对数正态分布拟合度最优，相关结果见表 3-3 和图 3-14。对于任一细胞单元，建模时均从相应对数正态分布中随机抽取一对数据作为径向和弦向细胞壁厚度。随机模型生成过程结合了 Python 脚本和 R 语言脚本，共建立了 200 个早晚材微观结构有限元模型。

表 3-3　马尾松早晚材细胞壁几何尺寸检验、拟合结果及 KS 检验结果（μm）

早晚材	方向	正态分布				对数正态分布				威布尔分布			
		均值	标准差	D	P	对数均值	对数标准差	D	P	形状参数	比例参数	D	P
早材	R	2.566	0.835	0.0758	0.185	0.889	0.333	0.0587	0.475	3.266	2.861	0.0653	0.340
	T	2.433	0.527	0.0676	0.055	0.865	0.221	0.0545	0.677	4.831	2.645	0.0828	0.182
晚材	R	7.239	1.183	0.0640	0.437	1.966	0.168	0.0762	0.235	6.931	7.742	0.0585	0.556
	T	7.372	1.485	0.0690	0.206	1.977	0.205	0.0434	0.759	5.316	7.984	0.0796	0.097

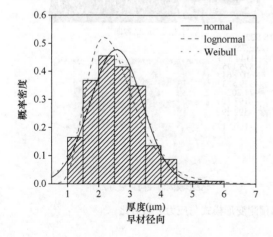

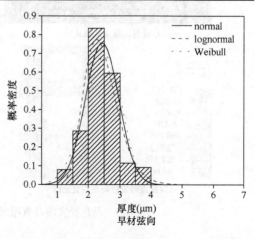

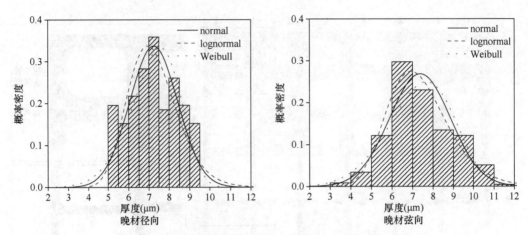

图 3-14　早晚材细胞壁厚度概率密度分布及分布拟合

normal，正态分布；lognormal，对数正态分布；Weibull，韦布尔分布

图 3-15 给出了马尾松横截面实际变形模式与有限元预测的变形模式和正应力云图。图 3-15a 为横纹受压屈服时马尾松横截面早晚材的整体变形模式，可见晚材细胞无明显变形。图 3-15b 放大显示了图 3-15a 中早材弦向细胞壁的整体弯曲。图 3-15c 和图 3-15d 为有限元预测的马尾松横截面在屈服点处及变形较大时的变形模式和正应力云图。由图 3-15 可知，实测变形模式与预测变形模式一致，均为早材中长细比较大的弦向细胞壁的弯曲

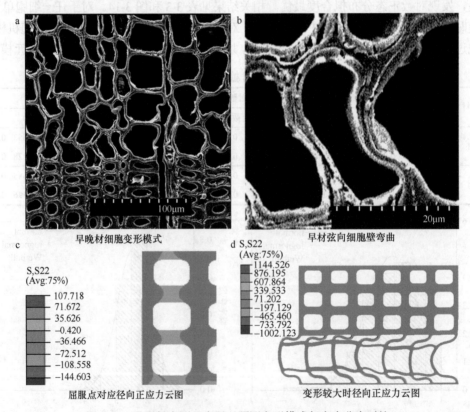

图 3-15　马尾松实测及有限元预测变形模式与应力分布对比

变形。另外，观察图 3-15c 和图 3-15d 径向正应力云图，发现晚材中的应力较小，早材中的应力较大，且早材弦向细胞壁两侧正应力符号相反，即弦向细胞壁处于弯曲状态。

将有限元模型输出的应力-应变曲线与试验曲线进行对比（图 3-16），随机有限元分析结果采用包络区域和平均曲线进行表示。试验曲线的弹性段和屈服点均位于有限元预测的包络区域内，但随着应变的增加，试验应力高于有限元预测的应力，差异原因可能是有限元模型对几何构造及材料性能的简化造成的。

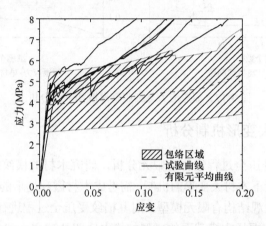

图 3-16　试验曲线与有限元模型输出的应力-应变曲线对比

将实测与有限元预测得到的弹性模量和屈服应力进行对比（表 3-4），发现有限元预测结果与实测结果吻合良好，说明所用的有限元模型是准确可信的。

表 3-4　实测与有限元预测的弹性模量和屈服应力（MPa）

编号	弹性模量	屈服应力
试件 1 实测值	489.43	4.327
试件 2 实测值	479.30	4.909
试件 3 实测值	542.76	3.588
试件 4 实测值	478.37	4.837
试件 5 实测值	306.77	3.939
有限元预测均值	550.77	3.754
有限元预测标准差	18.91	0.520

通过皮尔逊（Pearson）相关性分析，研究横纹压缩屈服应力和早晚材细胞壁厚度之间的相关关系。首先，将一个模型中的所有早材细胞和晚材细胞分别按壁厚从小到大进行排序，然后将最小的 n 个细胞的细胞壁厚度相加，作为一个随机变量与屈服应力进行相关性分析，其结果如图 3-17a 所示。可见木材横纹屈服应力与晚材细胞壁厚度几乎不相关，但与早材细胞壁厚度的相关性较好。进一步分析横纹压缩屈服应力与早材弦向和早材径向细胞壁厚度之间的相关关系，其结果如图 3-17b 所示。可以发现，径向横纹压缩屈服应力与径向细胞壁厚的相关性较差，但与弦向细胞壁厚的相关性显著。结合扫描电镜观察结果和有限元分析结果可以判定：早材弦向细胞壁的屈曲是导致径向横纹压缩失效的弱相结构。因此横纹压缩载荷下，针叶材的屈服由细胞壁的屈曲导致。

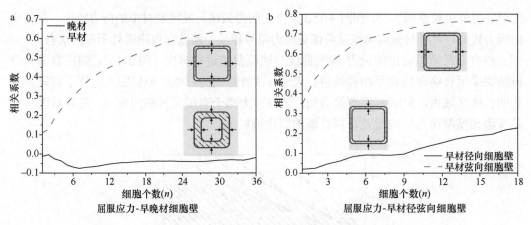

图 3-17 屈服应力与细胞壁厚度相关性分析

二、木材横纹受压大变形机制分析

通过对杨木横纹受压全过程进行有限元分析，研究木材的横纹受压大变形机制。

研究横纹压缩载荷下木材大变形的机制，需考虑木材微观构造的不规则性。本节建立了典型散孔材杨木的微观结构有限元模型，对其横纹受压全过程进行分析。如图 3-18 所示，有限元几何模型依据杨木横截面的典型扫描电镜照片建立。建立的模型截面尺寸为 576.9μm×432.7μm，横截面中部有 7 个导管，另有 1 个导管位于截面右上角，2 个导管位于截面下边缘处，在模型中仅保留了部分截面。有 3 条木射线沿截面径向方向横穿截面。

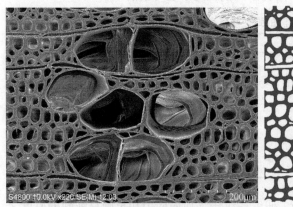

选定杨木横截面扫描电镜照片

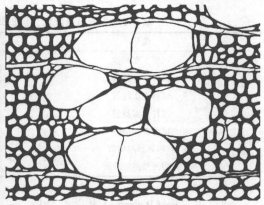

杨木横截面有限元几何模型

图 3-18 杨木横截面的有限元几何模型

本研究使用三节点平面应变单元（CPE3）来建模，为了模拟截面复杂的几何形状，采用边长约为 1μm 的精细化网格对截面划分单元，模型中共有约 18 万个单元。模型中导管、木纤维和薄壁组织细胞的细胞壁不作区分，且这三种细胞的初生壁、次生壁和胞间层也不作区分，视为均质材料，采用各向同性理想弹塑性本构关系模型。细胞壁的弹性模量取 3.5GPa，泊松比取 0.2（de Magistris and Salmén，2008），细胞壁的屈服强度取 350MPa（Gibson，2012）。

在有限元模型中设置 4 块刚性板，置于杨木横截面四周，作为模型的边界条件，如图 3-19 所示。弦向压缩模型中，约束底部、左侧和右侧刚性板位移，通过控制顶部刚性板竖向位移的方式向木材截面加载。径向压缩模型中，约束顶部、底部和左侧刚性板位移，通过控制右侧刚性板水平位移的方式向木材截面加载。木材细胞与刚性板之间，细胞壁之间均采用面-面接触。为了模拟木材截面在横纹压缩载荷下的大变形和复杂接触属性，分析中考虑几何非线性，采用 Explicit 求解器进行求解。

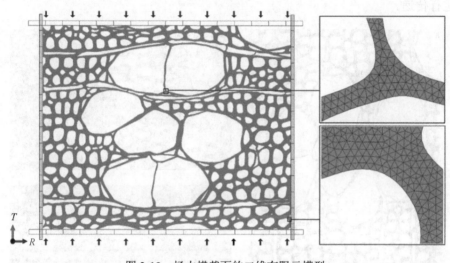

图 3-19　杨木横截面的二维有限元模型

经分析，将对数应变和名义压缩应力绘制于图 3-20 中，与侧向约束径向压缩和侧向约束弦向压缩试件的应力-对数应变曲线进行比较。可见径向和弦向压缩下，有限元模型预测值与试验值较为接近，且趋势相同。预测值与实测值的误差可能源自几何模型的简化误差、材料本构的选取和取值差异等。总体而言，有限元模型预测的应力-应变曲线与试验结果吻合良好。

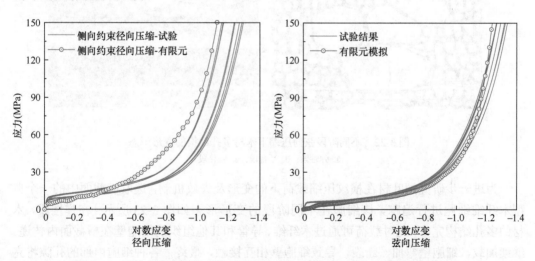

图 3-20　试验曲线和有限元模型预测的应力-对数应变曲线（详见书后彩图）

杨木横截面在径向和弦向压缩下的变形模式分别如图 3-21 和图 3-22 所示，在弹性段，径向和弦向压缩下横截面的变形均不明显，有序多孔结构完好，载荷沿着各种细胞的细胞壁进行传递。加载至平台段后，径向压缩下，由于模型中导管两侧的木纤维细胞较少，承载力不足导致导管和两侧的木纤维细胞几乎全部压溃；弦向压缩下，一些导管的细胞壁弯曲，但导管细胞腔仍然可见。进入强化段，所有木纤维、导管和薄壁细胞的细胞腔内的孔隙均已消失，木材多孔结构完全被破坏，载荷通过各种细胞细胞壁的相互接触进行传递。

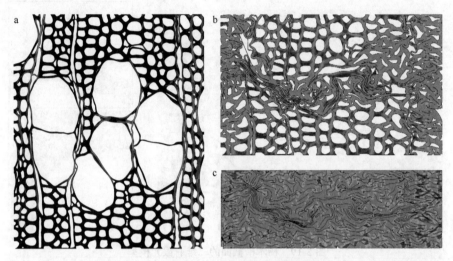

图 3-21　不同阶段径向压缩下木材多孔结构的变形形态（详见书后彩图）
a. 弹性段；b. 平台段；c. 强化段

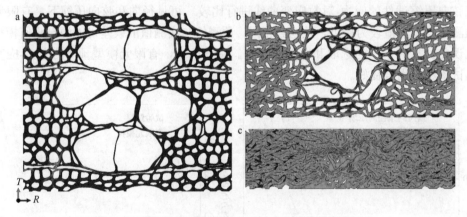

图 3-22　不同阶段弦向压缩下木材多孔结构的变形形态
a. 弹性段；b. 平台段；c. 强化段

为进一步研究阔叶材在横纹压缩载荷下的变形及失效机制，选取横截面中的一个典型木纤维细胞进行追踪，该细胞在不同阶段的变形形态如图 3-23 所示。在弹性段，木材的多孔结构完好，此时载荷可通过木纤维、导管和其他组织的细胞壁在横截面内传递。继续加载，细胞壁弯曲、断裂，导致细胞壁相互接触，最终，各种细胞内部的孔隙将完全消失，细胞壁之间将完全接触。此时，载荷将通过细胞壁之间的接触进行传递。

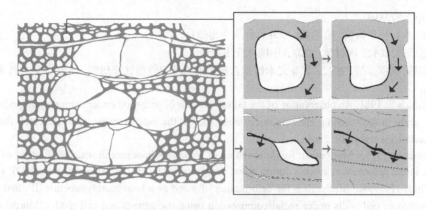

图 3-23 横纹压缩下典型木纤维细胞腔的演化
箭头所示为载荷传递路径

在弹性段，木材固有的多孔结构特征，即各类细胞的大小和分布、细胞壁的方向和曲率等几何特征及细胞壁层的力学性质，决定了木材对外部载荷的响应特征，微观结构的方向性是木材在径向和弦向压缩下性能差异的主要原因。继续加载，应力-应变曲线将出现拐点，即木材受压屈服，此时木材的多孔结构发生了不可逆破坏（Tabarsa and Chui，2001；Müller et al.，2003）；屈服点之后，各种细胞的细胞壁逐渐弯曲、破坏，细胞腔孔隙逐渐消失，细胞壁之间逐步建立接触关系，直至木材内部孔隙几乎完全消失，在宏观上表现为木材有较长的屈服平台。最终，当木材的有序多孔结构被完全破坏、内部孔隙完全消失时，木材转变成一种密实化材料，进入强化段。在强化段，木材的力学性能将由细胞壁的性质和细胞壁之间的接触性质决定。现有研究表明，不同树种木材细胞壁实质密度几乎相同，尽管微纤丝角及壁层厚度等有差异，但不同树种的细胞壁力学性质差异并不大（Gibson，2012），据此推测，超过某个临界压缩率后，不同树种木材在径向和弦向压缩下的性能将相近，杨木横纹压缩试验结果符合该推测。根据试验和有限元分析结果可知，杨木的临界压缩率在 0.71~0.73。

木材在横纹压缩下的大变形行为可分为三个阶段，各阶段受力机制不同：线弹性段，木材的有序多孔结构完整，因构造的方向性，木材径向、弦向力学性能有明显差异；超过一定的压缩率后，木材的多孔结构被完全破坏，木纤维、导管和薄壁组织的细胞壁相互接触，载荷可通过细胞壁的接触进行传递；线弹性段和强化段之间是一段较长的平台，在平台段，各种细胞的细胞壁逐步屈曲、弯曲和断裂，木材的多孔结构逐渐被破坏。

借助精细化有限元和随机有限元分析方法，木研究对木材横纹受压失效机制进行了深入研究，证明横纹压缩载荷下，针叶材的屈服由细胞壁的屈曲导致，并非由细胞壁的弯曲导致。并对横纹压缩下的大变形机制进行了探讨，证明横纹受压大变形可分为三个阶段，各阶段的宏观力学行为和微观受力机制均不同。

主要参考文献

边明明. 2011. 连续压缩载荷下木材力学性能及微观结构变化定量表征. 北京：中国林业科学研究院.
边明明，殷亚方，宋坤霖，等. 2012. 不同压缩加载速度对杉木微观结构和力学性能影响. 建筑材料学报, 15(4): 575-580.

李坚. 1991. 木材科学新篇. 哈尔滨: 东北林业大学出版社.

刘一星, 赵广杰. 2012. 木材学. 北京: 中国林业出版社.

王双永, 郭婷, 邓昊, 等. 2022. 穿斗式木结构直榫边节点承载性能试验研究. 木材科学与技术, 36(1): 57-62.

Aiuchi T, Ishida S. 1981. An observation of the failure process of softwood under compression perpendicular to the grain in the scanning electron microscope III. On the radial compression. Research Bulletin for Hokkaido University, 38: 73-85.

Ando K, Onda H. 1999a. Mechanism for deformation of wood as a honeycomb structure I: effect of anatomy on the initial deformation process during radial compression. Journal of Wood Science, 45(2): 120-126.

Ando K, Onda H. 1999b. Mechanism for deformation of wood as a honeycomb structure II: first buckling mechanism of cell walls under radial compression using the generalized cell model. Journal of Wood Science, 45(3): 250-253.

Bodig J. 1965. The effect of anatomy on the initial stress-strain relationship in transverse compression. Forest Product Journal, 15(5): 197-202.

Braja M D. 2008. Advanced Soil Mechanics. New York: Taylor & Francis.

Butterfield R. 1979. A natural compression law for soils (an advance on e-logp'). Geotechnique, 29(4): 469-480.

Courtney T H. 2000. Mechanical Behaviour of Materials. Boston: McGraw-Hill.

de Magistris F, Salmén L. 2008. Finite Element modelling of wood cell deformation transverse to the fibre axis. Nordic Pulp & Paper Research Journal, 23(2): 240-246.

Dinwoodie J M. 2000. Timber, Its Nature and Behaviour. Florida: CRC Press.

Easterling K E, Harrysson R, Gibson L J, et al. 1982. On the mechanics of balsa and other woods. Proceedings of the Royal Society A, 383: 31-41.

Forest Products Laboratory. 2010. Wood handbook-Wood as an Engineering Material (Centennial Edition). Madison: U.S. Department of Agriculture.

Gibson L J. 2012. The hierarchical structure and mechanics of plant materials. Journal of the Royal Society Interface, 9(76): 2749-2766.

Gibson L J, Ashby M F. 1988. Cellular Solids: Structure and Properties. New York: Pergamon Press.

Huang C, Gong M, Chui Y H, et al. 2020. Mechanical behaviour of wood compressed in radial direction-Part I. New method of determining the yield stress of wood on the stress-strain curve. Journal of Bioresources and Bioproducts, 5(3): 186-195.

Keller T, Lamandé M, Schjønning P, et al. 2011. Analysis of soil compression curves from uniaxial confined compression tests. Geoderma, 163(1-2): 13-23.

Kennedy R W. 1968. Wood in transverse compression: influence of some anatomical variables and density on behavior. Forest Product Journal, (18): 36-40.

Kunesh R H. 1968. Properties of wood in transverse compression. Forest Product Journal, 18: 65-72.

Müller U, Gindl W, Teischinger A. 2003. Effects of cell anatomy on the plastic and elastic behaviour of different wood species loaded perpendicular to grain. IAWA Journal, 24(2): 117-128.

Price A T. 1929. A Mathematical discussion on the structure of wood in relation to its elastic properties. Philosophical Transactions of the Royal Society of London, 659: 1-62.

Tabarsa T, Chui Y H. 2001. Characterizing microscopic behavior of wood under transverse compression. Part II. Effect of species and loading direction. Wood and Fiber Science, 33(2): 223-232.

Thelandersson S, Larsen H J. 2003. Timber Engineering. West Sussex: John Wiley & Sons.

Wang S Y. 1974. Studies on the assembled body of wood in the transverse compression. IV. The observation of the deformation of the isolated wood tissues by sump method. Mokuzai Gakkaishi, 20: 172-176.

Watanabe U, Norimoto M, Ohgama T, et al. 1999. Tangential Youngs modulus of coniferous early wood investigated using cell models. Holzforschung, 53(2): 209-214.

第四章 水分作用下的木材弱相结构及其失效机制

树木的生命活动离不开水分，水分质量通常占生材木质部总质量的一半以上，范围从 30%左右到 200%以上。水分在木材中存在的状态主要包括自由水和吸着水（或结合水）。自由水存在于细胞腔及细胞间隙构成的大毛细管系统中，结合并不紧密，因而自由水容易从木材中蒸发逸出。吸着水存在于细胞壁内的微毛细管系统中，并以氢键结合的方式吸着于纤维素非结晶区、半纤维素和木质素中的极性基团。木材是吸湿性多孔材料，其内部的微毛细管系统既能向周围环境中蒸发水分，又能从环境中吸收水分。在干燥的环境中，由于木材内水蒸气压力高于大气中的水蒸气压力，水分会由木材向大气中蒸发。一般认为，自由水先向外界蒸发，细胞腔中没有自由水而细胞壁中吸着水处于饱和的状态被称为纤维饱和点（fiber saturation point，FSP）。当较干的木材放置在潮湿的环境中，木材较小的微毛细管水蒸气压力使其能从较高水蒸气压力的周围环境吸收水分进入细胞壁中。

木材几乎所有的物理力学性质都受其水分含量的影响。当细胞壁内的吸着水从木材中排出时，木材的尺寸随之减小，这是由于细胞壁内的微纤丝之间和微胶粒之间的空隙因吸着水的排出而缩减，细胞壁变薄，引起木材的干缩（刘一星和赵广杰，2004；高建民，2017）。木材细胞排列的特点，导致不同方向上的干缩存在差异，称为木材干缩的各向异性。木材干缩的各向异性及干燥过程中含水率梯度的存在导致木材内部失水过程中干缩不一，这是产生干燥应力的主要原因，也是木材弱相结构失效的主要诱因。当干燥中拉伸应力超过木材横向拉应力的承受极限，木材就会因弱相结构失效产生裂纹，进而影响木材的干燥质量（涂登云，2005）。

木材弱相结构指在外部条件作用下，最先表现出屈服、产生失效的木材结构。水分作用下木材的弱相失效形式主要表现为干燥过程中的开裂现象，弱相结构指干燥过程中率先出现开裂的部位。木材宏观裂纹一般率先产生于干缩差异较大的部位，如材性差异较大的心、边材交界区域，以及早、晚材过渡区等，这是木材潜在的宏观弱相。微观上受树种、细胞类型及壁层结构的影响，失效初始点存在一定差异。明确木材的弱相结构所在，控制外界条件以抑制弱相结构发生失效，对于减少干燥过程中的变形和开裂缺陷发生，以及提升木材干燥质量具有重要意义。

第一节 水分作用下的木材弱相结构

水分作用下木材弱相结构失效是木材弱相结构理论的重要组成部分，当前此方面研究相对较少。前人的相关研究主要从木材宏观和细胞层面，对开裂产生的原因、初始位置及影响因素等进行了探讨。

木材宏观开裂研究方面，Wahl 等（2001）介绍了用于木材表面微裂纹测试的激光反射强度法，根据木材表面对光的反射强度表征裂纹情况。Hanhijärvi 等（2003）采用该方法研究了干燥过程中木材表面的微裂纹形成及发展情况，干燥前期微裂纹产生于木材表面，虽然随着干燥的进行微裂纹逐渐闭合，但对干燥后期宏观裂纹的产生具有一定促进作用。Yamashita 等（2012a；2012b）研究了日本柳杉（*Cryptomeria japonica*）含髓心方材干燥过程中的表裂和内裂情况，结果表明，心材比例及弦向干缩是影响表面开裂的关键因素，其中裂纹的长度与弦向干缩成正比；髓心附近内裂较为严重，主要受弦向干缩的影响。Larsen 等（2011，2014）研究了木材横截圆盘干燥过程中产生的裂纹类型及影响因素，结果表明：开裂一般出现于含水率降至 FSP 以下的早期干燥阶段，主要表现为沿径向的开裂；心材及边材部位的含水率差异、试材厚度、弦径向干缩差异是开裂产生的影响因素。相较于宏观裂纹，微观裂纹因为其尺度的原因，产生和扩展更加不易观察。樊兴（2019）设计了一种显微图像采集系统，将显微镜与特制的烘箱联合，在 60℃条件对落叶松（*Larix gmelinii*）进行干燥，实现了对木材表面微观裂纹产生和扩展的捕捉。Sakagami（2019）将日本柳杉置于 50℃/5%相对湿度（RH）的环境控制箱中，利用激光共聚焦显微镜对微裂纹发生的时间和位置进行了研究，结果表明，当干燥开始后，心材区域的晚材部分立即出现了微裂纹；边材是微裂纹出现最晚的位置，与此同时心材的微裂纹开始闭合。至干燥结束时，大部分微裂纹都处于闭合状态，部分甚至完全消失。Botter-Kuisch 等（2020）研制的实验测量装置可以实时监测木材的平均含水率、含水率梯度和裂纹的数量，以量化木材的干缩差异和含水率梯度与木材裂纹之间的关系。

在干燥应力作用下，木材在微观细胞层面上会产生肉眼不可见的微裂纹，裂纹继续萌生和扩展，相互作用下就会形成明显可见的宏观裂纹，极大地影响了木材的干燥质量。微裂纹常发生于轴向细胞的胞间层和射线薄壁细胞处，这些构造是抵御干燥应力最薄弱的部位。Wang 和 Youngs（1996）研究了干燥过程中北美红栎（*Quercus rubra*）和长果青冈（*Cyclobalanopsis longinux*）木材的微观开裂行为，结果表明：密度大、孔隙率低的木材更容易产生开裂，厚壁细胞比薄壁细胞更容易产生开裂；两种木材均有多个初始失效点，这与木材复杂的解剖构造有关；多列木射线对于细胞内部、细胞间及相邻纤维间的失效起着关键作用，而早期产生开裂的单列木射线和厚壁细胞对裂纹扩展具有重要影响。Saka 和 Goring（1985）对开裂易产生于木射线细胞进行了解释，认为木射线细胞与纤维细胞和管胞相比细胞壁中木质素含量较低，同时细胞壁的理化性质存在一定差异。日本学者（Sakagami et al.，2009；Yamamoto et al.，2013）采用改进的激光共聚焦扫描电镜研究了日本柳杉木材 5mm 立方体小试样含水率与微裂纹产生和扩展的关系，结果显示：木材含水率降至 FSP（28.9%）附近微裂纹开始出现，在含水率为 9.9%时，裂纹达到最大，而后随含水率降低裂纹逐渐闭合；裂纹首先产生于晚材部位的管胞和射线薄壁细胞间，随含水率的降低裂纹沿射线薄壁细胞向两端传播，裂纹尖端终止于下个生长轮界处；同时认为木材表层含水率在抑制微裂纹形成方面具有重要作用。

以上研究都是干燥应力作用下木材弱相结构的失效行为，而对于水分和外力载荷协同作用下的失效研究也有相关报道。Wilkes（1987）探讨了含水率对木材纵向断裂形态的影响，FSP 之上断面整齐，而 FSP 之下则表现为粗糙的断面形态。木材含水率对导管等纵向组织的影响较小。窦金龙等（2008a；2008b）采用分离式霍普金森杆（Hopkinson bar）研究了干、湿木材的动态力学性能，并分析了干、湿状态蓝桉（*Eucalyptus globulus*）和毛白杨（*Populus tomentosa*）在高应变率载荷条件下弱相结构破坏的机制，结果显示：干、湿木材弱相结构失效形式存在差异，干木材试样纤维因细胞壁坍塌而压实，湿木材试样由于细胞内水的作用而产生垂直于纤维轴向的拉应力，使纤维沿轴向相互分离，证明了含水率对木材弱相结构失效的影响。

一、水分作用下的木材组织尺度弱相结构

在干燥过程中，使用成像系统（iWood，中国林业科学研究院木材标本馆）获取木材表面的图像（图 4-1），以观察裂纹的产生和扩展情况。试验所用马尾松基本密度为 0.46g/cm³。参照《无疵小试样木材物理力学性质试验方法 第 6 部分：干缩性测定》（GB/T 1927.6—2021）准备试样，试样尺寸为 20mm×20mm×20mm。干燥开始前，采用滑动切片机（RM2245，德国徕卡公司）对试样进行平滑处理，以确保裂纹可以在显微镜下观察清晰。将试样放入烘箱中，设定温度为 80℃，每隔 30min 取出试样进行拍摄并称重。在质量恒定后，将烘箱的温度调整为 103℃，烘至绝干，获得绝干质量以计算每个时间点的含水率。利用 iWood 拍摄的图像像素为 2048×2048，每个像素的分辨率为 3.1μm。获得的图像由图像软件（Adobe Systems Incorporated）处理，对图像的亮度和对比度进行调整增强图像的细节。随后，使用 Image J 软件将图像的模型改为 8 位灰度，并使用自动阈值功能将灰度图像转换为黑白图像。干燥裂纹的信息（面积和数量）由 Image J 软件自动计算得出。

图 4-1 马尾松木材试样表面成像示意图

图 4-2 是 iWood 拍摄的干燥过程中木材试样横截面的图像，其中，图 4-2A～E 是试样横切面裂纹分布图，图 4-2a～e 是裂纹分布黑白图像。选取几个特定含水率状态的图像表示干燥过程中裂纹的基本变化。平均含水率为 45% 时，试样的表面就已经监测到裂纹的产生。尽管此时试样的平均含水率高于 FSP，但在厚度方向上存在着较大的含水率

梯度，这使得试样表面含水率低于 FSP 的极薄层受到较大的拉伸应力作用。当干燥应力超过木材垂直于纹理的抗拉强度时就会出现裂纹。随着含水率的降低，裂纹的数量、长度和宽度都有所增加。平均含水率为 15%时，裂纹的宽度和长度达到最大，此后裂纹逐渐闭合，直至消失。从图 4-2A 可以看出，裂纹起始位置大都出现在晚材带。随着干燥的进行，裂纹的长度沿着径向扩展（图 4-2B），宽度沿弦向加粗（图 4-2C）。裂纹穿过生长轮的边界，并在下一个生长轮的早材带停止扩展。当含水率为 3%时，从 iWood 所拍摄的图像中，已经很难分辨出干燥裂纹的存在。大的宏观裂纹是由相邻微裂纹延伸扩展后相交造成的。如图 4-2D 所示，在两条裂纹中间的管胞受到了剪切应力。当此应力大于管胞的力学强度时，管胞会发生破坏，两条裂纹相交发展成肉眼可见的宏观裂纹，影响木材的干燥质量。此外，轴向树脂道是裂纹扩展过程中的潜在弱相结构部位，它的存在使得两个相邻的微裂纹更容易相交，如图 4-2D 所示。

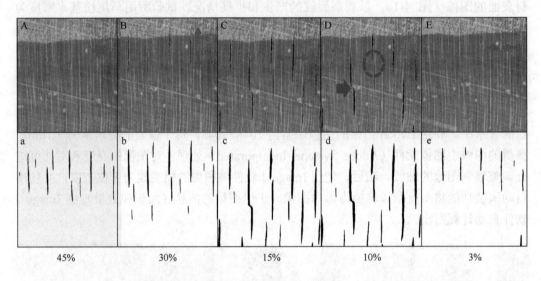

图 4-2　干燥过程中马尾松试样横切面裂纹分布情况（详见书后彩图）

　　早材与晚材在弦向和径向上分别呈并联和串联排列。在径向上，干缩率一般是独立早材和独立晚材之间的平均值。弦向的干缩率受到早材和晚材协同的影响，它们之间相互制约。晚材细胞具有更厚的细胞壁，因此晚材的干缩率比早材的干缩率高。在干燥过程中，细胞都趋于收缩。木材表层的晚材细胞率先产生较大的收缩，却受到次表层的限制，由此产生较大的拉伸应力。早材的干缩率较小，自身所受的拉伸应力较小，且缓解了晚材与早材交界处的拉伸应力。综上，晚材带在干燥过程中受到的拉伸应力最大导致弱相结构失效。在组织层面，初始裂纹产生于晚材，并沿木射线向生长轮内的早材方向扩展。较近的两条木射线处裂纹相交，进而形成宏观裂纹，树脂道容易造成裂纹的扩展，因此被认为是弱相的潜在结构。

二、水分作用下的木材细胞尺度弱相结构

　　选取开裂后的试样，在裂口处制取尺寸为 3mm×2mm×5mm（径向×弦向×纵向）的

小试样。采用计算机断层扫描成像系统（SkyScan 1172，布鲁克，德国）研究木材干燥开裂后的三维形貌。X 射线探测器为 1100 万像素的 12 位数字冷却 CCD 相机，空间分辨率 <1μm，最高可达 0.5μm。将试样固定在样品台上，通过 X 射线束对木材一定厚度的层面进行 360° 扫描，由后方的探测器接收透过试样的 X 射线并产生投影图像。利用 NRecon 分层重构软件重构生成二维截面图像，然后通过 CT vox 体绘制软件进行三维重建，获得木材内部的三维结构。更高分辨率的断裂面形貌图采用扫描电镜获得，设备为日本日立公司生产的 S-4800 型冷场发射扫描电子显微镜。在开裂处锯取尺寸为 10mm×10mm×10mm（径向×弦向×纵向）的小木块，通过切片机加工出横切面和弦切面样品，径切面样品则采用劈开径切面法以保证原本的断面形态。喷金后利用双面胶带将样品固定在样品台上，实验加速电压为 10kV。

　　图 4-3a 展示了通过 X 射线断层成像技术重构出的木材三维结构。针对其中一条裂纹，从横切面、弦切面和径切面三个方向对微裂纹的断裂形貌进行观察。从图 4-3b 木材横切面上可以看出，裂纹起源于晚材并沿径向扩展，管胞保持完整。裂纹在纵向上的扩展可以从弦切面观察（图 4-3b），红色箭头所指的位置表示木射线发生破坏。管胞并

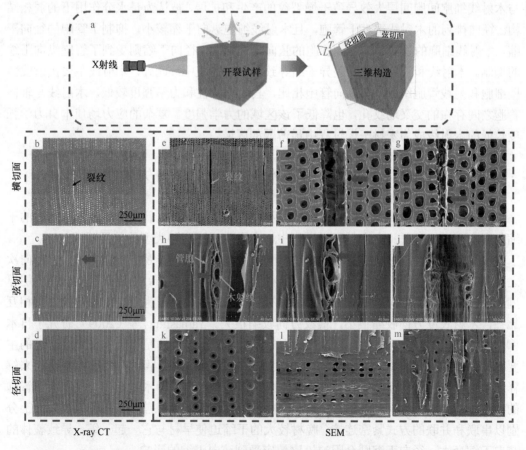

图 4-3　马尾松试样断面处的微观形貌（详见书后彩图）

a. X 射线计算机断层扫描和三维重构示意图；b～d. 试样裂纹处三切面 X-ray CT 形貌图；e～m. 试样裂纹处三切面 SEM 形貌图；红箭头指示裂纹的存在位置

没有撕裂，管胞之间胞间层的破坏是引起裂纹扩展的主要原因。径切面（图 4-3d）可以区分出径向分布的木射线和管胞，断裂面平整并没有细胞壁的残留。X 射线断层扫描（X-ray CT）技术所重构的断面形貌可以说明一定的问题，但是分辨率不足以辨别木射线以及胞间层等重要部位的形貌。扫描电镜图像具有更高的分辨率，能够更加精细地分析断面形貌。图 4-3f 和图 4-3g 中红色箭头所指示的管胞形态与周围管胞不同，具有木射线周围管胞的形态特征。此外，还观察到细胞壁的残留。因此，初步推断干燥开裂的初始位置在木射线处，并沿木射线向径向扩展。从弦切面的扫描电镜图可以分辨出木射线处的破坏形态。木射线与管胞之间的胞间层破坏，两者发生分离（图 4-3h）。射线组织中木射线细胞之间的胞间层在干燥应力下也出现破坏，射线细胞之间发生分离（图 4-3i）。图 4-3j 为裂纹扩展后射线组织的状态，木射线细胞基本保持完整并不规则地分离。在交叉场纹孔区域并未观察到残余的木射线细胞壁，交叉场处管胞的纹孔膜发生破坏（图 4-3l）。图 4-3m 表示裂纹纵向扩展至管胞锐端后，进一步损伤胞间层，管胞依然保持完好。

木射线区域作为最薄弱的结构在干燥过程中首先被破坏。木射线和管胞之间胞间层与木射线细胞间胞间层失效导致干燥裂纹的产生和扩展，被认为是水分作用下的弱相结构。径向排列的木射线垂直于管胞，且木射线细胞纵向干缩较小，抑制了管胞的径向干缩。木射线细胞的弦向干缩受到管胞的弦向干缩抑制，径向干缩则受到了管胞纵向干缩的抑制。木射线和管胞之间的差异干缩导致局部应力集中。此外，木射线主要由射线薄壁细胞和射线管胞组成，与纵向管胞相比，其收缩特性和力学强度较低。木射线与轴向管胞之间存在的交叉场纹孔，也降低了该区域的力学强度。复杂的应力场使本身力学强度较低的木射线成为木材干燥过程中最薄弱的区域。

第二节　水分作用下木材弱相结构的失效机制

干缩是木材这一多孔吸湿性材料的典型特征，FSP 以下吸着水排除过程中木材的干缩与含水率密切相关。在木材干燥过程中，会发生以下两种类型的差异干缩。

（1）各向异性干缩，木材的干缩在不同解剖方向上不同，弦向干缩率最大，径向次之，纵向最小。这种各向异性主要是由木材的构造特点决定的。细胞壁次生壁的中层厚度最大，其微纤丝方向与木材纵向几乎平行。干燥过程中，细胞壁失水微纤丝之间相互靠拢，木材长度方向收缩很小，横纹方向收缩很大。Yamashita 等（2009）研究了日本柳杉木材弦向、径向干缩的多样性规律，结果显示：微纤丝角是影响木材横纹干缩的主要因素。弦向和径向之间的干缩差异可用木射线抑制理论和早晚材相互抑制理论来解释。木射线是沿木材径向排列的细胞，木射线细胞的纵向（即木材径向）收缩小于管胞的横纹收缩并对其有抑制作用。早材和晚材在解剖构造上存在差异，在径向和弦向上分别以串联和并联的方式紧密连接。晚材较大的干缩迫使早材与它一起干缩，导致整体的弦向干缩变大。径向干缩则会因泊松比效应受到弦向干缩的影响。

（2）含水率分布不均引起厚度方向上的差异干缩。干燥过程中，水分是通过渗透和扩散作用排出木材的，这就导致厚度方向上有较大的含水率梯度。干燥开始时表层的含水率率先降到 FSP 以下，发生收缩，此时内部的含水率仍高于 FSP，未发生收缩；随着干燥的进行，即使内部含水率也低于 FSP，但干燥过程形成的由内向外由高到低的含水率梯度，导致木材在厚度上各层的干缩不一致。弦向、径向干缩差异导致的干缩异向性应力和含水率分布不均导致的厚度上的差异干缩应力是木材弱相结构失效的主要诱因。

一、水分作用下木材的多尺度干缩变形机制

木材是一种多尺度的非均质和各向异性的天然复合材料，其特殊的结构导致木材干缩/湿胀等尺寸变化的复杂性。木材的宏观干缩特性已经有较系统的研究结果，弦向干缩率通常是径向的 1.5~2.5 倍，纵向干缩率可忽略不计。心材的干缩率比边材大，边材的弦径向干缩差异比心材更明显。在组织层面，Pang 和 Herritsch（2005）对新西兰辐射松（*Pinus radiata*）的单独早材和单独晚材的干缩特性进行了研究，结果显示，早材的弦向干缩率小于晚材，并且越靠近髓心部位干缩率越小。Patera 等（2018）指出欧洲云杉（*Picea abies*）径向与弦向之间的干缩湿胀差异性表现为：早材＞生长轮＞晚材，生长轮内的早材对晚材的干缩湿胀行为有抑制作用，进而使得生长轮径向、弦向的差异干缩降低。欧阳白（2020）利用动态水分吸附仪联用白光显微镜成像技术，测定了楸木（*Catalpa bungei*）生长轮、早材和晚材试样的干缩湿胀性，结果显示，生长轮内早材和晚材的径向干缩湿胀行为互有促进作用，而弦向干缩湿胀行为则主要取决于晚材。

木材是由不同类型的细胞组成的，不同的细胞排列方向、细胞壁厚、孔隙分布等差异很大，在木材收缩中发挥着不同的作用。Sakagami 等（2007）利用激光共聚焦显微镜可视化了木材细胞在解吸过程中随时间变化的收缩行为。Taguchi 等（2010）也观察了 FSP 以下木材吸湿过程中细胞形态的变化，结果表明，细胞的弦向尺寸随水率的增加呈线性膨胀，而细胞的径向尺寸则呈多变性，部分细胞甚至出现收缩，这也印证了众所周知的木材弦向干缩和湿胀率大于径向。Almeida 等（2014）利用环境扫描电子显微镜获取了干燥过程中木材细胞形态的变化，并对干缩量进行了测定，探讨了木材自由干缩过程中细胞形态、细胞壁厚度以及细胞本身干缩差异的变化规律，为木材干缩各向异性等宏观干燥性质在细胞壁尺度上的研究提供了可行性依据。

木材的细胞壁可看作是天然的复合材料，主要由纤维素、半纤维素和木质素三种高分子化合物组成。纤维素以微纤丝的形态存在于细胞壁中，有较高的结晶度，被称为骨架物质。半纤维素是无定形物质，分布在微纤丝之中，被称为填充物。木质素被称为结壳物质，提供了大部分的抗压强度。这些成分由于其化学成分和超微结构组织而表现出不同的吸湿性能。木质素是芳香族聚合物，具有较低的亲水性。纤维素和半纤维素的化学成分结构中有许多自由羟基，借助分子间力和氢键力将空气中的水分子吸引其上，生成多分子层水分子。微纤丝之间的距离会随着吸着水分子层厚度的变化而改变，这种纳米级结构的变化可以通过小角 X 射线散射（small-angle X-ray scattering，SAXS）和广角 X 射线散射（wide-angle X-ray scattering，WAXS）研究进行分析（Penttilä et al.，2021a）。

此外，水分对纤维素结晶区的尺寸也有影响（Penttilä et al.，2021b；Zitting et al.，2021；Paajanen et al.，2022）。在分子水平上，水分子通过氢键与纤维素或半纤维素相连，在红外光谱中可以检测到。Olsson 和 Salmen（2004）利用红外光谱分析了木材成分之间的分子相互作用，指出在吸附过程中羟基带的吸光度增加。Guo 等（2016）将水分子分类为强氢键水、中氢键水和弱氢键水，并根据吸光度的变化确定水分子与木材聚合物的结合顺序。目前大多数研究都集中在单一尺度，而从多个尺度研究水分作用下的结构变化有助于全面系统地理解木材干缩的发生机制。

（一）水分作用下木材宏观尺度干缩变形

马尾松生材测试参照《无疵小试样木材物理力学性质试验方法 第 6 部分：干缩性测定》（GB/T 1927.6—2021），加工成尺寸为 20mm×20mm×20mm 的木块试样，区分幼龄材和成熟材。在试样相对面的中心位置做标记，测量试样的弦向和径向尺寸，测定过程中保持试样的湿材状态。将试样放入恒温恒湿箱（LHU-113，Yamato，日本）中干燥，温度设置为 20℃，相对湿度为 65%。检查 2～3 个试样质量的变化，每 8h 重复测量一次，直到两次连续称重的差值不超过试样质量的 0.2%，即认为达到气干状态，分别测量试样的径向和弦向尺寸。将测定完的试样放入烘箱中，开始温度为 60℃，保持 6h，然后将温度调至 103℃烘至绝干，测出各试样的质量和弦向、径向尺寸。弦向、径向的干缩率按照式（4-1）计算：

$$S = \frac{L_{\max} - L_0}{L_{\max}} \times 100\% \tag{4-1}$$

式中，S 为弦向或径向的干缩率，%；$L_{\max}$ 为湿材状态下弦向或径向的尺寸，mm；L_0 为试样达到干燥状态时弦向或径向的尺寸，mm。

马尾松幼龄材与成熟材的弦向和径向干缩率如图 4-4 所示。从数据分布看，幼龄材和成熟材在气干状态的弦向干缩率非常接近，幼龄材干缩率平均值为 3.97%，略大于成熟材的 3.83%。绝干状态幼龄材和成熟材的弦向干缩率明显增大，幼龄材干缩率平均值为 8.45%，大于成熟材的 7.73%。气干和绝干状态试样的径向干缩率都小于弦向，气干时幼龄材的径向干缩率平均值为 1.89%，成熟材为 1.34%，绝干状态幼龄材和成熟材的径向干缩率平均值分别为 4.30%与 3.04%。从结果可以得出，幼龄材和成熟材气干干缩率没有明显差异，绝干时幼龄材干缩率明显高于成熟材。弦向和径向的干缩差异如图 4-5 所示，幼龄材和成熟材的气干弦径向干缩比分别为 2.62 和 2.46，绝干时的弦径向干缩比分别为 2.17 和 2.13。无论气干还是绝干，幼龄材的干缩差异都比成熟材高，这可能是幼龄材和成熟材解剖构造性质差异导致的。与成熟材相比，幼龄材的细胞弦向和径向尺寸较小，细胞壁较薄，且晚材细胞数量相对较少。人工林幼龄材早材和晚材比成熟材早材和晚材的微纤丝角分别大 21.6%和 20.9%。此外，幼龄材的射线组织比量比成熟材高 17.7%，这导致了幼龄材较高的各向异性干缩（鲍甫成和江泽慧，1998）。气干的弦径向干缩差异低于绝干，含水率对于干缩差异也有一定的影响。

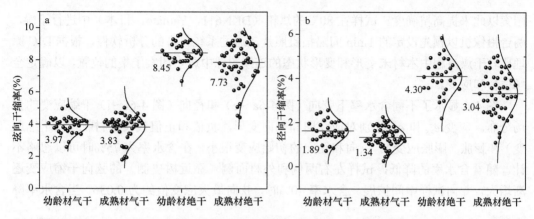

图 4-4　马尾松木材在气干和绝干时的弦向、径向干缩率

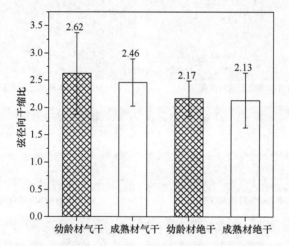

图 4-5　马尾松气干和绝干状态下弦径向的干缩比

　　传统上，卡尺或千分尺被用来测量干燥过程中木材的尺寸变化。这种方法只提供了一个较大的面积区域的整体数值，并不能提供足够的分辨率来测量和分析局部的收缩率。大尺寸试样在干燥过程中发生的扭曲等变形会造成测量误差。数字散斑（digital image correlation，DIC）是一种非接触式的全场测量技术，通过比较未变形和变形状态的图像，可以获得木材表面的位移和应变的准确信息，克服了传统方法的局限。Peng 等（2011，2012）使用 DIC 技术测量了三个解剖方向的干缩率，并研究了从髓心到树皮的收缩率变化模式，显示了使用 DIC 评估局部收缩的潜力。Fu 等（2020）测定了窿缘桉（*Eucalyptus exserta*）每个生长轮上的收缩应变，可视化了不同含水率下木材的位移和收缩应变的全场分布。结果显示，心材的干缩率大于边材，而边材的各向异性干缩比心材更加明显。此外，Lanvermann 等（2013）报道了单个生长轮的应变，以研究横向吸湿膨胀的情况。Garcia 等（2020）利用 DIC 测量了纤维和实质组织的全场膨胀应变，DIC 技术提供了一种有效的方法来研究更小尺度上的尺寸变化。

　　本研究利用数字散斑技术（VIC-3D，Correlated Solutions，美国）监测了马尾松试样干燥过程中的全场应变分布。在正式测试前，在试样表面喷漆以形成随机的黑色斑点图案以此来提高精确度。试样在80℃的烘箱（DKN611，Yamato，日本）中进行干燥，两台摄像机以预先设定的1min间隔拍摄照片。通过系统自带的分析软件，根据DIC原理比较干燥过程中木材未变形和变形状态的连续图像中斑点图案子集的位置，以确定全场位移和应变。

图4-6显示了不同含水率下弦向（图4-6a～e）和径向（图4-6f～j）干缩应变的全场分布。应变e_{xx}和e_{yy}分别对应弦向和径向变形，负值和正值代表木材收缩（干缩应变）和膨胀（膨胀应变）。弦向和径向的初始应变很小，在含水率为75%时可以忽略不计。随着含水率的降低，试样左右两侧和外材面侧（靠近树皮侧）的弦向干缩应变逐渐增大，并向试样中间扩展。含水率40%时，弦向最大应变值约为0.036。当含水率降

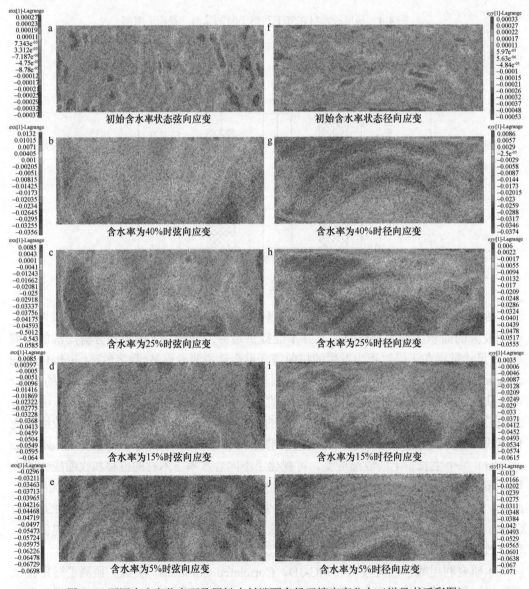

图4-6 不同含水率状态下马尾松木材端面全场干缩应变分布（详见书后彩图）

低到 5% 时，试样中间的干缩应变大于左右两侧。这是因为生长轮方向的影响，试样中间区域干缩应变是完全的弦向干缩应变，然而左右两侧区域干缩应变为弦向干缩应变的水平分量。试样在靠近外材面的最大干缩应变值约为 0.070，大于靠近内材面的干缩应变值（约 0.040），这是由于外材面附近的生长轮曲率半径大于内材面附近的生长轮曲率半径，外材面较小的生长轮角度导致弦向的总干缩应变的水平分量更大。这种收缩趋势与锯材在干燥过程中向外材面方向发生翘弯的情况一致，外材面的应力集中导致裂纹更容易产生。图 4-6f~j 显示径向的干缩应变分布。干燥开始后，试样左右两侧的干缩应变增大，中间部分变化较小。当含水率降至 5% 时，试样两侧的干缩应变值（约 0.071）远高于中间部位的干缩应变值（约 0.013），其原因同样是生长轮方向的影响，即两侧部分的垂直分量较大。此外，干缩应变分布呈现生长轮状的交替变化，尤其是低含水率阶段更为明显。这是早材和晚材的交替分布，两者干缩应变的不同造成颜色（应变）呈现生长轮似的分布。

弦向、径向干缩率和干缩差异随含水率的变化如图 4-7 所示。在干燥初始阶段，无明显干缩现象产生。当含水率从 50% 降至 40% 时，弦向和径向出现轻微的干缩，这是因为虽然平均含水率高于 FSP，但表面的水分迅速蒸发含水率降到 FSP 以下，导致木材出现轻微的干缩；含水率低于 30% 时，弦向和径向干缩呈直线增加，且弦向干缩明显大于径向。干燥结束时的弦向干缩率为 6.22%，径向干缩率为 4.89%。

弦向、径向干缩差异是产生木材干燥应力的主要原因之一，马尾松木材的弦径向干缩比随含水率变化如图 4-7 所示。弦向、径向干缩差异随含水率的降低呈现先增大后逐渐减小的变化趋势。弦径向干缩比最大值出现在含水率 30% 时，此时各向异性干缩最为显著，极易产生较大的干燥应力，导致干燥开裂的产生。

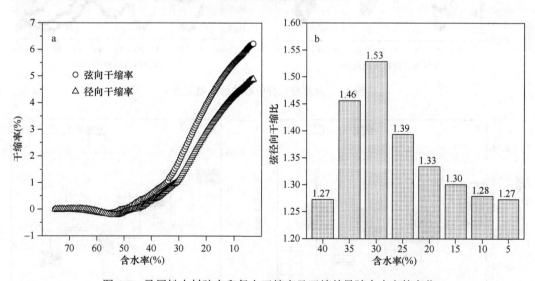

图 4-7 马尾松木材弦向和径向干缩率及干缩差异随含水率的变化

（二）水分作用下木材组织尺度干缩变形

图 4-8 显示了不同含水率下试样中心线处（弦向对称中心轴）从外材面到内材面的

干缩应变变化。弦向和径向的干缩应变均呈现出低值和高值交替的波浪模式，这与每个生长轮内早材和晚材的显著干缩差异相关。距外材面约 10mm、20mm、30mm 和 45mm 处弦向和径向应变比相邻两侧大，推测此位置为晚材带。随着含水率的降低，径向干缩应变显著增加，弦向干缩应变仅在 10mm 处有明显增加。这可能是因为早材和晚材的排列方式，径向上早材和晚材处于串联状态，两者之间干缩独立互不影响，所以早材和晚材径向干缩应变分明。而在弦向上，早材和晚材处于并联状态，两者相互影响使得干缩应变趋于接近。不考虑试样外材面和内材面，含水率为 40%、25%、15% 和 5% 时最大弦向干缩应变值分别为–0.065、–0.070、–0.068 和–0.075，最大径向干缩应变值分别为–0.030、–0.040、–0.058 和–0.070。根据早材和晚材带所处的位置提取干缩应变值，弦向和径向干缩应变值统计结果如图 4-9 所示。对于弦向干缩，随含水率的降低，早材的弦向干缩应变基本保持不变，晚材的弦向干缩应变增大。早材和晚材的径向干缩随水分的变化更加显著，这可能是由管胞排列模式造成的。相邻管胞在径向上有序排列且形状相似，在弦向上则是不平行和无序的。弦向干缩不仅包含管胞自身收缩，可能还受到管胞随年轮走向的影响，这导致弦向收缩敏感性比径向低。

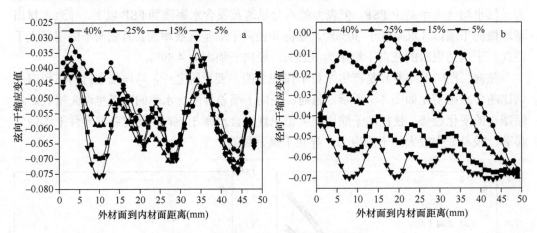

图 4-8 马尾松试样中心线处干缩应变

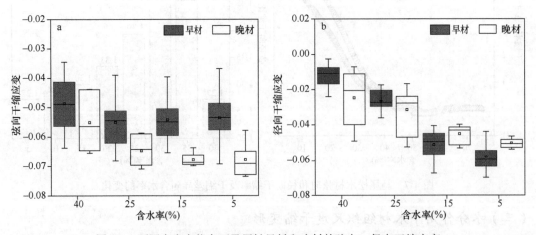

图 4-9 不同含水率状态下马尾松早材和晚材的弦向、径向干缩应变

（三）水分作用下木材细胞尺度干缩变形

利用激光共聚焦扫描显微镜（LSM 980 with Elyra7，Zeiss，德国）原位观察干燥过程中细胞尺度的变形。拍摄含水率在 FSP 以上、20%、10%和 5% 4 个状态的细胞形态，试样通过恒温恒湿箱设置不同温湿度（25℃/90%RH、25℃/55%RH 和 25℃/25%RH）进行平衡处理，以达到低于 FSP 的三个目标含水率。使用 Image J 软件对所拍图片进行测量得到细胞弦向和径向尺寸。干缩率的计算公式如式（4-2）。

$$S = \frac{L_i - L_t}{L_i} \times 100\% \tag{4-2}$$

式中，S 表示细胞的干缩率；L_i 表示初始状态下细胞的弦径向尺寸；L_t 表示目标含水率时细胞的弦径向尺寸。

图 4-10 显示了马尾松早材管胞和晚材管胞的变形情况。早材管胞的弦向和径向干缩率都随着含水率的降低而升高（图 4-10a），晚材管胞干缩趋势相同（图 4-10b）。含水率为 20%、10%和 5%时，早材管胞的弦向干缩率分别为 1.87%、3.91%和 5.93%，径向干缩率分别为 1.06%、2.30%和 3.59%。晚材管胞的干缩率如图 4-10b 所示，随含水率的降低，弦向干缩率从 3.55%升高至 6.84%和 9.13%，径向干缩率从 2.19%升高至 4.10%和 6.33%。相同含水率时，晚材管胞的弦向和径向干缩率均大于早材管胞。这是由于晚材管胞的细胞壁厚度大、密度高，失水时变形更大。早材和晚材管胞的弦向干缩率都大于径向干缩率，这个结果与宏观观察到的现象一致。除了上述提到的木射线的抑制作用，径面壁上纹孔的分布也极大地影响着管胞的径向干缩率，纹孔的存在减少了径面壁上的细胞壁物质，降低了干缩率。为了对比弦向、径向的干缩差异，以管胞的弦向干缩率为横坐标，径向干缩率为纵坐标绘制了早材和晚材干缩率分布图（图 4-10c）。晚材管胞的干缩率主要分布在 $T=R$ 和 $T=2R$ 之间实线椭圆圈出的区域。早材管胞的干缩率主要分布在虚线椭圆圈出的区域，数据点集中分布在直线 $T=2R$ 附近，这意味着与晚材相比，早材各向异性收缩现象更加显著。图 4-10d 显示了早材和晚材弦向、径向的干缩差异（弦径向干缩比）。从箱型图的数据可以看出，晚材管胞的弦径向干缩比主要在 0.5～2.5，早材管胞则集中在 0.5～3.0。早材管胞的弦径向干缩差异均值为 1.9，大于晚材管胞的 1.54，早材管胞呈现出更高的干缩异向性。

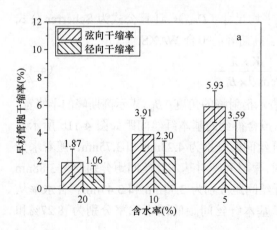
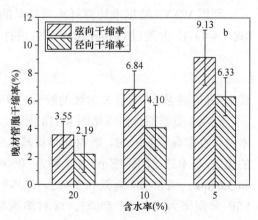

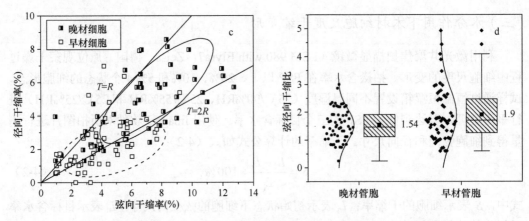

图4-10　不同含水率状态下马尾松木材管胞的干缩率和弦径向干缩差异

a. 早材弦向和径向干缩率；b. 晚材弦向和径向干缩率；c. 早材和晚材弦向、径向干缩率的分布；
d. 早材和晚材弦径向干缩差异

（四）水分作用下木材纳米尺度干缩变形

木材细胞的变形最终来自细胞壁聚合物与水分之间的相互作用，因此在纳米尺度上对纤维素空间尺寸的研究显得尤为重要。为了获得水分对细胞壁纳米结构变形的影响，本研究检测了 FSP 以上、15%（25℃/55%RH）和 5%（25℃/25%RH）三个含水率条件下木材试样的 SAXS 和 WAXS 数据。测试是在 X 射线散射系统（Xeuss 3.0 SAXS/WAXS system，Xenocs，Sassenage，法国）上进行的，X 射线源为 CuKα，探测器为 Eiger2R 1M，在 50kV 和 0.6mA 下运行。SAXS 和 WAXS 测试时试样到探测器的距离（SDD）分别为 1500mm 和 60mm，数据采集的曝光时间为 400s。数据处理前对背景散射进行了校正。用 SASView 4.2.2 软件对 SAXS 数据进行建模。数据的拟合使用了 WoodSAS 模型[式（4-3）]，该模型是为木材样品量身定做的，由 Penttilä 等（2019）构建。

$$I(q) = A\, I_{cyl}(q, \overline{R}, \Delta R, \alpha, \Delta\alpha) + B e^{-q^2/(2\sigma^2)} + C q^{-\partial} \tag{4-3}$$

式中，$I_{cyl}(q)$是来自圆柱体阵列的强度，$\overline{R}$ 假定为纤维素基本纤丝的平均半径，ΔR 为标准偏差，α 表示基本纤丝中心点之间的距离，$\Delta\alpha$ 为副晶体畸变；A、B、σ、C 和 α 为常数。

利用 WAXS 数据来计算纤维素结晶的平均尺寸（D_{hkl}），计算公式为 Scherrer 公式 [式（4-4）]。并通过 Origin 2018 软件进行了高斯峰的拟合 WAXS。

$$D_{hkl} = \frac{K \times \lambda}{\cos\theta \times B_{hkl}} \tag{4-4}$$

式中，K 是常数；λ 表示 X 射线的波长；2θ 表示衍射峰的角度；B_{hkl} 表示高斯峰的半峰宽。

SAXS 数据拟合曲线如图 4-11a 所示，拟合得到的基本纤丝间距如图 4-11b 所示。木材含水率高于 FSP 时，晚材和早材基本纤丝间距分别为 4.23nm 和 3.75nm。随着水分的流失，基本纤丝间距缩小；含水率为 10% 时，早材和晚材基本纤丝间距分别变为 3.88nm 和 3.67nm；当含水率降低到 5% 时，基本纤丝间距分别为 3.71nm 和 3.47nm。含水率从 FSP 分别降到 10% 和 5% 时，晚材细胞壁基本纤丝间距的减小比率分别为 8.27% 和

12.29%，早材细胞壁基本纤丝间距的减小比率分别为 2.13%和 7.47%。显然，晚材基本纤丝间距减小比率明显大于早材，这是导致细胞尺度干缩较大的重要原因。

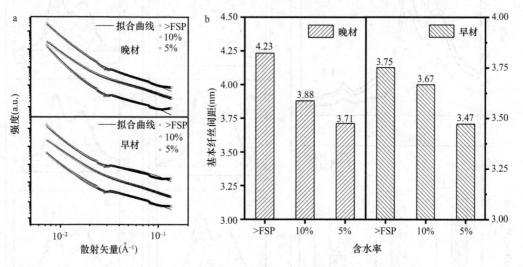

图 4-11　不同含水率状态下马尾松早材和晚材 SAXS 数据分析
a. 数据拟合曲线；b. 木材基本纤丝间距

图 4-12a 显示了不同含水率早材和晚材的 WAXS 数据，有 4 个主要的衍射平面，分别为 $1\bar{1}0$、110、200 和 004 面。随着水分的变化这些峰的位置没有明显的移动，表明晶格常数保持不变，没有发生畸变。对于每个峰的高斯拟合如图 4-12b 和图 4-12c 所示。衍射峰（200）的半峰宽可以用于计算基本纤丝的结晶部分的直径（D_{200}）。如图 4-12d 所示，含水率高于 FSP 时的 D_{200} 分别为 3.41nm 和 3.43nm；D_{200} 随着水分的流失而减小，当含水率为 12%和 5%时，晚材基本纤丝晶体的直径尺寸分别减小为 3.35nm（干缩率 1.73%）和 3.24nm（干缩率 4.79%）；对于早材，D_{200} 分别为 3.42nm（干缩率 0.03%）和 3.36nm（干缩率 2.21%）。从基本纤丝晶体尺寸看，晚材的变化率依然高于早材。大多数学者认为，细胞壁失水时，纤维素基本纤丝会因多糖基质的强烈收缩而受到应力作用。纤维素表面的晶格排列被扰乱，这可能导致干燥过程中基本纤丝晶体尺寸的变化（Yamamoto et al.，2009）。也有研究指出，来自多糖基质收缩的应力可能不足以使纤维素基本纤丝发生变形（Zabler et al.，2010）。Fang 和 Catchmark（2014）认为，纤维素纤丝上的微观和纳米尺度的应力是由于宏观收缩和变形造成的，它影响到基本纤丝表面和内部的葡聚糖。此外，链内氢键似乎对纤维素基本纤丝的尺寸大小有影响。从纤维素晶体表面去除水分子使表面链更接近晶体内部链，并形成链内氢键。表面链和相邻的内部链之间更密集的排列会对纤维素基本纤丝的尺寸有很大影响（Hill et al.，2010）。

（五）干燥过程中木材细胞壁化学组分与水分子的相互作用

羟基存在于木材细胞壁化学组分中，通过氢键吸引和保持水分子。傅里叶变换红外光谱仪（FTIR）可以将有关分峰分配给特定分子结构，有利于研究木材与水分子之间的相互作用。利用显微红外成像系统（Spectrum Spotlight 400 FTIR，PerkinElmer，美国）

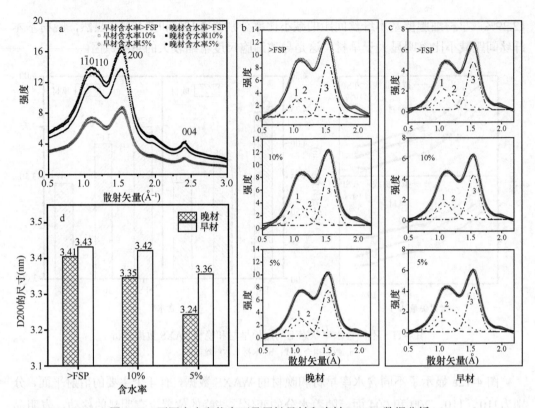

图 4-12　不同含水率状态下马尾松早材和晚材 WAXS 数据分析

a. WAXS 强度曲线；b、c. 高斯峰的拟合；d. 基本纤丝的晶体尺寸。为了展示峰的拟合度以及每个拟合峰的位置，将 a 中的 6 条曲线（晚材的 3 个含水率和早材的 3 个含水率）放到了 b 和 c 中展示。b 和 c 中 1、2、3 分别表示标记处的拟合峰

衰减全反射（ATR）模式原位监测水分在细胞壁中的分布。将含水率高于 FSP 的试样放置在样品台上，试样尺寸为 5mm×5mm×2mm（弦向×径向×纵向）。在 25℃/25%RH 的环境中干燥，每半小时扫描一次。选择 100μm×100μm 的区域进行成像，像素分辨率为 1.56μm×1.56μm，每个像素平均扫描 16 次以提高信噪比。使用 Spotlight 1.5.1、Hyperview 3.2 和 Spectrum 6.2.0 软件处理 ATR-FTIR 图像，并提取平均光谱进行基线校正和归一化。

水的拉伸振动基点存在于 $3800cm^{-1}$ 和 $2800cm^{-1}$ 之间，可从这个区域的 O—H 拉伸带获得关于氢键的信息。选择 $3800\sim2800cm^{-1}$ 波段来生成 ATR-FTIR 图像，可以直观观察细胞壁中水的分布。图 4-13a 和图 4-13b 分别显示了晚材和早材细胞壁中水分在干燥过程中的分布变化。图中颜色条代表红外的吸光度，红色到蓝色表示吸光度的强度由高到低。初始状态晚材的水分较多，整个图像呈红色，尤其是细胞腔，表明腔内有大量的自由水。随着干燥的进行，细胞腔内的自由水完全排出，吸光度为 0；细胞壁上的吸光度逐渐降低，表明结合水与羟基分离从细胞壁中流失。早材的水分分布变化与晚材的类似。红外光谱的差异光谱对水分子微小的结构变化更加敏感。每个含水率状态的光谱减去最后一次含水率状态的光谱为差分光谱，晚材和早材的差分光谱如图 4-13c 和图 4-13d 所示。晚材和早材显示出类似的趋势，$3800\sim2800cm^{-1}$ 和 $1200\sim800cm^{-1}$ 波段的吸光度随着木材细胞壁的水分流失而明显减少。$3800\sim2800cm^{-1}$ 波段一般由 O—H 拉伸振动和氢键引起，可以通过确定分子内和分子间的氢键分析纤维和水分子之间的相互作用。

1200～800cm⁻¹ 的区域归因于多糖成分的 C—O—C 基团的拉伸。水分的解吸可能会影响 O（3）H—O（5）氢键的振动，从而改变整个纤维素链的振动能量，导致 1200～800cm⁻¹ 波段出现明显变化。1638cm⁻¹ 吸收峰值为芳香族的骨架加 C==O 拉伸振动，该峰的减少可能与水分子与羧基的解离有关。

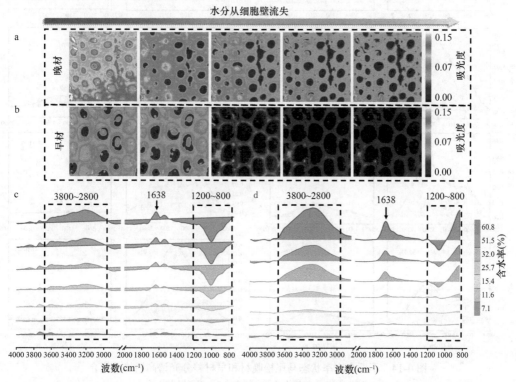

图 4-13　干燥过程中马尾松晚材和早材的红外图像和差分光谱（详见书后彩图）

a. 晚材 3800cm⁻¹ 和 2800cm⁻¹ 波段红外图；b. 早材 3800cm⁻¹ 和 2800cm⁻¹ 波段红外图；c. 晚材差分光谱；d. 早材差分光谱

　　图 4-14 显示了不同含水率状态时晚材和早材 3800cm⁻¹ 到 2800cm⁻¹ 红外光谱高斯峰的拟合。在该范围内包含两个特征峰，较高能量的吸收峰（3558cm⁻¹）与弱氢键的水分子有关，意味着水分子通过另一个水分子间接地与亲水基团结合。较低能量的吸收峰（3200cm⁻¹）表示强氢键水分子，水分子直接通过氢键与纤维素或半纤维素的羟基结合。拟合峰强度的变化表明氢键水分子的数量如何随着水分的流失而变化，如图 4-15 所示。晚材拟合峰 2 的吸光度从一开始就降低，表明强氢键结合水从细胞壁中流失。含水率自 70% 至 30%，晚材拟合峰 1 的吸光度有轻微降低，含水率低于 30% 后，吸光度呈直线下降。早材的拟合峰 1 和拟合峰 2 的变化趋势相似，含水率低于 30% 后才开始直线降低。晚材强氢键水分子从开始就有较大改变，可能是由于细胞壁表面残留液态水的蒸发引起的。一般而言，当含水率高于 5% 时，几乎没有与亲水基团直接结合的水分子从细胞壁上解离。因此，这里强氢键的变化归因于细胞壁中存在的水分子团簇，是一个含有强氢键的五分子的四面体结构。间接与纤维素或半纤维素结合的水分子从细胞壁中流失，导致弱氢键的变化。

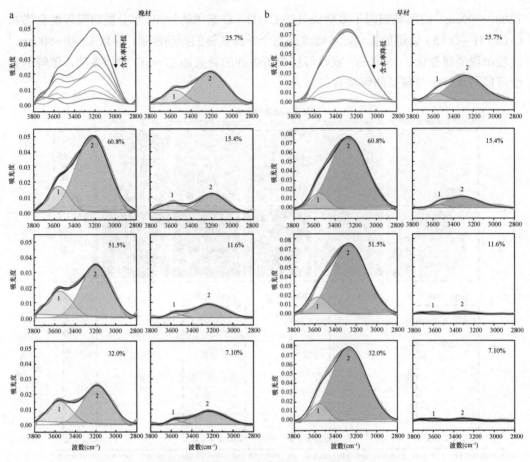

图 4-14　不同含水率状态马尾松晚材和早材差分光谱高斯峰的拟合
拟合峰 1，弱氢键水分子；拟合峰 2，强氢键水分子

（六）水分作用下木材细胞壁变形机制

　　木材干缩指含水率在 FSP 以下，水分的解吸使木材细胞壁产生干缩的现象。一般认为，木材在干缩过程中，尺寸的变化主要体现在细胞壁上，而细胞腔的尺寸几乎保持不变。水分子与细胞壁超微结构之间的相互作用是影响细胞壁尺寸变化的根本原因，因此，本研究从纳米和分子两个超微尺度来探讨干燥过程中木材细胞壁的变形机制。总的来说，细胞壁的变形最终来自于木材细胞壁成分与水分子的相互作用。当木材暴露在干燥条件下时，水分子之间的氢键被打破，水分子从细胞壁中排出，使纤维素基本纤丝相互拉近。基本纤丝的结晶秩序被收缩应力和链内氢键的形成等因素所破坏，导致纤维素晶体尺寸大小发生改变。表 4-1 为含水率 5% 时木材细胞和超微结构的干缩变形率对比情况。从理论上讲，细胞壁的变形应该是纤维间距离和纤维素晶体大小变化的总和。就本研究的结果而言，纳米级（基本纤丝间距）的变形明显大于细胞尺度观察到的变形。更大尺度上干缩量的减少可能是由于木材复杂的多尺度结构之间的相互作用造成的。

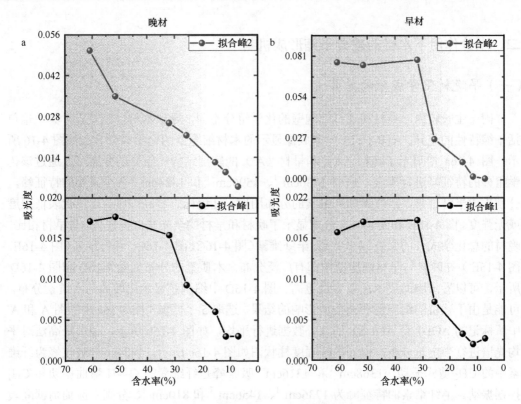

图 4-15　马尾松晚材和早材拟合峰吸光度随含水率的变化

表 4-1　含水率 5%时马尾松细胞和超微结构的干缩变形率

木材结构尺度	干缩变形率（%）	
	晚材	早材
木材细胞	9.13	5.93
基本纤丝间距	12.29	7.47
晶体横向尺寸	4.79	2.21

　　木材从不同的尺度上能够对其自身结构变化进行微调。在纳米尺度上，木材细胞壁的基本纤丝相对于长轴呈一定角度排列，即微纤丝角，对细胞的收缩变形有显著影响。随着微纤丝角的降低，横向收缩率一般会增加。木材细胞壁由于化学结构和微纤丝排列方向的不同，在结构上分出初生壁、次生壁以及胞间层。次生壁最厚，占细胞壁厚度的95%以上，决定着木材的整体性能。次生壁又可以分成次生壁外层、次生壁中层和次生壁内层，各层的微纤丝都形成螺旋取向但斜度不同。次生壁中层的微纤丝角度为 10°～30°，几乎与细胞的长轴平行，提供了优良的纵向力学性能，并导致较高的横向收缩率。次生壁外层和次生壁内层基本纤丝排列方向几乎垂直于细胞长轴，横向收缩小，抑制了次生壁中层的过度收缩。细胞壁的分层结构和微纤丝排列方式的共同作用抑制了木材在更高尺度的收缩行为。在细胞尺度上，早晚材相互抑制理论和木射线抑制理论被认为是造成复杂木材干缩行为的原因。

二、水分作用下木材的差异干缩形成机制

（一）早晚材化学成分的差异

同一生长轮内，早材和晚材细胞壁的化学组分不同，导致木材性能差异，其中也包括干缩特性的差异。ATR-FTIR 光谱成像显示的木材细胞壁的化学成分分布如图 4-16 所示。图 4-16a 中显示了晚材（A）和早材（A′）的解剖结构，组分的分布可以通过该化学组分的特征峰进行确定。选取 $1736cm^{-1}$、$1596cm^{-1}$ 和 $1424cm^{-1}$ 三个重要的特征峰，分别生成半纤维素、木质素和纤维素的分布图像。红色标志着高强度，蓝色代表低强度或无强度。图 4-16B 和图 4-16B′分别显示了晚材和早材的全光谱红外图像。与早材相比，晚材的总化学成分的强度似乎更高。半纤维素（图 4-16C，图 4-16C′）和纤维素（图 4-16E，图 4-16E′）在晚材与早材细胞壁中都有广泛分布。木质素的分布如图 4-16D 和图 4-16D′所示，可以看出胞间层木质素含量更高。图 4-16D 中细胞腔显示出较高的木质素分布，可能是由于残留的细胞壁和杂质所影响的结果。选取 5 个区域（图 4-16a 中的图 A 和 A′中所标记的 AOI-1 至 AOI-5）的红外数据进行平均，如图 4-16b 所示，使用峰高法对平均光谱进行半定量分析，得到的峰强度柱状图如图 4-16c 所示。$1424cm^{-1}$ 吸收峰为纤维素中的 CH_2 剪式振动，$1368cm^{-1}$ 和 $1316cm^{-1}$ 吸收峰是纤维素的 C—H 弯曲振动和 CH_2 摇摆振动。半纤维素的特征峰为 $1736cm^{-1}$、$1456cm^{-1}$ 和 $810cm^{-1}$，分别对应葡萄糖醛酸中 O=C—OH 基团中的 C=O 拉伸振动、木聚糖环的 CH_2 弯曲振动和葡甘露聚糖的骨架振动。晚材的木质素吸收峰 $1596cm^{-1}$ 和 $1508cm^{-1}$ 强度与早材几乎相同，只有 $1262cm^{-1}$ 吸收峰高于早材。$1596cm^{-1}$ 和 $1508cm^{-1}$ 属于芳香族骨架振动 C=O 拉伸和苯环骨架振动，$1262cm^{-1}$ 则是酰氧键 C=O 伸缩振动。对上述化学成分的特征峰强度进行比较可以发现，晚材细胞壁的纤维素和半纤维素含量高于早材，木质素含量两者相差无几。木材中纤维素和半纤维素具有较高的吸湿性，其含量与木材的干缩/湿胀率呈显著的正相关；而木质素具有疏水性，与木材的变形呈显著负相关关系。因此，晚材具有更高的吸湿性，干缩/湿胀性也更高。

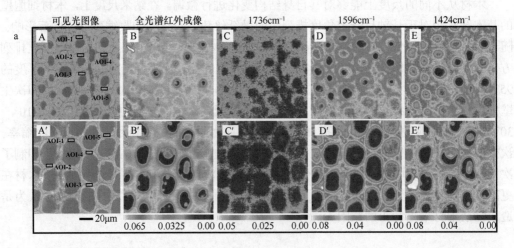

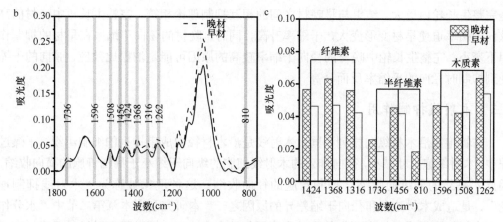

图 4-16　马尾松晚材和早材管胞细胞壁化学组分红外图像和吸光度（详见书后彩图）
a. 晚材管胞和早材管胞的可见光图像及化学组分特征峰产生的红外图像；b. 晚材和早材的红外光谱；
c. 晚材和早材管胞壁纤维素、半纤维素和木质素特征峰吸光度

（二）早晚材的相互抑制作用

早材和晚材在木材中交替排列，干燥过程中存在相互抑制的作用。将马尾松的晚材和早材单独分离出来，按照本章第二节中"水分作用下木材细胞尺度干缩变形"的方法观察细胞干缩情况。单独晚材和早材与完整生长轮内的晚材和早材细胞的干缩率对比如图 4-17 所示。含水率由 FSP 以上降至 20% 时，单独晚材管胞的弦向干缩率为 4.70%，生长轮内管胞的干缩率为 3.55%；随着含水率的降低，单独晚材管胞的干缩率分别升高至 7.82%（含水率为 10%）和 11.15%（含水率为 5%）；生长轮内管胞的干缩率分别升至 6.84% 和 9.13%。三个含水率状态下，生长轮内管胞的弦向干缩率分别比单独晚材的低 1.15%、0.98% 和 2.02%。单独晚材管胞和生长轮内管胞的径向干缩率差别均小于 0.5%。对于早材管胞，单独早材弦向干缩率小于生长轮内管胞，含水率为 5% 时两者差值最大，为 0.95%。径向干缩率与晚材管胞相似，没有显著差异。早材管胞的弦向和径向干缩率都

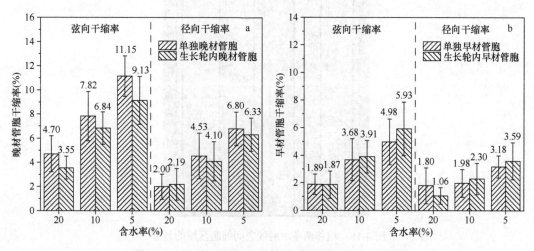

图 4-17　马尾松晚材和早材管胞的弦向与径向干缩率

是完整生长轮内更大。结果与早晚材之间的相互抑制理论相符，完整生长轮中晚材的高弦向干缩率迫使早材变形变大，干缩率升高，同时，晚材的弦向干缩率在早材的抑制作用下变小。完整生长轮中晚材的径向干缩率较高的原因可能是泊松比效应，弦向的干缩受到抑制时径向的干缩率反而升高。

（三）木射线抑制作用

与管胞等沿木材纵向排列不同，木射线是沿木材径向成串排列的细胞组织。干燥过程中，木材细胞尺寸减小，径向排列的木射线细胞的纵向干缩小于周围管胞的横向收缩，因此木射线的弱纵向收缩会抑制管胞的径向收缩。这种现象被称为"木射线抑制理论"，是造成木材弦向和径向干缩差异的原因之一。本研究利用本章第二节中"水分作用下木材细胞尺度干缩变形"的方法观察了细胞形态变化，探讨了木射线对于晚材和早材的径向干缩的影响。图 4-18 显示了两条相邻木射线之间的管胞区域划分，A 区域细胞靠近木射线，C 区域距离木射线最远，B 区域位于两者之间。木射线对晚材和早材细胞弦向干缩率、径向干缩率和弦径向干缩率差异的影响如图 4-19 所示。不同区域内晚材管胞的弦向干缩率基本相同，木射线对晚材管胞的弦向干缩影响不大。不同区域内晚材管胞径向干缩率的变化折线图呈现出"M"型，靠近木射线区域（A1 和 A2）的晚材管胞径向干缩率最小，距离木射线最远的区域 C 管胞径向干缩率次之，区域 B1 和 B2 管胞径向干缩率最大。对于早材管胞，不同区域的弦向干缩率与晚材管胞变化趋势一致，木射线对其并没有太大的影响。最靠近木射线的区域（A1 和 A2）的管胞径向干缩率最小，距离木射线最远的区域 C 的管胞径向干缩率最大，早材管胞的径向干缩率受木射线影响显著。晚材和早材管胞的弦向和径向干缩率都随含水率的降低而升高，木射线对管胞干缩率的影响规律与含水率无关。

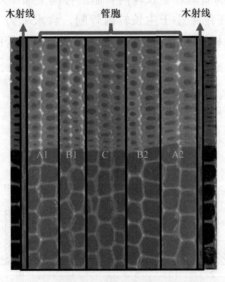

图 4-18　相邻两条木射线之间细胞区域的划分

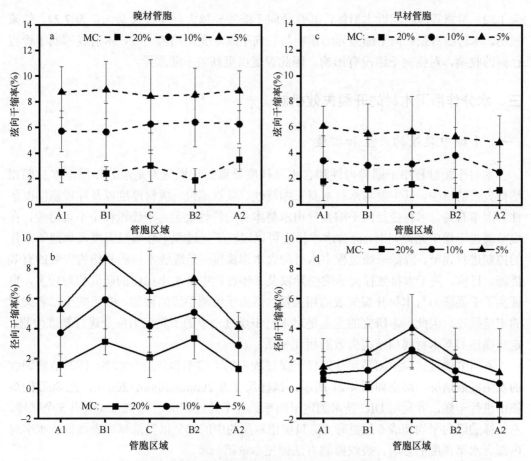

图 4-19 马尾松晚材和早材不同区域的管胞干缩率

a. 晚材区域弦向干缩率；b. 晚材区域径向干缩率；c. 早材区域弦向干缩率；d. 早材区域径向干缩率

图 4-20 表示木射线对不同区域管胞的弦径向干缩差异的影响。对于晚材管胞，靠近木射线的区域 A 显示出更高的弦径向干缩差异（2.01），区域 B 管胞干缩差异最小，

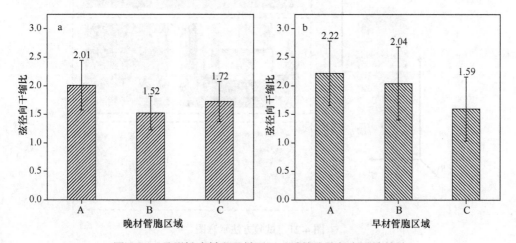

图 4-20 马尾松晚材和早材不同区域管胞弦径向干缩差异

为 1.52。早材管胞越靠近木射线，其弦径向干缩差异越大，区域 A 最大，为 2.22。结果表明，木射线对弦径向干缩差异的影响与径向干缩率变化趋势一致，木射线抑制了管胞径向的收缩，对弦向干缩没有影响，因此表现出更高的干缩差异。

三、水分作用下木材的开裂失效机制

（一）干燥中裂纹的产生和扩展

木材干燥过程中干缩异向性和含水率梯度导致的干燥应力是水分作用下木材弱相结构失效的诱因，其主要与木材本身干缩特性、取材部位、板材厚度以及环境温湿度条件等因素有关。木材弦径向干缩差异由木材本身的特性决定，干燥过程中不可避免，在横截圆盘干燥中尤为突出。而含水率梯度可以通过干燥过程中环境温湿度及风速等条件的控制进行调节，降低干燥过程中木材的含水率梯度，是缓解木材弱相结构失效的有效措施。目前，关于木材弦径向干缩差异以及干燥过程中含水率梯度的研究相对较多，也证实了干燥应力与木材开裂失效的相关性，但由于检测手段的限制，缺乏关于二者关系的定量描述。因此，本研究的重点是对木材干燥过程中的干燥应力应变进行精准检测，定量描述其与木材弱相结构失效的相互关系。

本研究通过试验检测马尾松试样干燥过程中的干缩率和分层含水率，同时监测裂纹的发生发展情况，结果如图 4-21 所示。试样尺寸为 20mm×20mm×20mm，在 80℃的烘箱中进行干燥，并利用 DIC 技术测定干缩率。在干燥过程中，每 30min 取出 5 个试样，沿试样的纵向平均切成 5 层并称重，只保留每层的中间部分以消除试样表面低含水率对内部含水率梯度的影响。裂纹监测方法详见本章第一节。

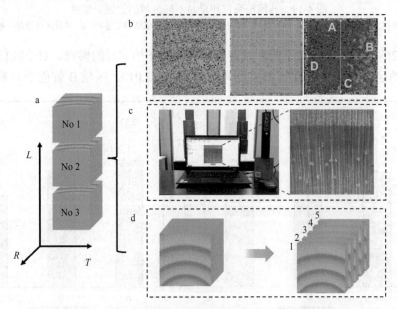

图 4-21 试验方法示意图
a. 试样准备；b. 干缩率测定；c. 干燥开裂监测；d. 分层含水率测定

干燥过程中的干缩率和弦径向干缩比如图 4-22 所示。含水率高于 40%时，试样没有发生明显的尺寸变化。此后，弦向和径向干缩率随含水率的降低而增加。含水率为 40%～30%时，试样出现轻微的干缩，弦向和径向干缩率分别约为 0.6%和 0.3%。含水率降至 30%以下时，试样干缩率显著增加，当含水率为 15%时，试样的弦向和径向干缩率随含水率的降低呈现线性增长。干燥结束时，试样的弦向干缩率约为 7.38%，径向干缩率约为 4.35%。图 4-22b 显示了不同含水率范围内弦径向干缩差异，结果显示，含水率 30%～15%时弦径向干缩比分布在 1.7～1.9，平均值约为 1.8。含水率 15%～5%时，弦径向干缩比分布在 1.6～1.7，平均值约为 1.65。显然，在干燥初期试样具有较高的干缩差异，易引起较大的干燥应力。

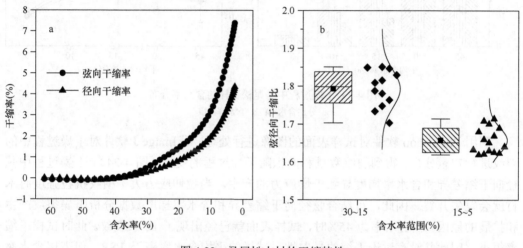

图 4-22　马尾松木材的干缩特性
a. 弦向和径向干缩率；b. 弦径向干缩比

图 4-23 显示了干燥过程中试样的分层含水率变化情况，随平均含水率下降，表层、次表层和心层的含水率都逐渐降低。当木材平均含水率为 45%时，试样表层的含水率降至 FSP 附近，约为 32%，次表层和心层的含水率分别为 49%和 52%。当平均含水率为 30%时，表层的含水率约为 20%，而次表层和心层的含水率仍高于 FSP。当含水率为 15%时，表层、次表层和心层的含水率均降至 FSP 以下。干燥结束时，三层的含水率几乎相同。分层含水率的分布解释了前面观察到的试样平均含水率在高于 FSP 时就产生了干缩现象，尽管试样的平均含水率高于 FSP（45%～30%），但表层的含水率已经降至 FSP 以下，导致试样发生干缩。干燥过程中的含水率梯度如图 4-23b 所示，表层和次表层之间的含水率梯度最高，次表层和心层之间的含水率梯度最低。当含水率为 45%时，表层与次表层间含水率梯度最大，约为 4%/mm，表层与心层间约为 2.4%/mm，次表层与心层间约为 0.6%/mm。随着干燥的进行，表层与次表层、表层与心层间含水率梯度逐渐降低。次表层与心层间含水率梯度先增加后降低，在平均含水率为 15%时最高，约为 1%/mm。可以看出，干燥初期试样中的含水率分布不均匀，随着干燥的进行，试样中各层之间的含水率梯度逐渐趋于一致。干燥应力是由木材中两个相邻层之间不同的收缩应变场引起的。在平均含水率为 45%时，表层的含水率很快低于 FSP，产生干缩现象，但

次表层的含水率仍高于 FSP，尚未产生干缩，次表层抑制了表层的干缩而产生局部应力，较薄的表层会受到很大的拉伸应力。

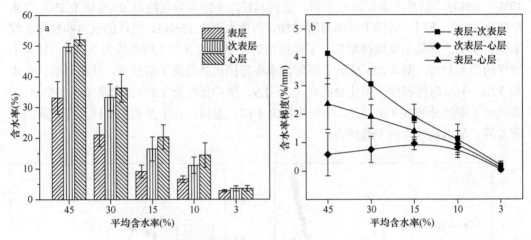

图 4-23 干燥过程中马尾松试样的含水率分布
a. 分层含水率；b. 含水率梯度

利用 Photoshop 软件对试样表面的图像进行处理，用 Image J 软件对干燥过程中的裂纹进行定量分析，得到裂纹数量和面积随干燥过程的变化（图 4-24）。干燥过程中弦径向干缩差异和含水率梯度导致干燥应力的产生，当拉伸应力大于横纹抗拉强度时木材就会发生开裂。因此，可结合弦径向干缩差异和含水率梯度数据分析干燥裂纹产生和扩展的原因。当含水率为 45% 时，试样表面就已经出现了 10 条裂纹。此时试样干缩率很小，因此并没有讨论干缩的异向性。试样的平均含水率高于 FSP，但表层含水率已经接近 FSP（图 4-23a），试样表层和次表层之间具有很高的含水率梯度（图 4-23b）。较薄的木材表层要产生干缩，但被次表层所限制，受到较大的拉伸应力的作用。且含水率降到 FSP 以下的区域很薄，从力学角度来看，表层受的拉伸应力与内部受的压应力应处于平衡状态，所以表层单位（厚度）面积上的拉应力较大，造成了木材的开裂。含水率为 30%～15% 时，裂纹的数量和面积都在增加，含水率 15% 时裂纹的数量达到最大值，约为 12.4 条。这一阶段，试样具有较高的各向异性收缩，再加上较高的含水率梯度（图 4-23b），两种因素共同引起的干燥应力导致裂纹加长加宽，并有新裂纹产生。在随后的干燥过程中，弦径向干缩差异和含水率梯度都趋于减小，干燥应力也随之变小，没有引起木材开裂的继续发展。在干燥结束时，裂纹的数量和面积最小。这是因为当试样含水率低于 15% 后，木材内部各层含水率也降低至 FSP 以下而发生收缩。此时，干燥早期造成的表层塑化变定使其不能自由干缩，硬化的表层牵制了木材内层的干缩，因此应力产生反转，内部各层产生拉应力，表层受到压应力。试样表面的裂纹在压应力的作用下逐渐缩小甚至发生闭合。此外，从统计的裂纹数据看，45%～15% 含水率变化过程中裂纹面积从 $0.85mm^2$ 线性增加到 $2.10mm^2$，但只有 2.4 条新裂纹出现，面积的增加主要来源于已产生裂纹的扩展。干燥中期，裂纹的长度、宽度和深度都在增加，也释放了部分干燥应力，导致较少新裂纹的产生。

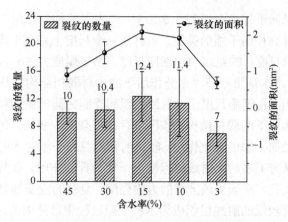

图 4-24　干燥过程中马尾松试样表面裂纹的数量和面积

（二）干燥中木材的开裂失效机制

干燥过程中，木材应力主要由含水率分布不均和弦径向干缩差异导致的干缩不同步引起。含水率在 FSP 以上时，木材中的自由水通过细胞腔和细胞壁上的纹孔在毛细管张力和水蒸气压力的驱动下向外界蒸发。含水率在 FSP 以下时，细胞壁中的吸着水在热能的作用下蒸发，横穿细胞壁后经细胞腔和纹孔向干燥介质中扩散。这种水分的移动是由渗透和扩散过程决定的，因此在木材中会出现含水率分布不均的情况。干燥开始后，木材表面的自由水先蒸发并使其含水率迅速降到 FSP 之下，表层要产生干缩，但因内部各层的含水率仍高于 FSP 保持尺寸不变而受到牵制。所以，木材的表层产生拉伸应力，内部各层则受压应力。从受力平衡角度来看，木材表层含水率降到 FSP 以下区域较薄，受拉伸应力的区域（厚度）较小，受压应力的区域较大，所以表层单位面积所受的拉应力很大且发展迅速，超过木材的抗拉强度时木材就会产生开裂失效。

木材干缩各向异性，即木材的干缩在弦向、径向和纵向上不同，从本章第二节中的结果可以看出，马尾松木材在弦向的绝干干缩率约为 8%，径向干缩率约为 4%，弦径向的绝干干缩差异约为 2.13。这种干缩各向异性是木材本身的构造特点造成的。本章第二节中木材细胞尺度干缩变形结果显示，细胞层面的弦向和径向干缩存在差异。当含水率从高于 FSP 降至 20%、10% 和 5% 时，晚材管胞的弦向干缩率分别约为 3.55%、6.84% 和 9.13%，而晚材径向干缩率分别约为 2.19%、4.10% 和 6.33%。晚材管胞的平均弦径向干缩比约为 1.54。对于早材管胞而言，弦向干缩率约为 1.87%、3.91% 和 5.93%，径向约为 1.06%、2.30% 和 3.59%，弦径向干缩比约为 1.9。马尾松晚材管胞弦向壁和径向壁的平均厚度分别约为 7.4μm 和 5.6μm，早材管胞弦向壁和径向壁的平均厚度分别约为 2.8μm 和 2.6μm。可以看出，细胞壁的厚度与干缩率成正比，细胞壁越厚所含的物质越多，干缩率越大。此外，径向壁上纹孔分布较多，影响了微纤丝在细胞壁中的排列，也会降低径向壁的干缩率。细胞的排列——早材和晚材的交替分布和射线组织的径向排列方式也促进了木材的弦径向干缩差异。从上述结果看出，晚材管胞的干缩率远大于早材管胞。在弦向上，两者的排列是并联的，晚材较大的干缩率会迫使早材与它一起干缩，相应的晚材干缩变形也会受到早材的抑制。径向上，两者之间处于串联状态，相互独立干缩，但由于泊松比效应径向干缩也会受到一定影响。"木射线抑制作用"的研究结果表明了射线组织对于木材管胞径向干缩的抑制。木材在三个尺度上受到干燥应力的影响：①宏观尺度；②木材组织尺度；③组织中的细胞尺度。当干燥应力进一步增加时，木材出现变形和开裂（失效）。本章第一节"水分作用下的木材弱相结构"从组织和细胞尺度阐明了木材的弱相结构。在细胞尺度上，射线组织和管胞之间的胞间层，以及木射线细胞间的胞间层是水分作用下的弱相结构。该区域存在复杂的应变场，包括木射线细胞较低的纵向干缩对管胞径向干缩的抑制作用；较大的管胞弦向干缩对木射线细胞弦向的拉伸作用；较低的管胞纵向干缩对木射线细胞横向干缩的抑制作用。此外，射线组织与管胞之间存在的交叉场纹孔，降低了该区域的力学强度。复杂的应变场导致了局部的应力集中，使本身力学强度较低的射线组织成为木材干燥过程中最薄弱的区域。在组织层面，晚材带由于其更高的干缩率受到了较大的拉伸应力，作用在射线组织区域时，就造成了晚材的率先开裂失效。

针对开裂引起木材失效破坏的机制，可以有针对性地采取措施，抑制起主导作用的相关影响因素，进而提高木材干燥质量。具体途径如下。

（1）针对干燥初期木材含水率较高时，木材表层含水率梯度大容易导致表面开裂的问题，干燥初期采用湿度较高的干燥条件；或者采用气干等预干方式在进行人工干燥前预先降低木材表层含水率，进而降低木材表层含水率梯度，减少木材干燥前期的开裂。

（2）针对干燥中后期木材裂纹的扩展，在木材所受拉伸应力还没到临界程度时采用高温高湿条件进行中间处理，使木材吸收部分水分，降低含水率梯度并缓解木材弦径向干缩差异，释放部分干燥应力，进而减少干燥裂纹的增加和扩展。

主要参考文献

鲍甫成, 江泽慧. 1998. 中国主要人工林树种木材性质. 北京: 中国林业出版社: 36-42.

窦金龙, 汪旭光, 刘云川, 等. 2008a. 干、湿木材的动态力学性能及破坏机制研究. 固体力学学报, 29(4): 348-353.

窦金龙, 汪旭光, 刘云川. 2008b. 杨木的动态力学性能. 爆炸与冲击, 28(4): 367-371.

樊兴. 2019. 落叶松干燥过程中细观裂纹扩展检测方法研究. 东北林业大学硕士学位论文.

高建民. 2017. 木材干燥学. 北京: 科学出版社: 232-235.

刘一星, 赵广杰. 2004. 木质资源材料学. 北京: 中国林业出版社: 138-141.

欧阳白. 2020. 楸木生长轮内早材与晚材干缩/湿胀行为研究. 中国林业科学研究院硕士学位论文.

涂登云. 2005. 马尾松板材干燥应力模型及应变连续测量的研究. 南京林业大学博士学位论文.

Almeida G, Huber F, Perré P. 2014. Free shrinkage of wood determined at the cellular level using an environmental scanning electron microscope. Maderas: Ciencia Y Tecnología, 16(2): 187-198.

Bonarski J T, Kifetew G, Olek W. 2015. Effects of cell wall ultrastructure on the transverse shrinkage anisotropy of Scots pine wood. Holzforschung, 69(4): 501-507.

Botter-Kuisch H P, Bulcke J V D, Baetens J M, et al. 2020. Cracking the code: real-time monitoring of wood drying and the occurrence of cracks. Wood Science and Technology, 54(4): 1029-1049.

Fang L, Catchmark J M. 2014. Structure characterization of native cellulose during dehydration and rehydration. Cellulose, 21(6): 3951-3963.

Fu Z, Weng X, Gao Y. et al. 2020. Full-field tracking and analysis of shrinkage strain during moisture content loss in wood. Holzforschung, 75(5): 436-443.

Garcia R A, Rosero-Alvarado J, Hernández R E. 2020. Swelling strain assessment of fiber and parenchyma tissues in the tropical hardwood *Ormosia coccinea*. Wood Science and Technology, 54: 1447-1461.

Guo X, Qing Y, Wu Y, et al. 2016. Molecular association of adsorbed water with lignocellulosic materials examined by micro-FTIR spectroscopy. International Journal of Biological Macromolecules, 83: 117-125.

Hanhijärvi A, Wahl P, Räsänen J, et al. 2003. Observation of development of microcracks on wood surface caused by drying stresses. Holzforschung, 57(5): 561-565.

Hill S J, Kirby N M, Mudie S T, et al. 2010. Effect of drying and rewetting of wood on cellulose molecular packing. Holzforschung, 64(4): 421-427.

Lanvermann C, Wittel F K, Niemz P. 2013. Full-field moisture induced deformation in Norway spruce: intra-ring variation of transverse swelling. European Journal of Wood and Wood Products, 72: 43-52.

Larsen F, Ormarsson S. 2014. Experimental and finite element study of the effect of temperature and moisture on the tangential tensile strength and fracture behavior in timber logs. Holzforschung, 68(1): 133-140.

Larsen F, Ormarsson S, Olesen J F. 2011. Moisture-driven fracture in solid wood. Wood Material Science and Engineering, 6(1-2): 49-57.

Olsson A M, Salmen L. 2004. The association of water to cellulose and hemicellulose in paper examined by FTIR spectroscopy. Carbohydrate Research, 339(4): 813-818.

Paajanen A, Zitting A, Rautkari L, et al. 2022. Nanoscale mechanism of moisture-induced swelling in wood microfibril bundles. Nano Letter, 22(13): 5143-5150.

Pang S, Herritsch A. 2005. Physical properties of earlywood and latewood of *Pinus radiata* D. Don: anisotropic shrinkage, equilibrium moisture content and fibre saturation point. Holzforschung, 59 (6): 654-661.

Patera A, Bulcke J V D, Boone M N, et al. 2018. Swelling interactions of earlywood and latewood across a growth ring: global and local deformations. Wood Science and Technology, 52(4): 91-114.

Peng M K, Chui Y H, Ho Y C, et al. 2011. Investigation of shrinkage in softwood using digital image correlation method. Applied Mechanics and Materials, 83: 157-161.

Peng M, Ho Y C, Wang W C, et al. 2012. Measurement of wood shrinkage in jack pine using three dimensional digital image correlation (DIC). Holzforschung, 66 (5): 639-643.

Penttilä P A, Paajanen A, Ketoja J A. 2021a. Combining scattering analysis and atomistic simulation of wood-water interactions. Carbohydrate Polymers, 251: 117064.

Penttilä P A, Rautkari L, Osterberg M, et al. 2019. Small-angle scattering model for efficient characterization of wood nanostructure and moisture behaviour. Journal of Applied Crystallography, 52(2): 369-377.

Penttilä P A, Zitting A, Lourençon T, et al. 2021b. Water-accessibility of interfibrillar spaces in spruce wood cell walls. Cellulose, 28(18): 11231-11245.

Saka S, Goring D A I. 1985. Localization of lignins in wood cell walls. *In*: Higuchi T. Biosynthesis and Biodegradation of Wood Components. Orlando: Academic Press: 51-62.

Sakagami H. 2019. Microcrack propagation in transverse surface from heartwood to sapwood during drying. Journal of Wood Science, 65(33): 1-7.

Sakagami H, Matsumura J, Oda K. 2007. Shrinkage of tracheid cells with desorption visualized by confocal laser scanning microscopy. IAWA Journal, 2007, 28(1): 29-37.

Sakagami H, Tsuda K, Matsumura J, et al. 2009. Microcracks occurring during drying visualized by confocal laser scanning microscopy. IAWA Journal, 30(2): 179-187.

Taguchi A, Murata K, Nakano T. 2010. Observation of cell shapes in wood cross-sections during water adsorption by confocal laser-scanning microscopy (CLSM). Holzforschung, 64(5): 627-631.

Wahl P, Hanhijärvi A, Silvennoinen R. 2001. Investigation of microcracks in wood with laser speckle intensity. Optical Engineering, 40(5): 788-792.

Wang H H, Youngs R L. 1996. Drying stress and check development in the wood of two oaks. IAWA Journal, 17(1): 15-30.

Wilkes J. 1987. Effect of moisture-content on the morphology of longitudinal fracture in eucalyptus-maculata. IAWA Journal, 8(2): 175-181.

Yamamoto H, Ruelle J, Arakawa Y, et al. 2009. Origin of the characteristic hygro-mechanical properties of the gelatinous layer in tension wood from Kunugi oak (*Quercus acutissima*). European Journal of Wood and Wood Products, 44(1): 149-163.

Yamamoto H, Sakagami H, Kijidani Y, et al. 2013. Dependence of microcrack behavior in wood on moisture content during drying. Advances in Materials Science and Engineering, DOI: http: //dx.doi.org/10.1155/2013/802639.

Yamashita K, Hirakawa Y, Nakatani H, et al. 2009. Tangential and radial shrinkage variation within trees in sugi (Cryptomeria japonica) cultivars. Journal of Wood Science, 55(3): 161-168.

Yamashita K, Hirakawa Y, Saito S, et al. 2012a. Surface-check variation in boxed-heart square timber of sugi (cryptomeria japonica) cultivars dried by the conventional kiln drying. Journal of Wood Science, 58(3): 259-266.

Yamashita K, Hirakawa Y, Saito S, et al. 2012b. Internal-check variation in boxed-heart square timber of sugi (cryptomeria japonica) cultivars dried by high-temperature kiln drying. Journal of Wood Science, 58(5): 375-382.

Zabler S, Paris O, Burgert I, et al. 2010. Moisture changes in the plant cell wall force cellulose crystallites to deform. Journal of Structural Biology, 171(2): 133-141.

Zitting A, Paajanen A, Rautkari L, et al. 2021. Deswelling of microfibril bundles in drying wood studied by small-angle neutron scattering and molecular dynamics. Cellulose, 28(17): 10765-10776.

第五章　湿热作用下的木材弱相结构及其失效机制

　　2002 年我国启动了"重点地区速生丰产用材林基地建设工程"项目，这标志着我国人工林建设与利用正式步入市场轨道。经过 20 多年的发展，速生林的快速发展有效减少了我国经济发展对天然林的依赖，缓解了我国木材供需矛盾，起到了保护森林、改善生态环境的作用。但速生林木材普遍存在着密度低、材质软、尺寸稳定性差等固有缺陷，导致其产品附加值低等问题。因此，近些年来，木材科技工作者通过采用速生林实体木材功能性改良、纤维高值化利用、化学组分能源转化等手段来提高速生林木材资源的附加值。而上述高值化利用的前提则是需要揭示木材细胞壁层内纤维素、半纤维素与木质素的超微观构造，提高改性剂在木材内的可及度。然而，木材细胞壁组分之间复杂的结合方式暂未解构清晰，即细胞壁中纤维素、半纤维素和木质素三大组分分子结构及其相互连接方式还处于探索阶段（Sun et al.，2021）。一般情况下，普遍认为半纤维素通过苄基醚键、苯基糖苷键和苄基酯键与木质素交联形成木质素-碳水化合物复合体（LCC）。这一紧密连接的复杂结构使得木材细胞壁对化学试剂、酶和微生物途径的解构具有一定的抵抗力，而通过物理法、化学法、生物法和物理化学法等预处理手段（Al-dajani and Tschirner，2010），可以使部分半纤维素和木质素得以去除或解构木质素与半纤维素之间的交联结构，提高木材的孔隙率和比表面积，从而增加改性剂或其他药剂的可及性，对于速生材在家具装饰、结构工程、制浆造纸、生物质能源等领域的高效利用具有重要意义。

　　湿热处理是在外部热载荷作用下，通过构建的温度场与水分场协同效应破坏木材中部分半纤维素与木质素，导致半纤维素与木质素含量较高的纹孔膜、复合胞间层等部位首先发生破坏，进而提高木材渗透性及纤维素的可分离度。湿热处理具有反应可控、设备腐蚀小、分离效率高、操作经济简便、反应过程只需水分和加热等特点，符合绿色化学和可持续发展的原则，成为众多学者研究的热点之一。本章以杨木为试验材料，通过湿热处理杨木木材，解构不同温湿度作用下杨木化学组分的降解机制，构建杨木湿热协同作用下半纤维素与木质素等化学组成成分的降解模型，定量表征湿热协同作用下杨木化学组分的降解规律；基于木材三大素超微观构型，构建木材细胞壁层内基本单元模型，量化表征木材三大组分在湿热协同作用下的损伤过程，结合菲克扩散定律定量表征木材半纤维素与木质素在细胞壁层内降解产物的迁移过程，从化学组分和微观构造两个层面定量解析木材湿热作用下的弱相结构失效机制。

第一节　湿热作用下的木材弱相结构

　　湿热处理也被称为自动水解和湿法烘焙（250℃以下），即在高温高压反应釜中使水发生一系列复杂的反应导致水的物理属性发生变化，进而促进木材的热降解过程（Zhang et al.，2017）。湿热反应分为亚临界水和超临界水两种反应条件，这两种反应条件是由水的临界点（374℃和22.1MPa）所决定的（顾文露，2020），每一种状态下水都具有不同的特性。一般情况下，木材化学组分中的木质素和纤维素不溶于常温常压下的水，但溶于高温水或超临界水。在湿热处理过程中，半纤维素从140℃左右开始分解，而木质素和纤维素分别在180～200℃和220℃以上才开始分解（Heidari et al.，2019）。本节实验温度低于200℃，湿热反应过程中水分处于亚临界状态，水的介电常数急剧下降，水会趋近于非极性溶剂，同时水分子之间的氢键被削弱，水形成酸性水合氢离子（H_3O^+）和碱性氢氧根离子（OH^-）（Wang et al.，2018）。木材化学组分在湿热过程中的首要反应是水解，水解以水为溶剂通过破坏酯键和醚键来产生多种产物，包括可溶性低聚物，如纤维素和半纤维素中的糖类、酚类物质。糖类物质脱水形成2,5-羟基甲基糠醛，然后通过羟醛缩合形成木质素瘤状等物质（Shen，2020）。此外，湿热反应扩大了水和木材表面之间的接触面积，显著增加了半纤维素的溶解，进一步促进了部分木质素的解构。

一、湿热作用下木材宏微观结构变化特征

以人工速生林 I-69 杨（*Populus deltoides* cv. I-69/55）40 目木粉或 20μm 切片为研究对象，取 5g 筛选好的 40 目木粉或 3～5 片杨木切片置于 100ml 高温反应釜中，加入 60ml蒸馏水密封后分别放置在 140℃、160℃、180℃、200℃ 的烘箱中，其中木粉试样处理时间为 40min、60min、80min、100min，切片试样处理时间为 15min、30min、45min、60min，湿热处理完成后取出试样烘干，试验过程如图 5-1 所示。参照国标《林业生物质原料分析方法　抽提物含量的测定》（GB/T 35816—2018）和《林业生物质原料分析方法　多糖及木质素含量的测定》（GB/T 35818—2018）测定处理后杨木试样的抽提物、α 纤维素、半纤维素和木质素含量，利用扫描电子显微镜和傅里叶变换红外光谱仪分析杨木湿热处理过程中微观构造的变化及主要化学官能团的变化规律，研究不同温度条件下杨木化学组分的湿热降解规律，明确湿热作用下杨木弱相结构化学组分的失效规律，为探明不同湿热作用下速生材弱相结构失效机制提供理论基础。

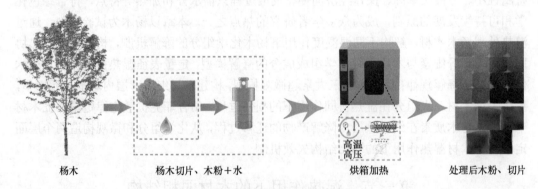

杨木　　　　杨木切片、木粉+水　　　　烘箱加热　　　　处理后木粉、切片

图 5-1　杨木湿热处理试验示意图

（一）湿热处理条件对木材质量损失率的影响规律

在湿热处理条件下，不同温度、不同时间对杨木质量损失率的影响如图 5-2 所示。

可以看出，质量损失率随着处理温度的升高及处理时间的延长呈现出逐步上升的趋势。在 140℃时，试样的质量损失率较小，湿热处理 40min、60min、80min、100min 时，质量损失率仅分别为 2.8%、3.2%、3.4%、3.7%，表明杨木化学组分在该温度下水解较少；当温度提高到 160℃时，4 个温度水平下处理试样的质量损失率分别为 7.5%、7.8%、8.8%、9.7%，说明杨木化学组分的湿热降解开始增强。当温度达到 180℃时，处理试样的质量损失率分别为 8.3%、10.3%、16.3%、19.1%，其中在 80min 和 100min 时杨木质量损失率分别约为 40min 和 60min 的两倍，说明杨木中化学组分降解进一步增强；当温度达到 200℃时，热解反应更加剧烈，杨木化学组分发生大量降解，质量损失率分别达到 12.1%、17.1%、21.5%、25.4%，特别是在 100min 时质量损失率达到最大，为 25.4%，已超过杨木初始重量的 1/4。造成这一现象的主要原因是随着温度的上升，杨木中化学组分水热降解过程变得更加剧烈。此外，当温度增加时，反应釜内的压力也随之增加，从而使得水分更容易渗透进杨木内部，加快了杨木部分化学组分的降解。

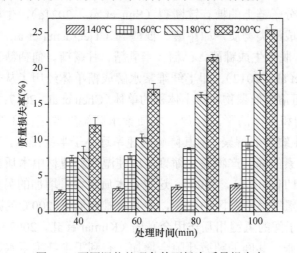

图 5-2　不同湿热处理条件下杨木质量损失率

（二）湿热处理条件对木材化学组分降解的影响规律

不同湿热处理条件下杨木纤维素、半纤维素和木质素的降解规律如图 5-3 和图 5-4 所示。α 纤维素含量随着处理温度和时间的增加呈现增加趋势。与素材相比，140℃和 160℃湿热处理杨木 100min 时 α 纤维素含量分别增加了 11.25%和 18.93%，180℃和 200℃湿热处理条件下杨木化学组分含量变化较 140℃和 160℃更为明显，200℃处理 100min 时 α 纤维素含量从素材的 39.10%增加至 54.04%，增加了 38.21%，造成这一现象的主要原因是在本试验区间内不同试验条件下杨木试样中的半纤维素发生了不同程度的水解导致其含量较素材降低，进而提升了纤维素和木质素的相对含量，这也是湿热处理材纤维素和木质素相对含量增加的一个主要原因。因此，为更准确了解湿热处理对杨木三大素含量的影响，本研究将不同湿热处理条件下杨木三大素相对含量进行归一化处理。本章试验温度区间低于纤维素降解温度，假设杨木纤维素未发生显著降解，其含量未发生变化，将不同反应条件下纤维素含量按照素材中纤维素含量进行归一化处理，半纤维素和木质素乘以相应的归一化系数，归一化处理后三大素含量之和与素材三大素含量之和间的差值便是湿热处理过程中半纤维素和木质素的总损失量，归一化处理后半纤维素含量与素材半纤维素含量之差便是半纤维素降解量，木质素含量之差便是木质素损失量。归一化处理后的不同湿热处理条件下杨木半纤维素和木质素降解规律如图5-4所示，半纤维素和木质素含量随着处理时间与温度的增加呈现降低趋势。与素材相比，140~200℃湿热处理杨木 100min 时木质素含量分别减少了6.13%、6.73%、16%、15.36%，半纤维素含量分别降低了10.35%、20.03%、63.57%、67.49%。造成这一现象的主要原因是木材化学组分中半纤维素最不稳定，在 140℃便开始水解，是湿热处理过程中木材主要化学组分的弱相组分。而木质素和纤维素相对较为稳定，其水解温度分别为 180℃和220℃以上。在本章试验温度区间内，在湿热作用下，半纤维素首先发生脱乙酰基反应，生成甲酸、乙酸等（Sundqvist et al.，2006），这些小分子酸能够进一步催化半纤维素的降解。在不同的反应时间内，半纤维素在高温和酸催化作用下分子链上的糖苷键断裂（Sun et al.，2021a），生成低聚糖和单糖，随后单糖脱水会形成醛类物质，如甲醛、糠醛等（Tjeerdsma et al.，1998），其中戊糖（木糖、阿拉伯糖）脱水生成糠醛，己糖（半乳糖、甘露糖、葡萄糖）脱水生成 5-羟甲基糠醛（Karlsson et al.，2012），即半纤维素水解成糖单体经历了从长链到短链的多级降解过程，形成了可溶性低聚物和较小体积的单体（Chen et al.，2017；Sun et al.，2021b），再以水溶性低聚物和单体的形式释放。木质素水解温度要远高于半纤维素，一般在180℃以上才可发生缓慢的解聚，但其降解的速率远小于半纤维素，半纤维素的降解产物与木质素及木质素的降解产物发生缩聚反应使湿热处理材中木质素的相对含量有所增加（Boonstra and Tjeerdsma，2006），这也是木质素含量增加的另外一个原因。而纤维素分子之间由于氢键及结晶区的存在，使其很难在低于 200℃的条件下水解释放葡萄糖，但纤维素分子间的氢键相互作用会减弱（Kumar et al.，2009），基本纤丝间在湿热作用下会发生润胀，其间的超微孔隙会增加，有利于半纤维素水解产物在细胞壁层内发生迁移。

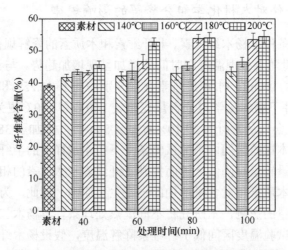

图 5-3　不同湿热处理条件下杨木 α 纤维素的降解规律

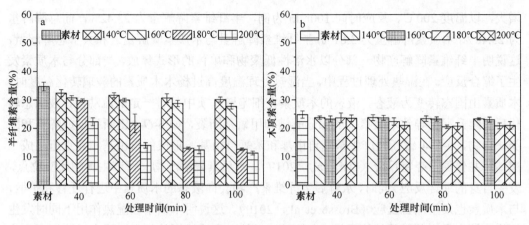

图 5-4 不同湿热处理条件下杨木半纤维素和木质素的降解规律

为了进一步探明杨木木质素相对含量增加的原因,将总降解量、半纤维素降解量以及木质素降解量绘制成,如图 5-5 所示的柱状图。在 140~160℃条件下,杨木半纤维素降解量与试样总降解量间相差不大,半纤维素降解后产生的大部分可溶性低聚物和较小体积的单体迁移至水溶液中或以单体形式存在于木材细胞壁层中,在后续的抽提和综纤维素测定过程中被提取出来。在 200℃条件下,半纤维素降解量与试样总降解量差值明显

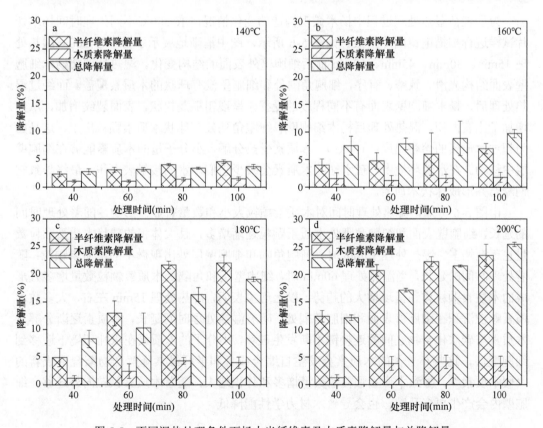

图 5-5 不同湿热处理条件下杨木半纤维素及木质素降解量与总降解量

增大，以温度 200℃、反应时间 100min 为例，半纤维素降解量为 23.42%，而总降解量为 25.40%，木质素降解量为 3.81%，半纤维素降解量与木质素降解量之和大于总降解量，这说明半纤维素降解产物一部分以水溶性低聚物和单体的形式释放，一部分与木质素发生了缩合反应。在湿热处理过程中，当湿热处理温度高过杨木木质素的玻璃转化温度时，木质素由固态转变为液态，液态的木质素在细胞壁基质中具有一定的流动性，玻璃态转化后继续升温会导致木质素中的部分醚键和甲氧基断裂，如 β-O-4 键断裂形成烯类和酚类化合物，α-O-4 键断裂产生苄基自由基和苯氧自由基，形成的自由基相互重组生成二聚体，并伴随着夺氢反应（Dai et al.，2019）。木质素降解产物又可产生新的反应位点，发生自身的缩合反应。同时，水解后半纤维素产物会向液态的木质素中进行迁移和扩散，与木质素也发生缩合反应（Brosse et al.，2010）。这说明木质素在湿热作用下同时发生解聚和缩合反应并进行结构重排，在相对较低的温度或较短的处理时间内以降解反应为主，当温度升高或处理时间延长时，缩合反应开始起主导作用，分子质量增加，形成新的网络结构，从不同湿热处理后木材力学性能会有降低可知，木质素通过湿热缩合反应后形成新的"假木质素"会导致其相对含量的增加，但其力学性能却发生了降低，因此在湿热作用下木质素也是木材失效弱相组分之一。

（三）湿热处理条件对木材微观构造的影响

为了表征湿热处理过程中杨木微观构造的变化情况，取 200℃不同处理时间杨木切片试样进行扫描电镜图片拍摄。如图 5-6 所示，图中清晰地展示了杨木经 200℃湿热处理 15min、30min、45min、60min 前后细胞壁外表面的结构变化。湿热处理前杨木细胞壁表面结构光滑、致密、有序，细胞角隅处和细胞壁没有球状的木质素覆盖。而经过湿热处理后，杨木细胞壁表面有不同程度的受损，呈现粗糙蓬松状，表面裂纹增加，从而增加了比表面积。湿热处理后杨木细胞壁、细胞角隅处有球状木质素颗粒出现，这是因为超过木质素的熔融温度（170℃），木质素受热分解，小分子量的木质素能够在细胞壁层中移动。在水性环境中，疏水性的木质素会减少它们与水的接触表面积，最终导致它们凝结并形成球状木质素。

由图 5-6 可知，湿热处理时间对木质素颗粒大小和数量有显著影响，随着处理时间的延长，细胞壁表面和细胞角隅处木质素颗粒逐渐增多，且大体积的球状木质素颗粒数量也逐渐增多。湿热处理 15min 时，细胞角隅和细胞壁层处出现微小的木质素颗粒；随着处理时间的延长，当湿热处理 60min 时，细胞壁层和角隅处木质素颗粒数量增多且形成的木质素颗粒体积呈现增大的趋势。以上现象表明，湿热处理 15min 左右，大多数木质素颗粒沉积在细胞壁表面和细胞角隅处。随着湿热处理时间延长，木质素逐渐分解且木质素与碳水化合物之间的连接键不断发生破坏，小分子的木质素在水性环境下迁移到细胞壁层，这些小分子的木质素会发生自缩合或者和半纤维素降解产物缩合形成新的"假木质素"，导致木质素颗粒的数量增多和体积增大，随着木质素颗粒向外迁移，细胞壁内会产生更多孔隙，也会导致木材力学性能降低。

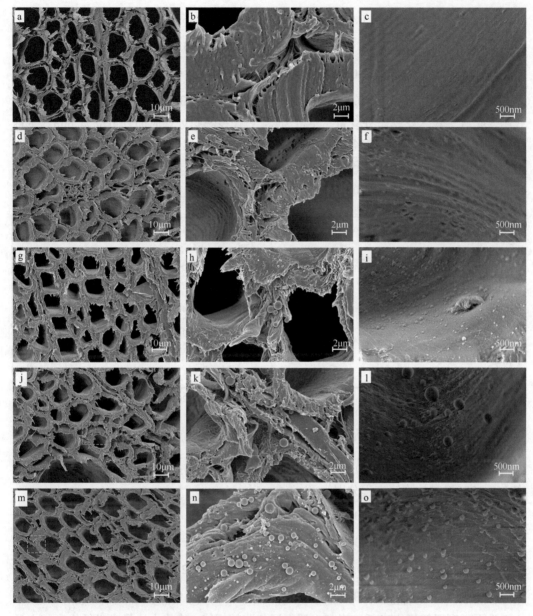

图 5-6　不同湿热处理条件下杨木扫描电镜图（详见书后彩图）

a～c. 湿热处理前；d～f. 200℃处理 15min；g～i. 200℃处理 30min；j～l. 200℃处理 45min；m～o. 200℃处理 60min

二、湿热作用下木材化学组分降解规律定量表征

为了定量表征杨木弱相化学组分半纤维素和木质素的降解规律，选取处理温度为 140～200℃、处理时间为 0～100min 条件下的半纤维与木质素含量数据绘制成曲线，如图 5-7 所示，在 140～160℃，杨木半纤维素的降解速率较低，但在 180～200℃时，其降解速率明显增加。以处理时间为自变量，半纤维素含量为因变量，进行非线性拟合回归，可得杨木半纤维素在 140～200℃时的降解方程分别为

$$m_{hc-140} = 0.00000185812\tau^2 - 0.000645726\tau + 0.34693 \tag{5-1}$$

$$m_{hc-160} = 0.00000358037\tau^2 - 0.00103\tau + 0.34626 \tag{5-2}$$

$$m_{hc-180} = -0.00000624802\tau^2 - 0.00186\tau + 0.35486 \tag{5-3}$$

$$m_{hc-200} = 0.0000201099\tau^2 - 0.00443\tau + 0.35056 \tag{5-4}$$

式中，m 代表杨木化学组分含量，单位为%；τ 代表湿热处理时间，单位为 min；下标 hc 代表半纤维素。不同处理条件杨木半纤维素降解方程拟合优度见图 5-7，除了 180℃ 拟合优度低于 0.9 外，其余各个条件拟合方程较优。上述式（5-1）～式（5-4）能为后序定量表征半纤维素湿热降解提供理论基础。

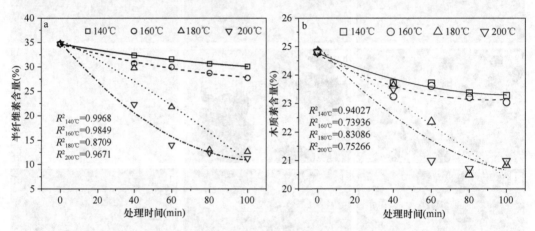

图 5-7　不同湿热处理条件下杨木半纤维素和木质素降解规律

定量描述杨木木质素（l）的降解规律时，采用类似方法进行处理，可得杨木木质素在 140～200℃时的降解方程分别为

$$m_{l-140} = 0.00000133914\tau^2 - 0.00028089\tau + 0.24337 \tag{5-5}$$

$$m_{l-160} = 0.00000197829\tau^2 - 0.000355492\tau + 0.24721 \tag{5-6}$$

$$m_{l-180} = -0.000000143936\tau^2 - 0.000440228\tau + 0.24948 \tag{5-7}$$

$$m_{l-200} = 0.000002878\tau^2 - 0.000723696\tau + 0.25014 \tag{5-8}$$

为更直观了解杨木半纤维素与木质素湿热降解规律，特将上述杨木半纤维素与木质素降解方程进行可视化绘图处理。如图 5-8 所示，杨木半纤维素湿热降解规律为瀑布状。其中，在 140～160℃半纤维素随着处理时间增加呈现线性降解规律，但降解速率较为缓慢。但当温度超过 160℃时，半纤维素随着处理时间的增加呈现非线性降解规律，降解速率呈指数式上升。木质素湿热降解规律整体也呈现出瀑布状，但相对于半纤维素而言，其瀑布落差较低，这说明在相同试验条件下杨木木质素湿热降解速率小于半纤维素，其耐湿热稳定性高于半纤维素。就杨木而言，在湿热处理条件下，半纤维素和木质素都是其弱相化学组分，但二者耐湿热处理的临界温度不同。

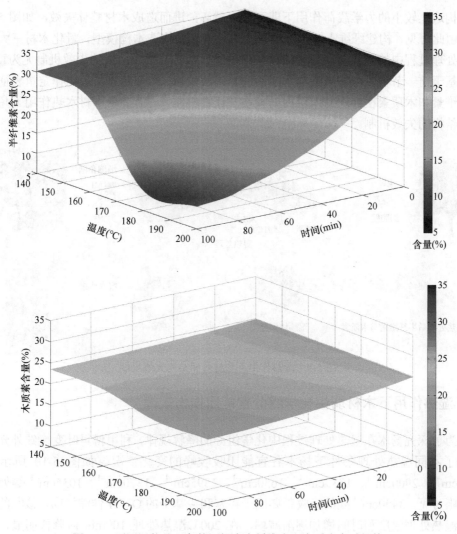

图 5-8　不同湿热处理条件下杨木半纤维素和木质素衰减规律

第二节　湿热作用下木材弱相结构的失效机制

　　木材化学组分中纤维素、半纤维素及木质素紧密连接组成基本纤丝，基本纤丝组成的微纤丝构成了木材壁层结构。在这种复杂结构中结晶区的纤维素被视为骨架材料，是细胞力学强度的主要来源，而木质素作为结壳物质是木材硬度的主要来源，半纤维素连接着纤维素和木质素起到桥梁作用。前一节研究结果表明，在湿热作用下杨木半纤维素和木质素发生降解，其中半纤维素以水溶性低聚物和单体的形式释放，木质素则由固态转变为液态，部分小分子木质素降解物会溶解在水中，并随着解构水一同迁移出细胞壁层，以液滴的形式存在于水中或沉积在木材细胞壁内（Donohoe et al.，2010），另外一部分木质素与半纤维素降解产物发生缩合反应形成"假木质素"（Sun et al.，2021）。同时，由于半纤维素及木质素部分降解会导致纹孔膜、复合胞间层及射线薄壁细胞等弱相微观构造在较小的力学载荷作用下即可发生破坏，进而造成木材整体失效，如图5-9所示。由此可见，构建纤维素、半纤维素及木质素超微构造本构模型，量化木材三大素在湿热处理过程中的降解及向外迁移模型，对解构木材湿热作用下的失效机制尤为重要。本节基于前一节杨木半纤维素与木质素湿热降解规律，结合菲克扩散定律定量表征杨木半纤维素和木质素在细胞壁壁层内的损伤及迁移机制，进而揭示木材水热作用下超微观弱相结构的失效机制。

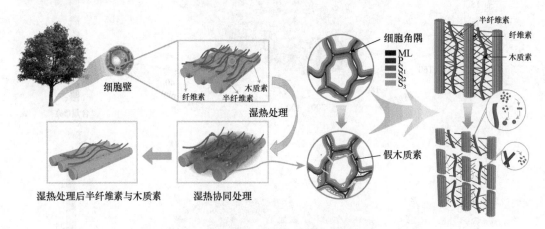

图 5-9   湿热作用下木材弱相结构失效机制

一、湿热作用下木材弱相化学组分官能团损伤规律

为了探究杨木在湿热处理过程中化学组分的降解规律，利用傅里叶变换红外光谱仪表征了不同湿热处理条件下杨木各官能团吸收峰的变化情况。如图 5-10 所示，在 $3400cm^{-1}$、$2900cm^{-1}$、$1739cm^{-1}$、$1650cm^{-1}$、$1595cm^{-1}$、$1370cm^{-1}$、$1035cm^{-1}$ 等处吸收峰清晰可见。$3400cm^{-1}$ 处的吸收带归因于羟基和羧基中的 O—H 伸缩振动，该峰的强度随着湿热处理温度和时间增加逐渐减弱，在 200℃湿热处理 100min 时降低明显，这说明在湿热处理过程中半纤维素与木质素等化学组分发生了脱羟基反应。$2900cm^{-1}$ 处出现的峰为纤维素的 C—H 伸缩振动，该峰强度在湿热反应过程中变化不明显，仅在 200℃湿热处理 100min 时略微降低，这说明在该湿热温度区间内纤维素未发生明显的降解。$1739cm^{-1}$ 处的峰可以归因于半纤维素中乙酰基的 C=O 伸缩振动，为半纤维素的特征峰，该峰在湿热处理过程中，随着处理温度和时间增加，峰值逐渐降低直至基本消失。在 140℃和 160℃条件下，该峰值降低不明显，但在 180℃和 200℃下峰值降低明显，200℃处理 80min 时该峰基本消失。这说明在湿热处理过程中半纤维素的酯键断裂，发生脱乙酰基反应。$1650cm^{-1}$ 处为木质素侧链的 C=O 伸缩振动，该峰强度要低于半纤维素的 C=O 峰强度，且随着湿热处理时间和温度增加而逐渐减弱，直至消失。这说明木质素侧链发生了脱乙酰基反应，但减少量要小于半纤维素。$1595cm^{-1}$ 处是木质素苯环的碳骨架伸缩振动，随着湿热处理温度与时间的增加，该峰强度逐渐降低，说明木质素骨架发生了热降解。$1370cm^{-1}$ 处峰为纤维素、半纤维素 C—H 弯曲振动，该峰强度在湿热处理过程中逐渐减弱，说明半纤维素骨架发生了热解。$1035cm^{-1}$ 处峰为纤维素和半纤维素中

的 C—O 伸缩振动，为综纤维素的特征峰。随着湿热处理温度和时间的增加，吸收峰强度逐渐减弱，说明在湿热处理过程中半纤维素和纤维素侧链结构遭到破坏。综上所述，在湿热处理过程中，半纤维素最先发生降解，且在 200℃处理 80min 时基本完全降解；木质素在湿热处理过程中会发生部分降解，侧链的连接键发生断裂；纤维素在此过程中基本不发生降解，仅为侧链的羟基去除。

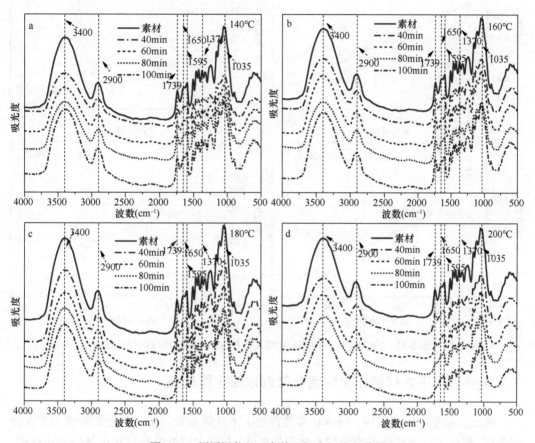

图 5-10　不同湿热处理条件下杨木红外光谱图

　　图 5-11 表示杨木在湿热处理过程中综纤维素、半纤维素、木质素与纤维素特征峰强度比的变化趋势。计算各组分的特征峰强度时，木质素的特征峰选择 1510cm^{-1} 处苯环的芳香族骨架振动作为参考，综纤维素、纤维素、半纤维素的特征吸收峰分别选择 1035cm^{-1}、896cm^{-1}、1739cm^{-1} 作为参考。由图 5-11 可以看出，I_{1739}/I_{896} 在 200℃下随着湿热处理时间的延长呈现下降趋势，造成这一结果的主要原因是半纤维素先于纤维素降解。I_{1375}/I_{896} 在 200℃下随着湿热处理时间的延长呈现下降趋势，说明综纤维素先于纤维素降解。I_{1510}/I_{896} 在 200℃下随着湿热处理时间的延长呈现下降趋势，这是由于木质素先于纤维素发生降解。I_{1739}/I_{1510} 在 200℃下随着湿热处理时间的延长呈现下降趋势，这是由于半纤维素先于木质素发生了降解。以上变化说明，在湿热处理过程中，半纤维素是木材主要化学组分的弱相组分，在湿热处理过程中最容易发生降解，也是最先开始降解的组分；在湿热处理过程中木质素降解需要比半纤维素更高的温度，要晚于半纤维素降

解；纤维素是湿热处理过程中最为稳定的组分，实验温度区间内纤维素最难降解，仅有部分非晶区的降解和侧链的羟基去除。

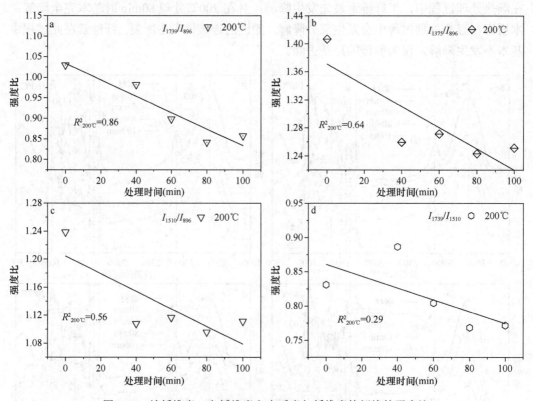

图 5-11　综纤维素、半纤维素和木质素与纤维素特征峰的强度比

二、湿热作用下木材弱相化学组分降解规律定量表征

通过前面系统研究发现，杨木在湿热作用下半纤维素经历了从长链到短链的多级降解过程，形成了可溶性低聚物和较小体积的单体，并以水溶性低聚物和单体的形式释放。而木质素则由固态转变为液态，液态的木质素在细胞壁基质中具有一定的流动性，且随着温度的进一步升高，木质素中的部分醚键和甲氧基断裂，发生解聚和缩合反应。同时，也有部分降解的小分子木质素在水性环境下迁移到细胞壁层外部，并以疏水小球状吸附在细胞壁内层或脱落在细胞腔中。在这一过程中，半纤维素的大量降解及木质素的解聚与重构，必然会导致木材微观构造发生变化，进而影响着木材宏观理化性能。可见，构建木材半纤维素与木质素湿热损伤模型，定量表征温度与时间对半纤维素与木质素的损伤规律，以及损伤后半纤维素和小分子量木质素向外迁移的机制，进而揭示木材湿热损伤机制，对优化木材干燥热处理工艺及纤维精准解离具有重要意义。

（一）木材化学组分降解物理模型构建

为了定量研究木材在湿热作用下半纤维素与木质素的损伤失效机理，需要对复杂物理问题进行适当的简化处理，本研究提出以下若干物理假设。

假设 1：木材细胞结构如图 5-12a 所示，由复合胞间层与次生壁（S_1 层、S_2 层、S_3 层）组成。S_2 层内三大素超微观构造如图 5-12b 所示，木材三大素以断续薄层模式存在于细胞壁 S_2 层内，其中纤维素组成基本纤丝，基本纤丝横截面为正方形，基本纤丝边长为 35Å；2~3 个基本纤丝组成微纤丝，半纤维素与木质素混合分布在微纤丝周围，径向边长为 30Å。为了便于计算，将 S_2 层木材细胞壁层内三大素断续薄层等效成图 5-12c 所示结构。

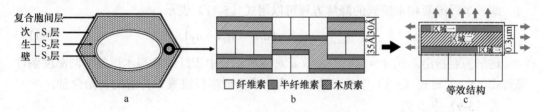

图 5-12　木材细胞壁微观与超微观构造

假设 2：在 140~200℃湿热处理条件下，木材中纤维素基本不发生降解，选取图 5-12c 中虚线框内木质素与半纤维素组成单元进行湿热损伤分析。

假设 3：半纤维素降解产生的单糖及醛类物质以及木质素降解产生的烯类、酚类化合物，会在溶剂水作用下向外迁移。降解产物迁移出细胞壁层外视为细胞发生损伤，而降解产物未迁移出细胞壁层在处理结束后会重构形成新的半纤维素或木质素，不影响细胞强度。

假设 4：半纤维素与木质素降解产物扩散过程符合菲克扩散定律，即在降解产物浓度梯度作用下进行迁移。随着处理时间增加，半纤维素与木质素持续降解相当于扩散过程中内部有一个内源持续产生降解产物，而内源降解产物产生效率采用前一节半纤维素与木质素降解方程来表征。

假设 5：等效结构区域一内半纤维素降解产物通过边界向外迁移，迁移路径方向如图 5-12c 中灰色箭头所示。区域三内半纤维素降解后产物迁移方向与区域一内半纤维素略有不同，由于纤维素在湿热处理过程中未发生明显降解。因此，区域三内半纤维素降解产物不能向纤维素方向迁移，可以向其他三个方向（向上、向左、向右）迁移。

假设 6：由于木质素与半纤维素降解产物分子量不同，区域二内木质素降解产物与区域一、区域三内半纤维素降解产物的扩散系数不同。区域二内木质素降解产物扩散系数与区域一、区域三内半纤维素降解速率成正比，而区域一、区域三半纤维素降解产物扩散系数与区域二内木质素降解速率成正比。

（二）木材化学组分降解数学模型构建

基于前一节构建的物理模型，单位体积单位时间内半纤维素降解产物的增加量等于单位时间内半纤维素降解产物以扩散方式通过体积边界导入单位体积的量与单位体积单位时间半纤维素降解产物生成量之和，构建湿热作用下木材半纤维素与木质素的损伤失效数学模型。半纤维素湿热作用下的损伤迁移模型如式（5-9）所示。

$$\frac{\partial C_{hc}}{\partial \tau} = \frac{\partial}{\partial x}\left[D_{hc}\left(C_1, x, y\right)\frac{\partial C_{hc}}{\partial x}\right] + \frac{\partial}{\partial y}\left[D_{hc}\left(C_1, x, y\right)\frac{\partial C_{hc}}{\partial y}\right] + I_{hc} \tag{5-9}$$

同理，木质素湿热作用下的损伤迁移模型如式（5-10）所示。

$$\frac{\partial C_1}{\partial \tau} = \frac{\partial}{\partial x}\left[D_1\left(C_{hc}, x, y\right)\frac{\partial C_1}{\partial x}\right] + \frac{\partial}{\partial y}\left[D_1\left(C_{hc}, x, y\right)\frac{\partial C_1}{\partial y}\right] + I_1 \tag{5-10}$$

式中，C 代表浓度，D 代表降解产物的扩散系数，τ 代表时间，x、y 代表空间坐标，下标 hc 代表半纤维素，1 代表木质素，I 代表内源。

即，半纤维素和木质素的降解方程可以用式（5-11）表示：

$$I_{hc,1} = m_{hc,1} - \left(a_1\tau^2 + a_2\tau + a_3\right) \tag{5-11}$$

这里需要指出，式（5-11）中参数 a 对应前一节中半纤维素与木质素不同温度条件降解式（5-1）~式（5-8）中的参数，m 为木质素或半纤维素未降解的初始含量。

式（5-9）中 D 为

$$D_{hc,1} = D_{hc,1} + \left(a_1\tau^2 + a_2\tau + a_3\right)a_4 \tag{5-12}$$

上述控制方程的 $\tau=0$ 初始条件为

$$C_{hc} = 0 \qquad 0 \leqslant x \leqslant W, 0 \leqslant y \leqslant H \tag{5-13}$$

$$C_1 = 0 \qquad 0 \leqslant x \leqslant W, 0 \leqslant y \leqslant H \tag{5-14}$$

边界条件，$x=0$：

$$D_{hc}\frac{\partial C_{hc}}{\partial x} = -h_{hc}\left(C_{hc} - C_{hce}\right) \qquad \tau > 0 \tag{5-15}$$

$$D_1\frac{\partial C_1}{\partial x} = -h_1\left(C_1 - C_{1e}\right) \qquad \tau > 0 \tag{5-16}$$

$x=W$（最大宽度尺寸）：

$$D_{hc}\frac{\partial C_{hc}}{\partial x} = h_{hc}\left(C_{hc} - C_{hce}\right) \qquad \tau > 0 \tag{5-17}$$

$$D_1\frac{\partial C_1}{\partial x} = h_1\left(C_1 - C_{1e}\right) \qquad \tau > 0 \tag{5-18}$$

$y=0$：

$$D_{hc}\frac{\partial C_{hc}}{\partial y} = 0 \qquad \tau > 0 \tag{5-19}$$

$$D_1\frac{\partial C_1}{\partial y} = 0 \qquad \tau > 0 \tag{5-20}$$

$y=H$（最大厚度尺寸）：

$$D_{hc}\frac{\partial C_{hc}}{\partial y} = h_{hc}\left(C_{hc} - C_{hce}\right) \qquad \tau > 0 \tag{5-21}$$

$$D_1\frac{\partial C_1}{\partial y} = h_1\left(C_1 - C_{1e}\right) \qquad \tau > 0 \tag{5-22}$$

基于以上方程，结合有限差分方法，利用 Fortran 语言编写数值模拟仿真运算程序，可以定量表征木材细胞壁 S_2 层中半纤维素与木质素在湿热作用下的损伤与迁移规律。

为了验证模型的准确性，选取 200℃处理时间为 40min、60min、80min、100min 半纤维素与木质素降解试验数据与数值模拟仿真程序计算结果进行对比，模型预测的结果与试验数据拟合结果如图 5-13 所示，模型预测的半纤维素与木质素湿热降解规律整体趋势与试验数据拟合较优，且木质素模型预测精度略优于半纤维素。这说明，本节所构建的半纤维素与木质素湿热降解模型可以较为准确地反映杨木降解规律。

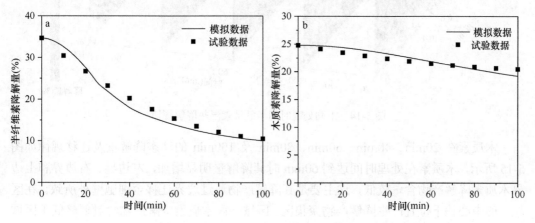

图 5-13　模型预测的半纤维素与木质素湿热降解规律与试验数据对比

为了定量分析半纤维素在湿热作用下的降解规律，将半纤维素在 20min、40min、60min、80min 及 100min 的动态降解量及迁移量绘制成曲线。如图 5-14 所示，在 20min 时，半纤维素降解量较低，区域一半纤维素降解量低于区域三，造成这一现象的主要原因是区域三下边界是未降解微纤丝区域，半纤维素降解的单糖等低分子量降解产物向外边界迁移的量要少于区域一，而半纤维素降解产物在此区域累积沉积导致该区域降解产物含量高。当时间达到 60min 时，半纤维素降解量进一步增加，并在区域一和区域三中心位置产生半纤维素降解产物聚集区，随着湿热处理时间的增加，这一现象更加明显，造成这一现象的主要原因是边缘产生的半纤维素降解产物会通过边界向外迁移扩散至细胞壁外的水溶液中，而内部半纤维素降解产物受细胞壁层渗透性的制约而未迁移出细胞壁，累积沉积导致聚集区域含量增加。当时间达到 100min 时，半纤维素降解产物进一步增加，区域一、区域三内大量半纤维素在水热作用下进一步发生降解，除部分边界区域半纤维素降解产物迁移出细胞壁外，大部分半纤维素降解产物仍被困于细胞壁层内，这些未迁移出的半纤维素降解产物可能会在温度作用下重构形成新的半纤维素网络结构，或者以中小分子量短链形式存在于原位，新结构形式下的半纤维素网络重新填充在此区域，可能对木材力学性能影响不大，但从边缘迁移出去的半纤维素会导致细胞壁边缘孔隙增加，使其变得粗糙蓬松，图 5-6 中的杨木切片扫描电镜图像也证明了这一点。此外，区域三中的半纤维素降解物整体含量要高于区域一中的半纤维素降解物含量的另一个原因是区域三的半纤维素降解物要穿过区域二向外迁移，迁移路径长、速率低也会导致其迁移量少，进而导致其整体产物含量略高。

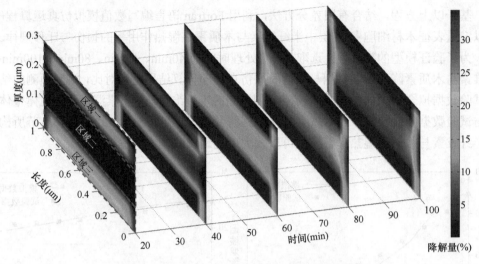

图 5-14　不同处理时间半纤维素湿热降解规律

木质素在 20min、40min、60min、80min 及 100min 的动态降解量及迁移规律如图 5-15 所示，木质素在处理时间达到 60min 时其降解量明显增加，左边界、右边界和上边界木质素降解产物含量较低，这主要是其降解产物通过边界迁移至细胞壁外所致。在区域二的中心偏下位置产生降解产物聚集区。区域一内木质素降解产物含量要略低于区域三，这主要是因为区域一半纤维素降解产物迁移至细胞壁外，导致此区域内孔隙增加，渗透性变大，迁移至此区的木质素降解产物更容易迁移至细胞壁层外，导致其含量明显低于区域三，而图 5-6 也表明了湿热处理后木质素降解产物以颗粒状附着在细胞壁上。100min 时，大量木质素降解产物仍存在于细胞壁层中，区域二内的木质素降解产物发生自身的缩合反应，而扩散至区域一、区域三中的木质素降解产物与半纤维素降解产物形成"假木质素"，进而形成新的交联网络结构。

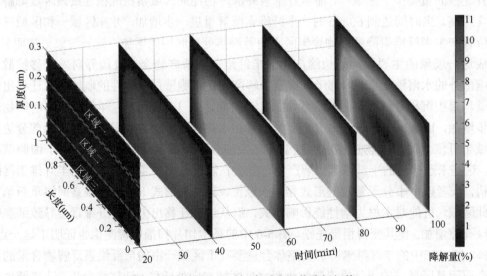

图 5-15　不同处理时间木质素湿热降解规律

为了进一步探明半纤维素降解产物产生速率与迁移速率间的关系，将温度为 200℃ 处理时间为 90min 的半纤维素降解量及其空间分布绘制成曲线，如图 5-16 所示。由图 5-16a 可知，半纤维素单位时间内降解产物主要分布在区域一、区域三内，呈现马鞍型分布，造成这一现象的主要原因是半纤维素在湿热处理过程中会随着时间增加降解产物逐渐增加，边界处降解产物会通过边界向细胞壁外的水溶液迁移，而内部降解产物受扩散速率制约移动较为缓慢，进而逐渐集聚到区域一和区域三靠近边界处。同时，靠近细胞腔壁层处（0.3μm）边界层的降解产物含量低于靠近微纤丝处（0μm），这主要是由于纤维素在湿热处理过程中降解较少，其内部没有产生足够的空间来容纳半纤维素降解产物，导致半纤维素降解产物向其内部迁移量较少，而 0.3μm 边界与水溶液接触，降解后产物可以较为容易迁移至水溶液中，集聚数量较少。此外，区域二木质素分布区域也有半纤维素降解产物分布，这说明区域一、区域三内的半纤维素降解产物也会向区域二的木质素区域移动，但整体上区域三迁移量要大于区域一，这些迁移至区域二的半纤维素降解产物后期在温度作用下会与木质素降解产物形成新的"假木质素"结构。由

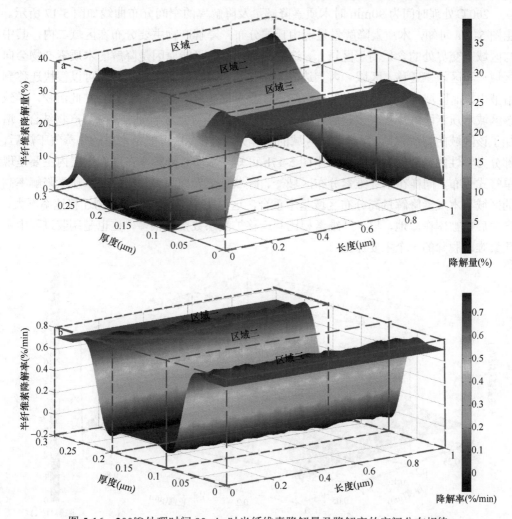

图 5-16　200℃ 处理时间 90min 时半纤维素降解量及降解率的空间分布规律

图 5-16b 可知，半纤维素降解率在细胞壁层内主要呈现 U 型分布，中间区域主要是木质素分布区域，位于区域一、区域三与区域二交界处的降解产物含量略高，这主要是因为此处的半纤维素与木质素 LCC 键的热稳定性较正常木质素或半纤维素区域键能弱，湿热处理时会产生较多降解产物。对比图 5-16a、图 5-16b 可知，在同一时间下，半纤维素降解率高的区域在区域一、区域三与区域二交界处，但半纤维素降解量高分布区域在靠近上下边界处，这说明新产生的降解产物可以较快地向边界迁移，边界层处迁移制约着半纤维素降解产物移出，这里需要说明的是，本研究在设置边界条件时没有设置过大的边界传质系数，这主要是考虑了细胞壁由初生壁和次生壁组成，本次模拟主体分布在次生壁 S_2 层，S_2 层外仍有其他细胞壁层，制约着降解产物向外迁移，故设置数值不大。通过对比可知，细胞壁内扩散系数与边界传质系数对降解产物向外迁移影响重大，寻求新的表征手段探测细胞壁内半纤维素降解产物扩散系数与边界传质系数，进而更加准确地表征半纤维素降解产物在细胞壁层内的降解及迁移机理，对制浆造纸、干燥、热改性等领域的研究具有重要指导意义。

200℃处理时间为 90min 时木质素降解量及降解率的空间分布曲线如图 5-17 所示。由图 5-17a 可知，木质素降解量呈现山丘式分布，降解产物主要分布在区域二内，其中与区域三交界处的含量高于区域一，造成此种现象的可能原因是降解的木质素产物会向区域一和区域三迁移，区域一内上边界为液相水，降解后的木质素产物可以很快迁移到溶液中，而区域三下边界为微纤丝区域，迁移至此的木质素降解产物会在此沉积，导致该区域木质素降解产物较多，后期这些木质素降解产物会与半纤维素降解产物结合，增加了该区域的物质含量，提升了该区域的物理力学性能，这可能是木材过热蒸气干燥后，部分力学性能提升的原因之一。由图 5-17b 可知，木质素降解率在细胞壁层内主要呈现单峰式分布，同样在半纤维素分布区域一、区域三交界处降解率略高。木质素降解率高的区域与木质素降解量高分布区域基本重合，这说明新降解木质素产物迁移速率不大，产生后仍被困在原地，与半纤维素相比其迁移扩散系数要小很多，这也是制浆过程中木质素难以脱除的一个主要原因。

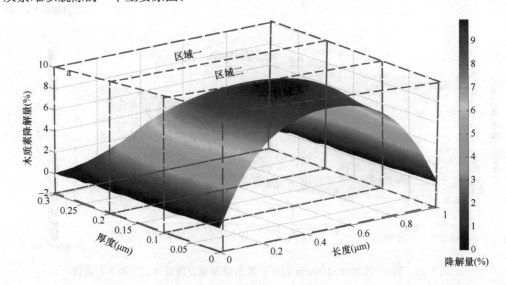

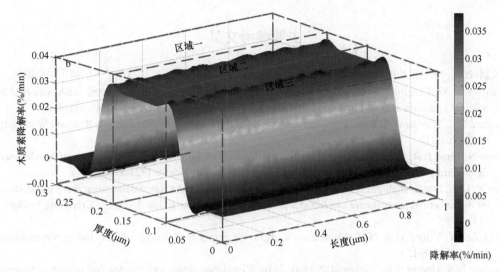

图 5-17 200℃处理时间 90min 时木质素降解量及降解率的空间分布规律

综上所述，木材在湿热作用下，半纤维素中的酯键会断裂，发生脱乙酰基反应，生成甲酸、乙酸等小分子酸，在这些小分子酸催化作用下，半纤维素分子链上的糖苷键断裂，生成低聚糖和单糖，随后单糖脱水会形成醛类物质。这些单糖或醛类物质降解产物会在浓度梯度作用下向外迁移，靠近细胞腔侧（区域一）的半纤维素降解产物向外扩散量较多，会导致细胞壁边缘粗糙、壁层孔隙变大；靠近细胞壁内层（区域三）的半纤维素降解产物向外迁移量较少，部分小分子量降解产物会向玻璃态木质素扩散，并随着时间推移半纤维素降解产物扩散至整个木质素区域，这也为后期木质素与半纤维素降解产物形成新的"假木质素"提供了物质基础。对于木质素而言，当湿热处理温度达到木质素玻璃态转化温度时，木质素会转变成液态并产生部分木质素降解产物，流动性增加，会向区域一和区域三迁移。迁移至区域一内的木质素降解产物由于该区域内的半纤维素发生降解腾出部分空间，为液态木质素或木质素降解产物提供了流动空间，使其更容易迁移至细胞壁外，导致此区域木质素降解产物沉积量不多。而迁移至区域三内的木质素降解产物由于下边界微纤丝单元制约大量沉积于此，导致区域三内木质素降解产物量高于区域一。但随着温度进一步增加，高温导致木质素中的部分醚键和甲氧基断裂生成烯类、酚类化合物，苄基自由基或苯氧自由基，新形成的自由基可以相互重组生成二聚体，部分分子量小的二聚体会向外扩散迁移。同时，木质素降解产物又产生新的反应位点，在湿热作用下自身又会发生缩合反应。此外，半纤维素降解产物会向液态的木质素中进行迁移和扩散，与木质素发生缩合反应形成新的"假木质素"，调整了细胞壁层内半纤维素与木质素的空间形态与分布。通过对木质素与半纤维素降解与迁移规律数值模拟发现，半纤维素降解产物较多，其在细胞壁内部迁移速率也较大，边界传质系数制约着降解产物析出；木质素降解产物不多，木质素在细胞壁层内迁移速率小于半纤维素，这主要是二者降解产物的分子量大小不同所致。此外，迁移至细胞壁外的木质素降解产物也较少。

主要参考文献

顾文露. 2020. 水热预处理对烟梗及其与微藻混合的热解特性影响的研究. 华南理工大学硕士学位论文.

Al-dajani W W, Tschirner U W. 2010. Pre-extraction of hemicelluloses and subsequent ASA and ASAM pulping: comparison of autohydrolysis and alkaline extraction. Holzforschung, 64(4): 411-416.

Boonstra M J, Tjeerdsma B. 2006. Chemical analysis of heat treated softwoods. Holz als Roh-und Werkstoff, 64(3): 204-211.

Brosse N, Hage E R, Chaouch M, et al. 2010. Investigation of the chemical modifications of beech wood lignin during heat treatment. Polymer Degradation and Stability, 95(9): 1721-1726.

Chen X, Li H, Sun S, et al. 2017. Co-production of oligosaccharides and fermentable sugar from wheat straw by hydrothermal pretreatment combined with alkaline ethanol extraction. Industrial Crops and Products, 111: 78-85.

Dai G, Zhu Y, Yang J, et al. 2019. Mechanism study on the pyrolysis of the typical ether linkages in biomass. Fuel, 249: 146-153.

Donohoe B S, Decker S R, Tucker M P, et al. 2010. Visualizing lignin coalescence and migration through maize cell walls following thermochemical pretreatment. Biotechnology & Bioengineering, 101(5): 913-925.

Heidari M, Dutta A, Acharya B, et al. 2019. A review of the current knowledge and challenges of hydrothermal carbonization for biomass conversion. Journal of the Energy Institute, 92(6): 1779-1799.

Karlsson O, Torniainen P, Dagbro O, et al. 2012. Presence of water-soluble compounds in thermally modified wood: carbohydrates and furfurals. BioResources, 7(3): 3679-3689.

Kubovský I, Kačíková D, Kačík F. 2020. Structural changes of oak wood main components caused by thermal modification. Polymers, 12(2): 485.

Kumar R, Mago G, Balan V, et al. 2009. Physical and chemical characterizations of corn stover and poplar solids resulting from leading pretreatment technologies. Bioresource Technology, 100(17): 3948-3962.

Shen Y. 2020. A review on hydrothermal carbonization of biomass and plastic wastes to energy products. Biomass and Bioenergy, 134: 105479.

Sun D, Lv Z W, Rao J, et al. 2022. Effects of hydrothermal pretreatment on the dissolution and structural evolution of hemicelluloses and lignin: a review. Carbohydrate Polymers, 281: 119050.

Sun Q, Chen W J, Pang B, et al. 2021a. Ultrastructural change in lignocellulosic biomass during hydrothermal pretreatment. Bioresource Technology, 341: 125807.

Sun S F, Yang H Y, Yang J, et al. 2021b. Integrated treatment of perennial ryegrass: Structural characterization of hemicelluloses and improvement of enzymatic hydrolysis of cellulose. Carbohydrate Polymers, 254: 117257.

Sundqvist B, Karlsson O, Westermark U. 2006. Determination of formic-acid and acetic acid concentrations formed during hydrothermal treatment of birch wood and its relation to colour, strength and hardness. Wood Science and Technology, 40(7): 549-561.

Tjeerdsma B F, Boonstra M, Pizzi A, et al. 1998. Characterisation of thermally modified wood: molecular reasons for wood performance improvement. Holz als Roh-und Werkstoff, 56(3): 149-153.

Wang T, Zhai Y, Zhu Y, et al. 2018. A review of the hydrothermal carbonization of biomass waste for hydrochar formation: process conditions, fundamentals, and physicochemical properties. Renewable and Sustainable Energy Reviews, 90: 223-247.

Zhang S, Chen T, Xiong Y, et al. 2017. Effects of wet torrefaction on the physicochemical properties and pyrolysis product properties of rice husk. Energy Conversion and Management, 141: 403-409.

第六章　微生物作用下的木材弱相结构失效及增强研究

木材是一种天然生物质材料,具有可降解、可再生、强重比高等优点,被广泛应用于建筑、装饰、家具等领域,是国家绿色发展的重要战略资源(吴义强,2021)。由于过去对木质资源缺乏足够的重视,乱砍滥伐的现象使得我国生态系统遭到破坏,生态环境恶化程度加剧,进一步导致我国森林资源总量不断下降。近年来,我国推出了保护木材资源的相关法律法规,禁止天然林的商业性采伐,限制采伐人工林,这一举措大大减少了国内木材资源的供应。此外,世界各国相继出台了原木出口限制或禁止的政策,使得我国木材资源的供应压力进一步加大。然而,随着人们对美好生活需求的提高,木材资源的需求量持续增加,导致我国木材资源供应缺口逐渐扩大,木材资源供需矛盾日趋严重。因此,合理利用速生材资源是缓解我国木材资源供需矛盾,确保木材安全的重要途径,也是我国实现碳达峰、碳中和目标的重要保障。

我国是世界上人工林面积最大的国家,据第九次全国森林资源清查,我国人工林总面积为 7954.3 万 hm^2、林木总蓄积量达 33.88 亿 m^3,约占世界人工林面积的 1/4,因此,对速生林木材资源的开发和利用是我国木材加工行业亟待解决的重大课题(崔海鸥和刘珉,2020)。目前,马尾松、杉木和杨木等人工林木材已成为我国木材资源的主要供给来源,但是速生材生长快、材质疏松、材性普遍较差,在户外使用过程中易遭受木腐菌的侵染与破坏,严重缩短了其使用寿命和价值,极大地限制了速生材资源的高效利用(鲍甫成等,1998)。防腐剂浸渍处理是最常见、高效的木材防腐技术,防腐处理中使用的防腐剂种类较多,如焦油、煤杂酚油等油类防腐剂和油载型有机防腐剂及水载型金属盐防腐剂。其中,含金属的水载型木材防腐剂仍在木材防腐行业中占据主要地位,由于该类防腐剂中的金属有效成分易流失,不仅对生态环境安全和人身健康造成威胁,同时也影响处理材的防腐效果,该类防腐剂已逐渐被各国禁止或限制使用(曹金珍,2006)。近年来,在绿色创新发展理念的驱动下,学者正致力于研发非金属型木材防腐剂,但是木材腐朽基础研究薄弱,尤其是速生材易腐机理尚不是特别清晰,导致速生材防腐技术的研发一直缺乏针对性。因此,本章将系统研究微生物作用下速生材弱相结构失效机制,有针对性地研发新一代绿色高效木材防腐技术,研究成果将有助于推动我国人工林速生材资源利用向高性能、绿色化方向发展,也对我国木材保护行业绿色创新发展以及实现碳达峰、碳中和目标具有重要意义。

第一节　微生物作用下的木材弱相结构

木材腐朽是指真菌在适宜的温湿度条件下,通过破坏木材结构与组分引起木材外观、性能及使用价值发生变化的一种现象。目前,木材腐朽研究主要包括以下三个方面:木材腐朽菌的分离、鉴定及分类;腐朽过程中木材物理力学性能的变化;腐朽过程中木材宏微观结构及化学组分的变化。根据腐朽木材颜色外观的变化，可将木腐菌分为白腐菌、褐腐菌和软腐菌，其中白腐菌与褐腐菌是造成木材结构与组分破坏失效最常见的真菌。白腐菌包括采绒革盖菌（*Coriolus versicolor*）、黄孢原毛平革菌（*Phanerochaete chrysosporium*）、毛革盖菌（*Stereum hirsutum*）等，白腐菌倾向于破坏阔叶材，其主要是利用酶催化体系降解木材细胞壁中的木质素、纤维素以及半纤维素，且白腐过程中木质素的降解往往早于纤维素，使得降解后的木材呈浅色或白色（Hegnar et al.，2019）。褐腐菌包括密粘褶菌（*Gloeophyllum trabeum*）、绵腐卧孔菌（*Postia placenta*）、干朽皱孔菌（*Serpula lacrymans*）等，褐腐菌主要破坏针叶材，它主要利用非酶类与酶类的复合系统降解木材（Zhu et al.，2020），褐腐过程中木材中纤维素和半纤维素的降解较为严重，木质素几乎不发生降解，使得降解后的木材呈深褐色（Kaneko et al.，2005；Goodell，2020）。现有研究表明，不同微生物作用下木材外观形貌、细胞组织结构及微观结构的破坏形式不同（Cragg et al.，2015），即木材中最先发生破坏的位点不同，导致微生物作用下木材弱相结构存在差异性。因此，本研究拟选用密粘褶菌和采绒革盖菌分别作为褐腐菌与白腐菌的模式菌株，研究腐朽菌作用下速生材的弱相结构及其失效机制。

一、不同腐朽菌作用下木材宏观结构变化特征

以 25 年生速生杉木、18 年生马尾松、10 年生杨木边材为研究对象，采用典型的褐腐菌密粘褶菌（*Gloeophyllum trabeum*，Gt）和典型的白腐菌采绒革盖菌（*Coriolus versicolor*，Cv）进行腐朽试验，探究不同微生物作用下的木材弱相结构失效机制。参照美国木材防腐协会标准《木质纤维材料耐腐性能——实验室试验方法》（AWPA E10—16）进行土壤木块法腐朽试验（图 6-1），在培养温度 28℃，相对湿度 80%的环境下培养，记录不同腐朽阶段试件外观形貌变化、菌丝生长情况及质量损失，明确速生材弱相结构失效的关键阶段，为探明不同微生物作用下速生材弱相结构失效机制提供理论基础。

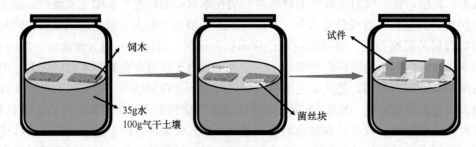

饲木

35g水
100g气干土壤

试件

菌丝块

图 6-1　土壤木块法耐腐测试示意图

（一）外观变化

经过不同腐朽菌侵染后，马尾松、杉木和杨木木材试件外观都发生了不同程度的变化。从图 6-2 和图 6-3 可看出，密粘褶菌侵染过程中杉木和马尾松木材试件逐渐呈现棕褐色；采绒革盖菌侵染过程中木材试件表面颜色变化不大，尤其是杉木试件，表明不同类型木腐菌对速生材的降解方式不同，这可能与其中化学成分降解顺序不同有关。

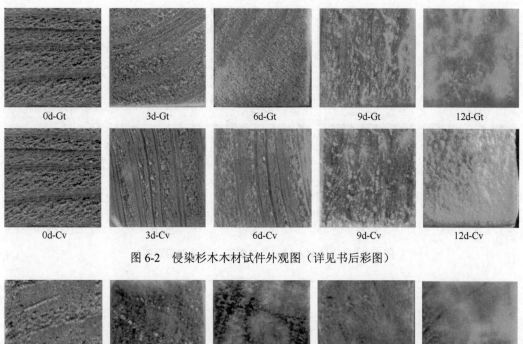

图 6-2 侵染杉木木材试件外观图（详见书后彩图）

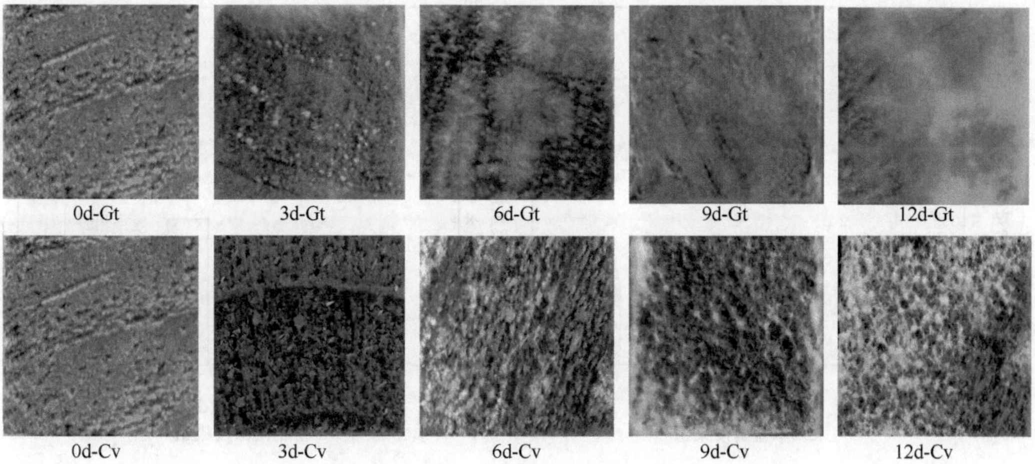

图 6-3 侵染马尾松木材试件外观图（详见书后彩图）

杉木和马尾松木材试件表面菌丝随着腐朽时间延长而增多，且密粘褶菌侵染组试件表面菌丝附着量显著高于采绒革盖菌侵染组，表明杉木与马尾松木材更易遭受密粘褶菌（褐腐菌）的降解。从图 6-4 可以看出，腐朽初期杨木木材试件上白腐菌的附着量显著多于褐腐菌，且呈凝胶状分布，相较于褐腐菌，采绒革盖菌侵染后的杨木表面腐朽程度更为严重，但在 15d 时，褐腐菌菌丝附着量显著增多，并与白腐菌一样布满试件表面。由此再次证实，不同微生物作用下速生材弱相结构及其破坏形式具有差异，其中褐腐菌是造成速生针叶材弱相结构失效的重要菌种。

（二）质量损失

由图 6-5、图 6-6 和图 6-7 中的质量损失结果可知，木材质量损失率随着侵染时间的增加而增加。在密粘褶菌试验组中，杉木、马尾松和杨木木材试件在试验 12d 时质量损失率分别为 12.14%、16.93% 和 10.54%，而采绒革盖菌对杉木、马尾松和杨木木材试

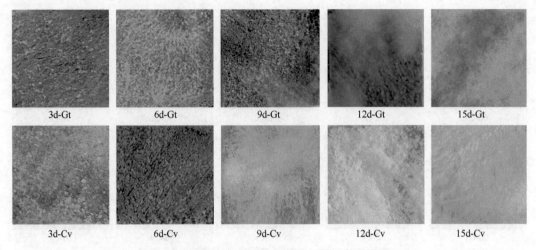

图 6-4　侵染杨木木材试件外观图（详见书后彩图）

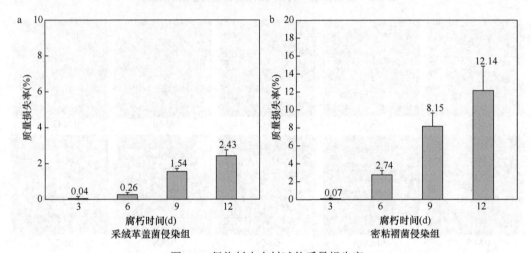

图 6-5　侵染杉木木材试件质量损失率

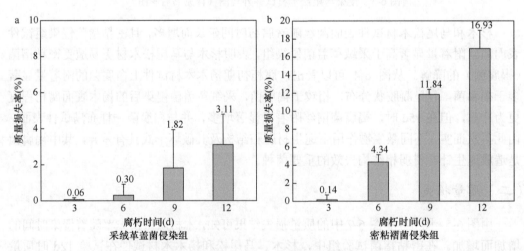

图 6-6　侵染马尾松木材试件质量损失率

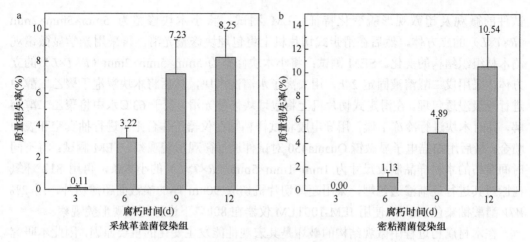

图 6-7　侵染杨木木材试件质量损失率

件造成的质量损失率分别为 2.43%、3.11% 和 8.25%。对于杉木和马尾松而言，在同一侵染时间段内密粘褶菌（褐腐菌）造成的质量损失率明显高于采绒革盖菌（白腐菌），而杨木在两种腐朽菌作用下质量损失率接近，表明微生物作用下木材弱相结构失效具有差异性，它与腐朽菌的类型、树种均相关。

由此可知，对于杉木和马尾松木材试件而言，褐腐菌造成的破坏程度比白腐菌更为严重；此外，褐腐菌对马尾松和杉木的破坏程度均高于杨木，这与以往的研究结论一致，即褐腐菌更倾向于降解针叶材（Hibbett and Donoghue，2001；Goodell，2003）。由此得出，速生材腐朽与非速生材腐朽过程相似，微生物作用下速生材的弱相结构失效存在差异，且速生材弱相结构的破坏与微生物类型密切相关。鉴于白腐菌作用下马尾松与杉木的质量损失率很低，表明其弱相结构的破坏不够显著，因此本章以揭示褐腐菌作用下木材的弱相结构为主。在破坏较为严重的褐腐实验组中，在侵染 0~6d 时，杉木和马尾松木材试件的质量损失率增加缓慢，这是由于真菌破坏木材需要定殖期，且真菌菌丝在侵染初期对木材细胞壁的渗透与降解过程缓慢；在试验 6~9d 时，杉木和马尾松木材试件的质量损失率出现大幅度上升，表明木材细胞壁结构出现了严重破坏，且试验所选取的时间为速生材弱相结构失效的关键阶段。

由上述研究可知，在褐腐菌作用下，虽然速生材弱相结构失效过程与非速生材相似，但是速生材弱相结构的失效更为迅速，表明褐腐菌的降解途径更易破坏速生材的细胞组织结构。现有研究表明，褐腐菌与白腐菌降解途径的主要区别在于褐腐菌在侵染木材初期具有独特的非酶降解途径，这一降解途径是引起木材结构降解出现差异的关键原因。由此推测，速生材弱相结构失效主要是由褐腐菌非酶降解途径造成的，后续研究将着重探究褐腐菌作用下速生材的弱相结构及其失效机制。

二、褐腐菌作用下木材微观结构变化特征

在密粘褶菌腐朽测试过程中，分别在侵染 6d 和 12d 后取出试件，刮去表面菌丝，采用光学显微镜（LM）、扫描电子显微镜（SEM）及透射电子显微镜（TEM）分析侵染

试件的微观及超微观形貌变化特征。LM 测试：将小木块修整为 5mm×5mm×2mm（R×T×L）的立方体，然后在滑走式切片机上将包埋块修整光滑，再采用光学显微镜观测木材组织结构的变化。SEM 测试：将小木块修整为 5mm×5mm×2mm（R×T×L）的立方体，采用戊二醛溶液固定 24h，用去离子水清洗木块，然后将木块浸泡于聚乙二醇中进行逐级浸透包埋。在滑走式切片机上将包埋块修整光滑，置于 63℃水中将聚乙二醇溶解，并对木块进行冷冻干燥，用导电胶将试样粘贴在仪器工作台上，进行抽真空和表面喷金，最后用扫描电子显微镜 Quanta450 对试件进行微观形貌观察。TEM 测试：将不同时间腐朽的木材样品制成尺寸为 1mm×1mm×5mm（R×T×L）的小木条，再用 812 环氧树脂对其进行逐渐渗透包埋，采用超薄切片机切取 90nm 厚的横截面超薄切片，用 2% W/V 醋酸铀染色 5min，使用 JEM-100TEM 仪器在 80kV 下进行超微观形貌观察。

在木材腐朽过程中微观结构的破坏是其宏观性能发生变化的重要原因，因此本研究采用 LM、SEM 和 TEM 进一步揭示褐腐菌作用下速生材的多维弱相结构。由显微镜图（图 6-8，图 6-9）可知，未侵染杉木和马尾松木材试件表面光滑平整，早材与晚材的轮界线鲜明。经过密粘褶菌侵染后，杉木和马尾松木材试件的颜色加深，起初破坏主要发生在早材的薄壁细胞，随后逐渐蔓延至周边管胞，在腐朽试验 12d 时，早材与晚材的轮界线变得模糊，木材组织结构呈现严重破坏状态。

0d-Gt　　　　　　6d-Gt　　　　　　12d-Gt

图 6-8　密粘褶菌侵染杉木木材试件 LM 图

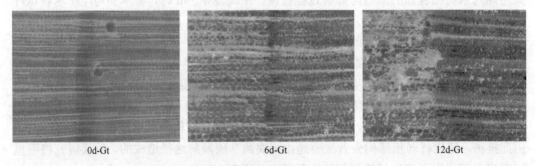

0d-Gt　　　　　　6d-Gt　　　　　　12d-Gt

图 6-9　密粘褶菌侵染马尾松木材试件 LM 图

通过 SEM 对侵染试件的横、纵切面进行观察，结果如图 6-10 和图 6-11 所示。研究发现，未侵染试件细胞壁排列规整，形态完整，表面光滑平整，纹孔膜完好，管胞内壁光滑，胞腔中无菌丝；而侵染试件细胞腔内出现大量菌丝体，密粘褶菌侵染组中木材细胞腔内菌丝量明显多于采绒革盖菌侵染组。采绒革盖菌侵染试件细胞壁结构基本无变化，从径切面可以看出侵染 12d 时白腐菌的菌丝杂乱交错分布，主要附着在细胞壁表面。密粘褶菌侵染组中杉木与马尾松木材试件细胞壁结构出现了明显破坏，破坏主要发生在管胞纹孔、复穿孔等菌丝富集处，使得纹孔膜变得稀疏或完全消失，导致管胞间或细胞壁上形成贯穿通道。以上研究结果与质量损失结果一致，表明不同腐朽菌对速生材结构的破坏过程具有差异性，其中褐腐菌更易造成马尾松和杉木弱相结构的失效。由此得出，褐腐菌作用下木材微观结构层面的弱相结构为早材薄壁细胞的纹孔及复穿孔处。

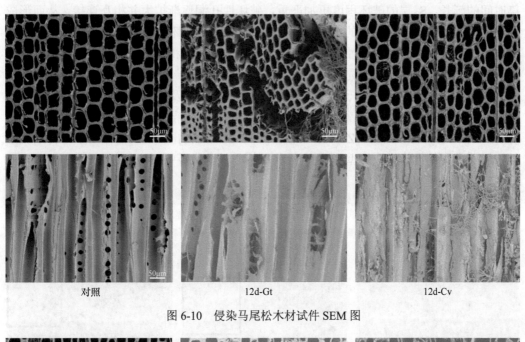

| 对照 | 12d-Gt | 12d-Cv |

图 6-10　侵染马尾松木材试件 SEM 图

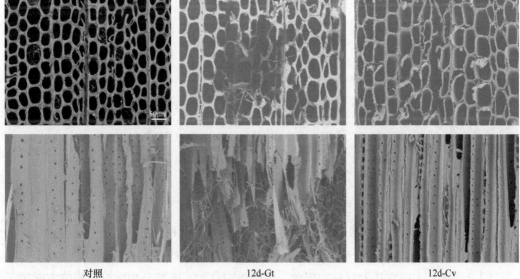

| 对照 | 12d-Gt | 12d-Cv |

图 6-11　侵染杉木木材试件 SEM 图

采用 TEM 进一步表征了密粘褶菌侵染过程中马尾松木材试件细胞壁结构的变化。由图 6-12 可知，未腐朽马尾松木材试件（图 6-12a）细胞壁层次分明，细胞角隅（CC）、复合胞间层（ML）、初生壁（P）和次生壁（S_1、S_2、S_3）结构完整。经过密粘褶菌侵染后，马尾松木材试件细胞壁层结构变化主要出现在 S_2 层，其中侵染 6d 后，细胞壁 S_2 层出现孔洞破坏（图 6-12b）；侵染 12d 后，细胞壁 S_2 层的孔洞尺寸变大（图 6-12c），破坏程度加剧，然而其他细胞壁层结构（CC、ML、P、S_1、S_3）均未观察到明显破坏。由此可以看出，马尾松木材试件细胞壁的降解先发生在细胞壁的次生壁 S_2 层，随着侵染时间的延长，S_2 层的破坏程度更加严重，破坏性孔洞逐渐扩大并相互连接，从而形成连贯的通道，而离菌丝更近的细胞壁 S_3 层未发生明显破坏，表明褐腐菌对马尾松木材细胞壁结构的破坏具有选择性。现有研究指出，与白腐菌和软腐菌相比，褐腐菌的降解方式更为高效、独特，可优先降解木材细胞壁 S_2 层，这一降解特征与褐腐菌的非酶降解途径相关，即褐腐菌在腐朽初期利用铁离子、铁还原剂及过氧化氢等低分子化合物渗入木材细胞壁壁层中，发生铁基类芬顿反应产生自由基，导致木材细胞壁 S_2 层的优先降解（Goodell et al.，2017；Zelinka et al.，2021）。由此得出，褐腐菌作用下木材细胞壁结构层面的弱相结构为次生壁 S_2 层，且其破坏与铁基类芬顿反应相关。

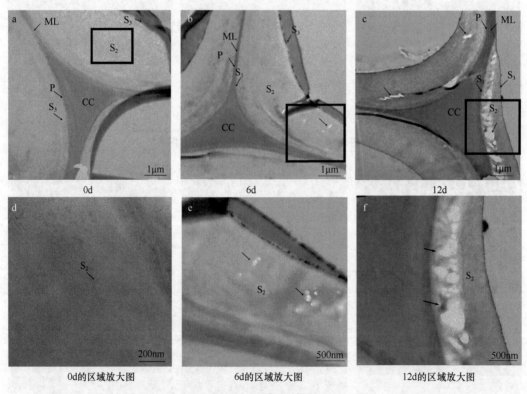

图 6-12　侵染马尾松木材试件 TEM 图
箭头示腐朽材次生壁 S_2 层出现的孔洞

综上所述，本研究从木材外观形貌、细胞组织结构、微观及超微观结构等方面揭示了微生物作用下速生材的弱相结构及其失效规律，如褐腐菌比白腐菌更易侵染马尾松和杉木等速生材，且速生材的弱相结构失效更迅速。同时，深入探究了褐腐菌作用下马尾松木材的弱相结构失效过程（图 6-13），发现在褐腐菌作用下马尾松木材弱相结构失效先出现于早材的薄壁细胞组织处，再逐渐蔓延至各细胞组织，就单一木材细胞而言，其纹孔、复穿孔及次生壁 S_2 层最先发生破坏，即褐腐菌作用下木材弱相结构为早材薄壁细胞、纹孔、复穿孔以及次生壁 S_2 层。虽然本研究推测出在褐腐过程中铁基类芬顿非酶反应是造成速生材迅速降解的重要途径，但是这一失效机制的解析仍有待于深入研究。

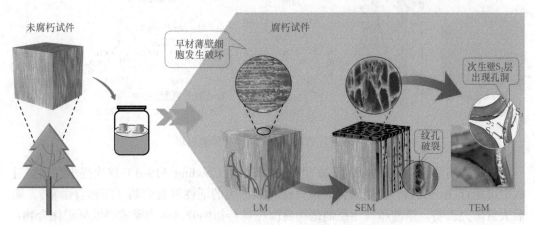

图 6-13　褐腐菌作用下马尾松木材弱相结构的失效过程

第二节　微生物作用下的木材弱相结构失效机制

在木材腐朽研究初期，学者普遍认为腐朽菌是通过酶催化反应降解木材，并建立了以纤维素酶、半纤维素酶及木质素酶为核心体系的木材酶降解理论（图 6-14）。纤维素酶体系由内切葡聚糖酶（EG）、外切葡聚糖酶（CBH）及 β-葡萄糖苷酶（βG）组成（Zelinka，2021），EG 作用于纤维素链内部的非结晶区，产生寡糖和新纤维素链末端；CBH 作用于纤维素原有链和新链的末端，产生葡萄糖或纤维二糖；βG 的作用是水解纤维二糖。半纤维素酶由木聚糖酶、甘露聚糖酶以及其他辅酶组成，其中木聚糖酶先通过 β-1,4-内切木聚糖酶随机断裂木聚糖骨架，产生木寡糖，然后由 β-1,4-外切木糖苷酶进一步分解成木糖；甘露聚糖酶则先利用 β-1,4-内切甘露聚糖酶作用于主链，产生新的链末端和甘露寡糖，再由 β-甘露糖苷酶和 β-葡萄糖苷酶等外切酶协同水解（Duncan and Schilling，2010）。木质素酶体系包括过氧化物酶和漆酶（Lac），其中过氧化物酶可分为木质素过氧化物酶（LiPs）、锰过氧化物酶（MnPs）及多功能过氧化物酶（VPs），可同时氧化酚类和非酚类木质素；而漆酶主要通过裂解芳香环与 α 碳原子连接的化学键降解酚型木质素。随着研究的深入，学者发现木材酶降解理论无法解释褐腐菌降解特征，如纤维素与半纤维素是如何被选择性降解？如何在缺失完整酶体系的情况下破坏纤维素结晶区？尺寸较大的酶分子如何穿透未破坏的木材细胞壁 S_3 层？这一系列问题推动了木材非酶降解理论的提出与研究，这也是褐腐菌非酶降解途径存在的重要证据。

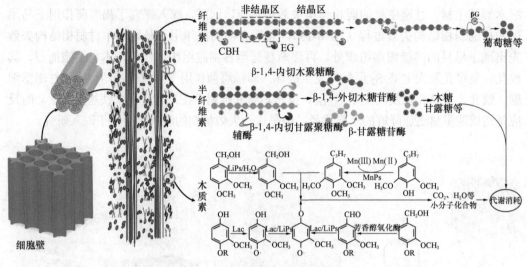

图 6-14　木材细胞壁酶催化降解机理

　　木材非酶降解理论研究源于 20 世纪 60 年代，Cowling（1961）首次提出在褐腐过程中可能存在一类具有较高氧化活性、极具破坏力的活性氧自由基（简称自由基）。随后大量研究表明，草酸和铁还原剂是褐腐菌在腐朽初期分泌的两类重要低分子化合物：草酸的主要作用是从环境中摄取铁离子，而铁还原剂的作用是循环还原铁离子，在草酸与铁还原剂共同作用下铁离子经迁移与转化生成 Fe（Ⅱ），最后与过氧化氢发生反应产生自由基（Zhu et al.，2016；Zhu et al.，2017）。基于上述研究，学者提出了褐腐过程中木材非酶氧化降解（简称非酶降解）理论（图 6-15），即褐腐菌在腐朽初期利用铁离子、铁还原剂及过氧化氢等低分子化合物渗入木材细胞壁，形成铁基类芬顿反应产生自由基，导致木材结构及组分发生氧化降解。后续研究也证实了铁基类芬顿反应是褐腐菌降解木材的重要途径之一，它可在褐腐初期引起木材细胞壁结构及组分的快速、选择性降解，在褐腐过程中发挥着不可替代的重要作用（Goodell et al.，2017；Hegnar et al.，2019；Zhu et al.，2022）。

　　近年来，在分子生物学技术的辅助下，参与产活性氧的相关基因已在褐褶菌目、多孔菌目、牛肝菌目等褐腐类菌中得到揭示与验证（Nagy et al.，2017）。在木材腐朽初期，草酸浓度调控、铁离子还原及过氧化氢生成等相关基因的表达量显著增加，且先于各组分降解酶相关基因的表达，再次证实了由草酸、铁离子、螯合剂及过氧化氢等低分子化合物组成的铁基类芬顿反应体系是真菌初期降解木材的重要途径。

　　在褐腐菌作用下速生材弱相结构的失效与铁基类芬顿非酶降解途径相关，而铁基类芬顿非酶降解途径是如何造成速生材弱相结构迅速失效这一机制还有待深入探究。因此，本节以马尾松木材作为研究对象，揭示褐腐菌作用下速生材细胞壁化学组分与晶体结构的变化规律，并结合前文总结的在细胞组织和微观层面表现的弱相结构，进一步探明速生材多维弱相结构及其失效机制，为新型绿色木材防腐技术的精准研发提供理论依据。

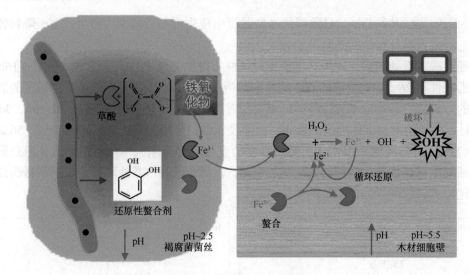

图 6-15　木材褐腐非酶降解机制

一、褐腐菌作用下木材晶体结构变化

在密粘褶菌试验过程中，分别在侵染 3d、6d、9d、12d 后，取出马尾松木材试件，刮去表面菌丝，制备成 60～80 目的木粉，然后采用 X 射线衍射仪（XRD，布鲁克，德国）分析手段研究在密粘褶菌侵染马尾松木材过程中细胞壁化学组分及晶体结构的失效规律。晶体结构分析：取 60～80 目的木粉，扫描范围 5°～40°，扫描速度 2°/min，管电压 40kV，电流 40mA。根据 Segal 法计算相对结晶度（CrI）。为了减少纤维素晶体结构分析中半纤维素和木质素的影响，本研究采用 NaOH/NaClO₂ 法对马尾松木粉进行脱木素预处理。先将木粉与质量分数 2% 的 NaOH 混合均匀（1∶15，W/V），在 90℃下处理 4h，重复 3 次，然后用质量分数 1.7% 的 NaClO₂ 在 80℃下处理至纤维泛白，这种处理方式能在不破坏晶体结构的情况下脱除半纤维素和木质素。根据 Segal 法计算脱木素试件的结晶度。此外，利用高斯函数对 X 射线衍射图在 4 个晶体峰（101、101、002 和 040）进行反褶积拟合，根据 Bragg 法计算 002 晶面之间的平均距离（d），根据 Scherrer 法计算出晶体宽度和长度（Cowling，1961）。

（一）纤维素相对结晶度

图 6-16a 表示未脱木质素马尾松木材试件的纤维素结晶度变化。由图 6-16a 可知，未侵染马尾松木材试件的相对结晶度为 44.74%，经过密粘褶菌侵染 3d、6d、9d、12d 后，其纤维素相对结晶度分别为 45.68%、52.30%、49.77% 和 48.21%，呈现出先增大后减小的变化趋势。在侵染初期，纤维素相对结晶度的增大是非结晶区的破坏使得结晶区相对占比增加，而随着侵染时间的延长，试件中结晶区也发生了破坏，导致相对结晶度呈现减小的变化趋势。现有研究指出，在褐腐初期木材结晶度会出现轻微增加的现象，其中天然林木材腐朽过程结晶度增加的幅度较小，腐朽过程中木材晶体结构变化规律始终未能得到解析。由速生材腐朽机理研究可知，褐腐菌非酶降解活动可依次破坏木材细

胞壁的无定形区和结晶区，导致纤维素结晶度出现先增加后减少的趋势，这一降解特征可能与纤维素微纤丝结构的复杂性有关。

经过脱木素处理后，侵染马尾松木材试件相对结晶度上升的幅度增加（图 6-16b）。脱木素试件在 2θ 为 22°附近的 002 结晶面的衍射峰强度明显增加，这是非结晶区的脱除导致的。未侵染马尾松木材试件的纤维素相对结晶度为 50.99%，在腐朽 3d、6d、9d 和 12d 后，马尾松木材试件的纤维素相对结晶度（CrI）分别为 51.23%、64.88%、56.22% 和 49.79%。虽然脱木素组试件相对结晶度的变化趋势与未脱木质素组一致，但是脱木素马尾松木材试件晶体结构的变化更加明显，表明通过脱木素处理有助于揭示褐腐过程中马尾松木材纤维素晶体结构的变化。

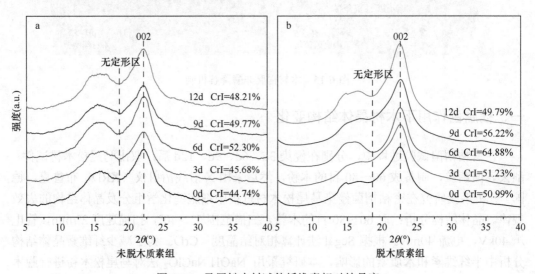

图 6-16　马尾松木材试件纤维素相对结晶度

（二）纤维素晶体尺寸

由图 6-17 可知，经过密粘褶菌侵染后，脱木素马尾松木材试件的纤维素晶体宽度呈先增加后减少的变化趋势，这与纤维素基本原纤维（EF）的破坏和纤维素结晶形式的变化有关。芬顿反应能使 EF 外层被破坏，使 EF 变得松散，纤维素微晶膨胀，导致纤维素晶体宽度增加。此外，纤维素具有两种结晶形式，即亚稳态的 I_α 相和直径大且属于稳态的 I_β 相，纤维素 I_α 相在褐腐过程中被攻击解聚，导致 I_β 相的相对含量增加，且随着无定形纤维素的降解，纤维素运动空间变大，可能出现滑移和膨胀等现象，进一步增加了纤维素微晶宽度。纤维素晶体长度呈现逐渐减小的变化趋势（图 6-17c），这是由于在褐腐菌非酶降解活动作用下纤维素晶体也发生了破坏。由图 6-17d 可以看出，晶面间距未发生显著变化，这可能是由于晶体膨胀和外层纤维素降解同时发生，二者的影响相互抵消。

XRD 研究结果表明，在褐腐菌侵染马尾松木材过程中，木材细胞壁的非结晶区与结晶区结构均发生了破坏，其中非结晶区发生的破坏更早，破坏程度更加严重。

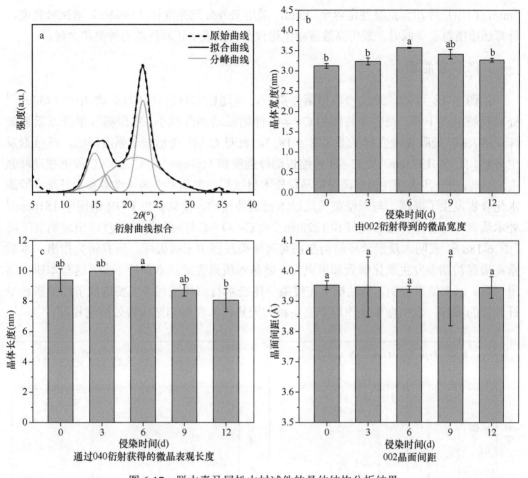

图 6-17　脱木素马尾松木材试件的晶体结构分析结果

二、褐腐菌作用下木材化学组分变化

在密粘褶菌试验过程中，分别在侵染 3d、6d、9d、12d 后，取出马尾松木材试件，刮去表面菌丝，制备成 100 目木粉以及尺寸为 5mm×5mm×1mm（$L×T×R$）的薄片，然后采用傅里叶变换红外光谱仪（FTIR，Thermo Scientific，美国）、X 射线光电子能谱（XPS，Thermo Scientific，美国）及高效液相色谱仪（HPLC，Agilent，美国）等分析手段，分析褐腐菌作用下速生材化学组分变化。FTIR 分析：取 100 目木粉与溴化钾以质量比 1∶100 混合均匀压成透明薄片，采用 Nicolet Is5 傅里叶变换红外光谱仪测试化学官能团变化，扫描范围 4000～400cm^{-1}，扫描 32 次，分辨率为 4cm^{-1}。XPS 分析：取 5mm×5mm×1mm（$L×T×R$）的小试样，采用 XPS 分析腐朽过程中试件表面的化学成分变化，分析室真空度 8×10^{-10}Pa，激发源 Al k 射线（hv=1486.6eV），工作电压 12.5kV，灯丝电流 16mA，全谱 100eV，窄谱 20eV，步长 0.05eV，停留时间 40～50ms，并以 C1s=284.80eV 进行电荷校正。还原糖分析：将 1mg 木粉（100 目）与 10ml 去离子水加入到血清瓶中，超声震荡（功率 200W，温度 50℃）1h，过滤，取 2ml 滤液，加入 1.5ml DNS 试剂，在 100℃中煮沸

5min，取出后冷却至室温并定容至 25ml，采用紫外分光光度计（540nm）测试吸光度，计算还原糖总量。同时，采用高效液相色谱仪分析滤液中还原性糖的种类和含量。

（一）化学官能团

由图 6-18 可知，经过密粘褶菌侵染后，马尾松木材试件 FTIR 谱图中 1734cm^{-1} 处吸收峰强度下降，表明非共轭的 C═O 伸缩振动强度减小，木聚糖等半纤维素被破坏；897cm^{-1} 处吸收峰变得平缓（图 6-18c），表明 C—H 变形振动强度降低，纤维素发生降解。此外，1371cm^{-1} 处 C—H 伸缩振动峰强度和 1160cm^{-1} 处 C—O—C 伸缩振动峰强度均减弱，进一步表明在褐腐菌侵染马尾松木材过程中细胞壁中的纤维素和半纤维素等碳水化合物发生了降解。与未侵染马尾松木材试件相比，侵染试件 FTIR 谱图中 1510cm^{-1} 处木质素苯环骨架伸缩振动峰和 1228cm^{-1} 处 C—O—C 伸缩振动峰强度未出现明显下降（图 6-18d），表明木质素苯环结构在褐腐菌侵染过程中未被破坏。现有研究指出，木质素在褐腐初期会发生氧化解聚和再聚合，但是木质素含量基本保持不变，这与本研究结果一致。以上结果表明，密粘褶菌在侵染马尾松木材试件过程中主要造成了纤维素和半纤维素的降解，表明微生物作用下速生材与天然林木材弱相结构失效机制相同。

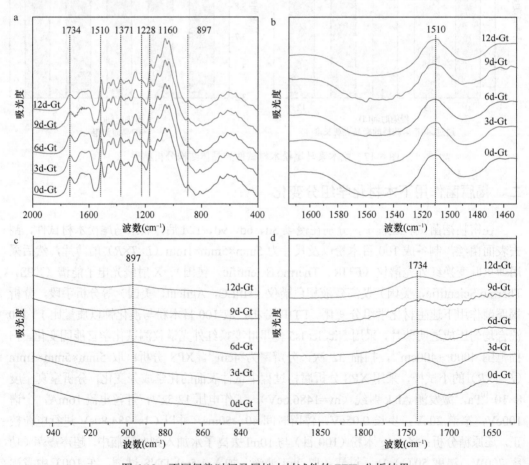

图 6-18　不同侵染时间马尾松木材试件的 FTIR 分析结果

（二）表面化学结构

采用 XPS 分析揭示了侵染过程中马尾松木材试件表面化学结构的变化规律。从图 6-19 中可以看出，碳结合能在 284eV 左右，氧结合能在 532eV 左右，而铁的结合能位于 725eV 左右，碳和氧出现明显的峰。其中，C1s 峰经过拟合可分为 3 种不同类

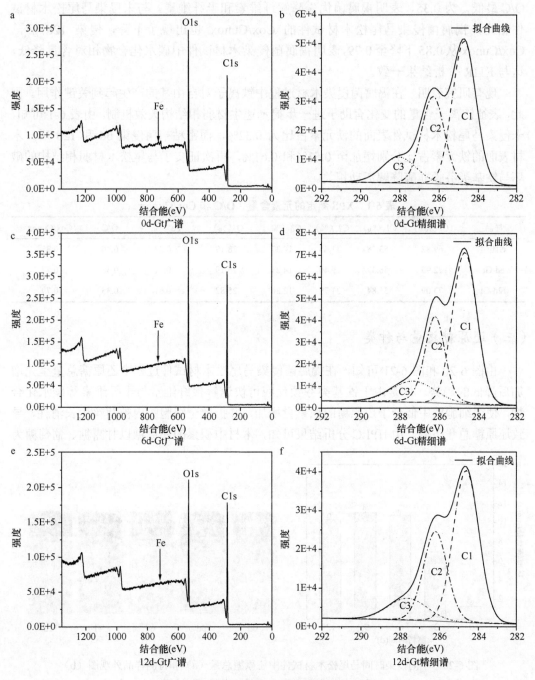

图 6-19 侵染马尾松木材试件的 XPS 分析

型的 C 原子峰（图 6-19b）。现有研究指出，C1 表示仅与碳原子或氢原子结合的碳，主要指木材中的木质素和抽提物，C2 表示与一个非羰基氧原子结合的碳，主要指木材中的纤维素，C3 代表与一个羰基氧或两个非羰基氧原子结合的碳原子。通过计算（C2+C3）/C1（Cox/Cunox）和氧碳比（O/C）来评估木材表面化学结构状态的变化。本研究发现未侵染马尾松木材试件的 O/C 为 0.40，而褐腐菌侵染马尾松木材试件的 O/C 最低，为 0.35，表明褐腐菌优先降解纤维素和半纤维素。与未侵染马尾松木材试件相比，褐腐菌侵染马尾松木材试件的 Cox/Cunox 也出现了下降，侵染 12d 后，Cox/Cunox 从 0.85 下降至 0.79，表明褐腐菌侵染木材试件中碳水化合物相对含量降低，这与 FTIR 分析结果一致。

现有研究表明，在褐腐菌侵染木材过程中铁离子对自由基的产生起到关键作用。因此，表征铁离子含量的变化有助于进一步揭示速生材弱相结构失效机制。由表 6-1 可知，未侵染马尾松木材试件表面的铁元素占比为 0.32%，而密粘褶菌侵染 6d 和 12d 后，木材表面的铁元素占比分别增加至 0.51% 和 0.61%，再次证实了马尾松木材弱相结构的破坏与铁基类芬顿非酶降解活动相关。

表 6-1　XPS 测定的元素含量、O/C 和 Cox/Cunox

样品	C（%）	C1（%）	C2（%）	C3（%）	O（%）	Fe（%）	O/C	Cox/Cunox
对照组	69.82	53.78	31.85	14.37	28.19	0.32	0.40	0.85
6d-Gt	72.95	56.37	29.40	14.24	26.19	0.51	0.36	0.77
12d-Gt	73.09	55.84	31.79	12.36	25.82	0.61	0.35	0.79

（三）还原糖总量与种类

由图 6-20 和图 6-21 可知，在褐腐菌侵染马尾松木材试件过程中还原糖总量呈先增加后降低的趋势。这是由于铁基类芬顿反应可快速解聚纤维素与半纤维素等碳水化合物，使得细胞壁中低分子还原糖的积累量增加，并扩散至细胞腔内被菌丝生长消耗，导致还原糖总量下降。由 HPLC 分析结果可知，木材中积累的还原糖以甘露糖、葡萄糖为

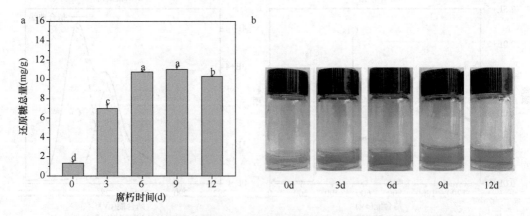

图 6-20　不同侵染时间马尾松木材试件中还原糖总量（a）和待测样品外观图（b）

主，且在同一侵染时间内木材中甘露糖含量高于葡萄糖。由此可得，褐腐铁基类芬顿非酶降解活动主要作用于纤维素和半纤维素的主链，且半纤维素的解聚早于纤维素，这与XRD、FTIR 及 XPS 结果一致。当侵染时间延长至 9d 时，样品中甘露糖含量开始减少，这可能是产生的甘露糖被菌丝生长消耗所致。综合以上研究可知，褐腐菌作用下木材组分层面的弱相结构为细胞壁无定形区半纤维素，在弱相结构发生破坏后无定形区纤维素与结晶纤维素依次发生降解。

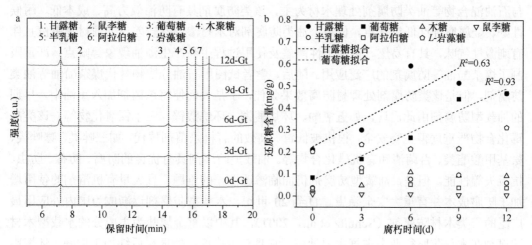

图 6-21　不同侵染程度马尾松木材试件中还原糖液相色谱图（a）和还原糖含量（b）

　　综合微观形貌破坏、纤维素晶体结构变化、细胞壁化学组分降解及低分子还原糖释放等结果，得出褐腐菌作用下木材弱相结构从宏观到超微观层面分别为早材薄壁细胞、纹孔与复穿孔、次生壁 S_2 层及半纤维素。基于此，本研究提出了褐腐菌作用下速生材弱相结构失效非酶降解假说（图 6-22），即在褐腐菌侵染过程中菌丝先附着并定殖在木材表面，然后通过低分子酸的作用从土壤中提取铁离子，经过转运、还原后，与过氧化氢在细胞壁中原位产生活性氧自由基，造成木材细胞壁中的半纤维素、无定形纤维素和结晶纤维素依次发生降解，并向细胞腔释放低分子还原糖供菌丝生长，最终导致木材结构出现严重破坏。

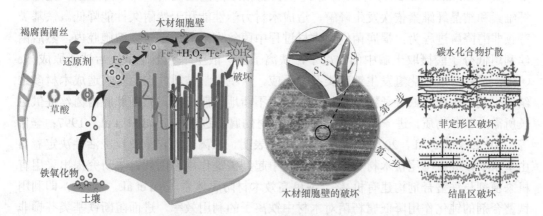

图 6-22　褐腐菌作用下速生材弱相结构失效机制（详见书后彩图）

第三节 基于微生物作用下的木材弱相结构增强

木材防腐处理是有效提升木材耐腐性能、延长木材使用寿命、节约木材资源、提高木材附加值的重要技术手段，其实质是将防腐剂浸渍到木材内部，从而达到抑制木材腐朽的目的。木材防腐处理历史悠久，起初是以煤焦油、煤杂酚油、蒽油，以及煤杂酚油与石油混合物等油类防腐剂处理木材为主，该类防腐剂具有防治效力高、成本低、耐候性好、金属腐蚀性低等优点。但是，油类防腐剂对木材渗透性较差，处理材呈黑色且伴有刺激性气味，具有易燃、再加工性能差及使用过程中易产生溢油现象等缺点，严重限制了煤杂酚油等防腐剂的广泛应用。随后，学者试图用石油分馏物替代煤杂酚油等油类防腐剂，但是该类防腐剂处理材防腐效果欠佳，于是人们便将杀菌剂加入重油中，早期的油载型防腐剂由此出现，如五氯酚、环烷酸铜、环烷酸锌、三丁锡氧化物等，该类高毒化合物严重危害生物安全，很快被低毒、高效的有机杀菌剂替代，如三唑类、噻唑类、氨基甲酸酯类、百菌清和有机碘化合物等。油载型防腐剂具有优良的防腐、防霉、防虫、抗流失等性能。但是，油载型防腐剂仍面临渗透性差的难题，且大量有机溶剂的使用增加了防腐成本并有重大安全隐患。直至 20 世纪，水载型防腐剂逐渐成为国内外应用最广泛的一类木材防腐剂（Schultz et al.，2007），其中以重金属盐为主成分的水载型木材防腐剂在木材防腐行业中占据主要地位，它具有价格低、处理材后续加工性好、环境影响小等优点，然而金属盐防腐剂的易流失特性不仅影响处理材的防腐效果，而且对生态环境和人身健康造成威胁，该类防腐剂已被多国禁止或限制使用（蒋明亮和费本华，2002；曹金珍和于丽丽，2010；Smith，2020）。近年来，我国木材保护行业正从传统高污染型向绿色创新型转变，目前最具有代表性的防腐剂是新型水性全有机木材防腐剂，其具有稳定高效、绿色环保、抗流失性好、渗透性强等诸多优点。但是，新型水性全有机木材防腐剂仍存在有机杀菌剂易生物降解的弊端，严重影响其防腐效力与时效（Zhu et al.，2017）。因此，新一代绿色长效木材防腐技术的研发已迫在眉睫。

笔者通过前述研究，发现铁基类芬顿反应是褐腐菌快速降解速生马尾松木材的主要方式（Goodell，2020），并揭示了速生材弱相结构失效机制，即半纤维素、无定形纤维素和结晶纤维素依次发生降解，造成木材力学性能和天然耐久性能降低。铁基类芬顿非酶降解过为：褐腐菌侵染木材过程中菌丝先附着、定殖在细胞腔内，然后菌丝利用低分子酸摄取土壤中的铁离子，铁离子在扩散至木材细胞壁之后被还原成 Fe（II），最终与过氧化氢发生铁基类芬顿反应，产生大量破坏性自由基，造成木材多维结构失效，生成的低分子糖从木材细胞壁中不断地扩散出来，为细胞腔内菌丝提供生长所需的营养物质，进一步加快了马尾松木材的腐朽进程（Goodell et al.，1997；李伟等，2022；Zhu et al.，2022）。这一降解机理表明，铁离子的含量及反应活性决定着自由基水平，并在马尾松木材初期腐朽过程中起到关键作用。因此，本研究提出采用有机杀菌剂与铁螯合剂构建有机-螯合绿色高效木材防腐体系（Xu et al.，2022），即利用铁螯合剂的钝化作用降低腐朽菌对木材中铁离子的利用效率，进而阻断铁基类芬顿非酶降解活动（图 6-23），最终达到增强木材耐腐性能的目的。

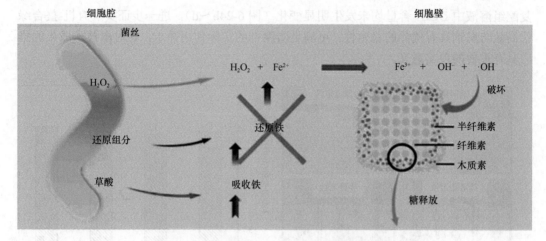

图 6-23　褐腐菌作用下木材弱相结构增强构想

一、有机-螯合木材防腐剂稳定性

试验所用的有机杀菌剂为实验室自制的水性异噻唑啉酮微乳液（4,5-二氯-2-正辛基-3-异噻唑啉酮，DCOI），于 1994 年通过了美国环保署（EPA）审查，分别于 1996 年和 1997 年相继获得美国政府和美国化学工业协会颁发的"美国总统绿色化学挑战奖"和"化工环境优胜奖"，被称为绿色环保型杀菌防霉剂。螯合剂选用二乙基三胺五乙酸（DTPA）和亚氨基二琥珀酸四钠（IDS），均属于绿色高效铁离子螯合剂。按表 6-2 配制有机-螯合绿色高效木材防腐体系 DCOI-DTPA 和 DCOI-IDS，以单独 DCOI 为对照组，分别考察复配体系的存储、离心和热稳定性，观察记录复配体系的外观颜色、透明度以及是否产生沉淀等。

表 6-2　螯合剂与有机杀菌剂复配方案

组别	DCOI（g）	DTPA（g）	IDS（g）	水（g）
DCOI	0.5	—	—	49.5
DCOI-DTPA	5	0.5	—	44.5
DCOI-IDS	5	—	0.5	44.5

有机-螯合绿色高效木材防腐体系外观如图 6-24a 所示，可以发现，经过存储（室温放置 14d）、离心（以 4000r/min 的速率保持 30min）、加热（60℃条件下热浴保持 8h）等稳定性测试后，DCOI-DTPA 和 DCOI-IDS 复配体系外观与 DCOI 组外观表现相同，均保持澄清、透明状态，未出现沉淀、析出、分层、浑浊等现象，表明有机-螯合绿色高效木材防腐剂体系具有优异的常温储藏稳定性、离心稳定性及热稳定性。

为进一步评估复配体系的稳定性，采用 HPLC 法分析稳定性测试后样品中主成分 DCOI 的含量。检测条件：流速为 1ml/min，检测波长为 275nm，柱温箱温度为 30℃，进样量为 20μl，流动相为 85%甲醇和 15%超纯水，等度洗脱，运行时间为 15min。由 HPLC 分析结果可知，经过不同方式的稳定性测试后，与单独 DCOI 组相比，有机-螯合复配组溶液中 DCOI 含量均未发生明显变化（图 6-24b～d），进一步证实了有机-螯合绿色高效防腐剂具有优异的稳定性，可满足防腐剂的实际使用需求，这对本技术成果的推广具有重要的现实意义。

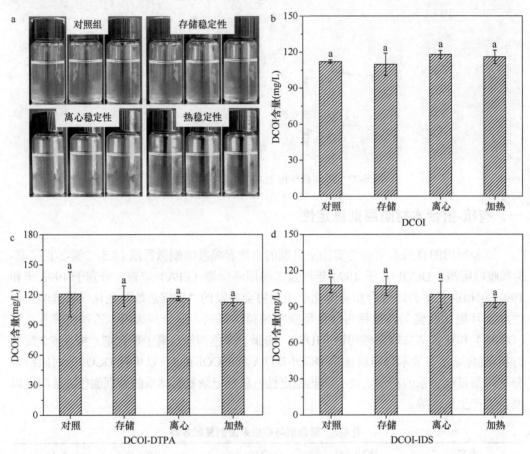

图 6-24　DCOI、DCOI-DTPA、DCOI-IDS 复配体系的存储、离心和热稳定性

图中相同小写字母表示 DCOI 含量的差异不显著

二、有机-螯合防腐处理材性能及作用机理研究

采用真空加压浸渍方法对气干杉木和马尾松木材试样进行防腐处理，试件尺寸为 20mm×20mm×10mm（R×T×L）。浸渍后取出木材试件，擦去试件表面的水分，在 103℃条件下将试件烘至恒重（m_0）。参照美国木材防腐协会标准《木质纤维材料耐腐性能——实验室试验方法》（AWPA E10—16）进行土壤木块法耐腐测试，分别在培养 40d、84d 时取出试件，刮去表面菌丝，在 103℃条件下烘干至恒重（m_1），计算质量损失（mass loss，ML）：

$$ML = \frac{m_0 - m_1}{m_0} \times 100\%$$ （6-1）

式中，m_0、m_1 分别为腐朽测试前、后木材试样的恒重质量，单位 g。

（一）耐腐性能

经过密粘褶菌侵染 84d 后（图 6-25a），马尾松木材试件表面菌丝生长情况如图 6-25b 所示，改性杉木与马尾松木材试件的表面菌丝生长情况相似，未处理马尾松木材试件表面已完全被菌丝覆盖，刮去菌丝后试件出现严重皱缩现象，证实了马尾松木材的耐腐性差。螯合剂 DTPA 和 IDS 处理马尾松木材试件表面同样被菌丝所覆盖，表明螯合剂难以有效抑制真菌生长和菌丝在马尾松木材试件表面的附着，这一现象与杉木处理组一致。DCOI、DCOI-DTPA 和 DCOI-IDS 处理组试件表面未观察到菌丝体，表明杀菌剂可有效抑制菌丝生长，但是关于螯合剂的增效作用机理还需要进一步验证。

质量损失率是评定木材耐腐等级的关键指标。从图 6-25c～d 可以看出，经过密粘褶菌侵染 84d 后，未处理杉木与马尾松木材试件的质量损失率均高于 40%，耐腐等级为Ⅲ级（表 6-3）。DTPA 和 IDS 处理组杉木与马尾松木材试件的质量损失率下降，耐腐等级提升至Ⅱ级，表明单独螯合剂处理在一定程度可提升杉木和马尾松木材的耐腐性能。DCOI 处理组马尾松木材试件的质量损失率为 4.09%，而 DCOI-DTPA 和 DCOI-IDS 处理组中马尾松木材试件的质量损失率分别为 2.73% 和 2.44%，表明螯合剂增强了有机杀菌剂的防腐效率，但是这一现象在杉木处理材中却未监测到，其原因可能是杀菌剂浓度设置过高，导致组间差异不够显著。总体而言，采用有机-螯合复合体系增强速生材的耐腐性能具有可行性。

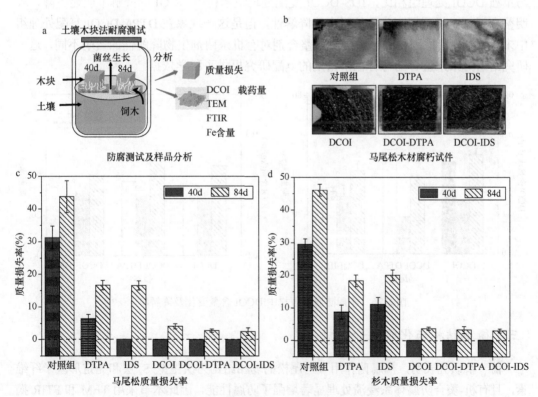

图 6-25　不同防腐处理组试件外观与质量损失变化

表 6-3　不同防腐处理材的耐腐等级

组别	耐腐能力	耐腐等级
对照组	稍耐腐	III
DTPA	耐腐	II
IDS	耐腐	II
DCOI	强耐腐	I
DCOI-DTPA	强耐腐	I
DCOI-IDS	强耐腐	I

（二）腐朽材中 DCOI 含量

现有研究发现，由褐腐铁基类芬顿反应产生的活性氧自由基是导致有机杀菌剂易降解、防治时效短的重要原因。因此，本研究通过参考美国木材保护协会标准《HPLC 法测定木材中 4,5-二氯-2-正辛基-3-异噻唑啉酮（DCOI）的标准方法》（A30—06）研究了不同处理组木材中 DCOI 含量在褐腐测试中的变化规律。

结果如图 6-26 所示，所有处理组木材中 DCOI 含量在褐腐测试后均出现不同程度的下降，其中单独DCOI改性马尾松和杉木木材中的DCOI降解率分别为46.91%和35.70%，表明褐腐菌造成了有机杀菌剂 DCOI 的降解，这与前人研究结果一致（Zhu et al.，2017）。与单独 DCOI 处理组相比，IDS-DCOI 复配处理组木材中 DCOI 的降解率明显下降，表明螯合剂 IDS 增强了 DCOI 的耐生物降解性，但是这一现象在 DTPA-DCOI 复配处理组中未观察到，其原因可能是不同类型螯合剂对有机杀菌剂生物降解性的影响不同，这一研究结论为未来螯合剂与有机杀菌剂的复配研究提供了科学依据。

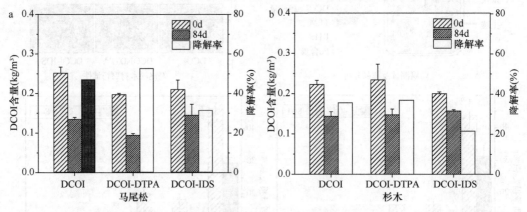

图 6-26　不同防腐处理材中 DCOI 含量变化及降解率

（三）微观结构与化学组分分析

前一节研究表明，褐腐菌作用下马尾松的弱相结构为次生壁 S_2 层和无定形区半纤维素，且有机-螯合防腐体系浸渍处理显著增强了防腐性能，因此本节采用 TEM 和 FTIR 揭示褐腐菌作用下防腐改性处理材细胞壁各壁层结构、化学组分的破坏规律，验证有机-螯合防腐处理技术能否保护木材弱相结构免遭自由基降解。从图 6-27 中可以看出，未腐朽马尾松和杉木木材试件的细胞壁结构完整，各壁层轮廓清晰（图 6-27a，图 6-27c）；耐腐测试后，IDS 处理组马尾松和杉木木材试件的细胞壁各壁层轮廓依旧清晰可见，但是次生壁 S_2 层、S_3 层均出现了不同程度的破坏（图 6-27b，图 6-27d），这与以往关于褐腐木材特征的报道不一致，表明螯合剂 IDS 对褐腐菌的降解活动产生了影响，其作用机理可能是螯合剂通过离子钝化作用抑制了铁基类芬顿非酶降解活动，从而保护了木材的弱相结构——次生壁 S_2 层免遭自由基降解。

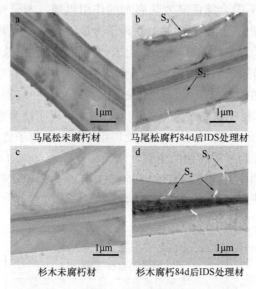

图 6-27　马尾松、杉木细胞壁的 TEM 图

从图 6-28 中的 FTIR 谱图可以看出，未处理组木材中 1371cm^{-1} 处综纤维素 C—H 变形振动峰、1160cm^{-1} 处综纤维素 C—O—C 振动峰和 897cm^{-1} 处纤维素的 C—H 变形振动峰的峰值强度在腐朽测试后下降显著，而在 1510cm^{-1} 处木质素芳香环 C=C 骨架振动

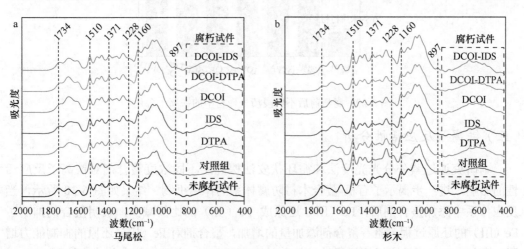

图 6-28　不同处理组腐朽材的 FTIR 图

吸收峰的峰值强度未发生变化，表明褐腐菌主要降解纤维素和半纤维素，这与以往研究报道一致（Zhu et al.，2022）。DTPA 和 IDS 处理组中，纤维素和半纤维素特征峰强度也出现下降，其下降程度低于未处理组，这与质量损失结果一致。DCOI、DCOI-DTPA 和 DCOI-IDS 处理组木材中各组分特征吸收峰的强度未发生明显变化，表明杀菌剂或有机-螯合复配均可有效保护木材的弱相结构免遭降解，针对性地增强了速生材的耐腐性能。

（四）腐朽材中铁离子含量

为进一步揭示有机-螯合绿色高效防腐剂的作用机理，本研究采用电感耦合等离子体发射光谱仪（ICP-OES）测定了试件中铁离子含量的变化，结果如图 6-29 所示。马尾松未腐朽试件中铁离子含量约为 0.4mg/g，而未处理腐朽试件中铁离子含量达到 1.6mg/g左右，铁离子含量的增加表明褐腐菌促进了土壤中铁离子向木材中的转运，再次证实了铁基类芬顿反应是马尾松木材快速腐朽的关键因素之一。经过密粘褶菌侵染 84d 后，DTPA 和 IDS 处理组木材中铁离子含量低于未处理组，表明螯合剂可有效抑制铁离子的摄取与转运，与预期结果一致。单独 DCOI 处理组木材中铁离子含量显著低于未处理组，这是由于有机杀菌剂抑制了褐腐菌的生长，从而减弱了菌丝体对土壤中铁离子的摄取。与单独 DCOI 处理组相比，DCOI-DTPA 和 DCOI-IDS 处理组试件中铁离子含量更低，表明螯合剂可进一步降低木腐菌对铁离子的摄取与转运，充分体现了螯合剂在有机-螯合复配防腐体系中的重要作用。

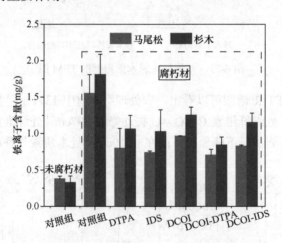

图 6-29　腐朽前后不同浸渍处理材中的铁离子含量

（五）铁离子反应活性分析

本研究通过紫外分光光度法和循环伏安法探究了不同浓度螯合剂对铁离子反应活性的影响，进一步揭示了有机-螯合木材防腐体系的作用机制。结果如图 6-30 所示，当反应体系中添加螯合剂后，Fe（III）还原成 Fe（II）的比例减少，表明螯合剂抑制了Fe（III）的还原过程。随着螯合剂添加量的增加，螯合剂对 Fe（III）还原的抑制能力增强，其中 DTPA 对铁离子还原活性的抑制效率高于 IDS。当添加螯合剂浓度达到 60μmol

或以上时，两种螯合剂均可完全抑制 Fe（Ⅲ）的还原过程，这是由于过量的螯合剂增强了铁离子络合物的稳定性，能更有效地阻断铁离子参与还原反应。

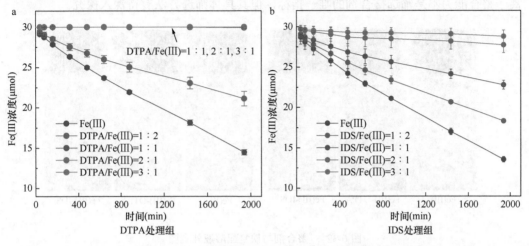

图 6-30　不同浓度螯合剂对铁离子还原性的影响

由循环伏安（CV）特性曲线（图 6-31）可知，对于 Fe（Ⅲ）标准溶液，循环伏安曲线表明在 E_{pc}=0.542V 和 E_{pa}=0.233V 时分别出现氧化峰和较强的还原峰，表明铁离子易被氧化和还原。当螯合剂 DTPA 与 Fe（Ⅲ）等量混合后，Fe（Ⅲ）的还原峰消失，铁离子发生氧化还原反应得到有效抑制；而当螯合剂 IDS 与铁等量混合后，在阳极扫描至0.472V 时，出现了微弱的氧化峰和还原峰，表明 DTPA 对铁离子反应活性的抑制效率高于 IDS，这与分光光度法得到的测试结果一致。

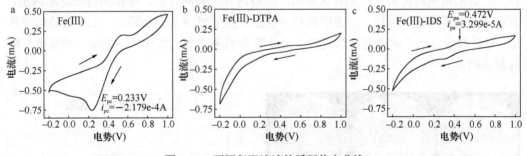

图 6-31　不同复配溶液的循环伏安曲线
E，电压；i，电流；pc，氧化过程；pa，还原过程

以上研究结果表明，螯合剂可有效降低铁离子活性，抑制铁基类芬顿反应，从而阻断褐腐初期的非酶降解活动，且阻断效率与螯合剂种类、浓度相关。

螯合剂与铁混合溶液的外观如图 6-32 所示，现配 Fe（Ⅲ）溶液、Fe（Ⅲ）-DTPA溶液和 Fe（Ⅲ）-IDS 溶液均呈透明状态，当静置 5h 后，Fe（Ⅲ）溶液和 Fe（Ⅲ）-DTPA溶液外观仅出现轻微变化，而 Fe（Ⅲ）-IDS 溶液中出现了分层现象，下层出现大量沉淀物，其原因是 IDS 与 Fe（Ⅲ）形成了不溶于水的络合物。虽然上述研究表明 DTPA对铁离子活性的抑制效率高于 IDS，但是由于 IDS 与铁离子能够形成不溶于水的沉淀，可能进一步阻止了铁离子参与芬顿反应，这也解释了为何 IDS-DCOI 处理材中 DCOI 降解率低于 DTPA-DCOI 处理材。以上研究表明，在研制有机-螯合绿色木材防腐剂时，铁离子螯合能力不是筛选螯合剂的唯一指标，但其具体筛选方法有待深入探究。

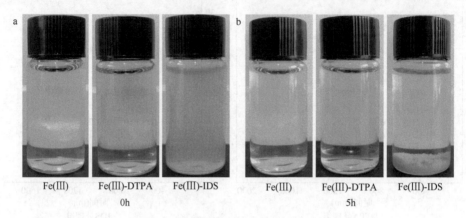

图 6-32　螯合剂与铁复配溶液外观图

（六）螯合剂及复配体系的抑菌活性

分别配制 200mg/L DCOI、200mg/L DTPA、200mg/L IDS、400mg/L DCOI-DTPA（1∶1）及 400mg/L DCOI-IDS（1∶1）溶液，采用滤纸片法测定不同复配体系的抑菌活性。

结果如图 6-33 所示，培养 4d 后，螯合剂 DTPA 和 IDS 处理组平板已完全被菌丝铺满，未出现有效抑菌圈，表明两种螯合剂在此浓度下均不具备抑菌活性。同时，复配处理组平板中抑菌圈的大小与单独杀菌剂处理组相近，再次证实了螯合剂不具备抑菌活性，且对杀菌剂的抑菌活性无显著影响。随着培养时间的延长，抑菌圈直径逐渐减小，有机杀菌剂抑菌时效变短，这表明延长杀菌剂的防腐时效十分必要。由上述实验结果推测，螯合剂对有机杀菌剂的增强机理主要是螯合剂通过离子钝化作用阻断了褐腐菌非酶降解活动。

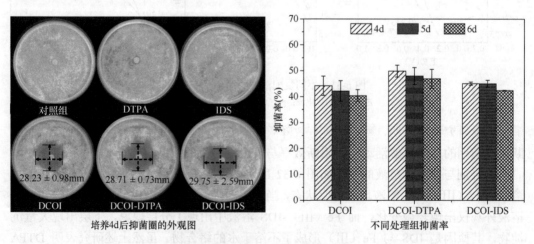

图 6-33　不同处理组的抑菌活性

综上所述，本研究制备的有机-螯合绿色高效木材防腐剂可有效提升速生材的耐腐性能，其作用机制如图 6-34 所示：螯合剂与铁离子形成了稳定的络合物，一方面限制了真菌对环境中铁离子的摄取与转运，另一方面降低了可利用铁离子的反应活性，从而极大地降低了木材中的活性氧自由基水平，在保护木材的同时阻碍了有机杀菌剂的氧化降解，实现了木材的绿色长效防腐。

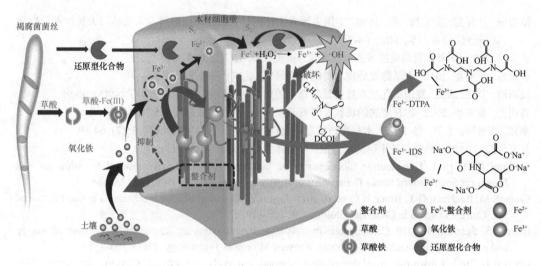

图 6-34　有机-螯合绿色高效木材防腐剂的作用机制（详见书后彩图）

本章以速生材马尾松、杉木和杨木作为研究对象，从木材外观形貌、细胞组织结构、微观及超微观结构等方面系统研究了木腐菌对速生材结构的破坏机理，揭示了不同腐朽菌作用下速生材的多维弱相结构，明确了褐腐菌作用下速生材弱相结构失效机制，在此基础上针对性地研发了有机-螯合绿色高效木材防腐剂，显著增强了速生材的耐腐性能。

主要结论如下。

（1）杉木与马尾松木材试件在遭受褐腐菌侵染时造成的质量损失远高于白腐菌，而杨木在白腐菌与褐腐菌作用下的质量损失相近，表明微生物作用下速生材弱相结构失效机制具有多样性，与腐朽菌的类型、树种均相关。

（2）与天然林木材相比，速生马尾松木材弱相结构更易遭受褐腐菌的破坏，从细胞组织层面弱相结构为早材的薄壁细胞组织，从细胞微观结构层面，其弱相结构是纹孔、复穿孔及次生壁 S_2 层，从化学组成层面，其弱相结构为无定形区半纤维素。

（3）铁基类芬顿反应是褐腐菌快速降解马尾松木材的重要途径。褐腐菌在木材中定殖后，通过摄取和转运土壤中的铁离子，促进铁基类芬顿反应，导致无定形区半纤维素、无定形区纤维素及结晶区纤维素依次发生降解，并向细胞腔释放低分子还原糖供菌丝生长，进一步加快了马尾松木材弱相结构的失效过程。

（4）制备了有机-螯合绿色高效木材防腐体系。基于木材弱相结构失效机制，有针对性地提出了有机杀菌剂与螯合剂协同防腐策略，制备了水性有机-螯合绿色高效木材防腐体系，研究表明该体系具有优异的稳定性、抑菌性和渗透性，使得处理材达强耐腐级（Ⅰ级）。防腐作用机制为螯合剂利用离子钝化作用抑制了铁离子的摄取与还原，从而保护了木材弱相结构和有机杀菌剂免遭自由基降解，实现了螯合剂与杀菌剂协同增强木材防腐性能的目的。

主要参考文献

鲍甫成, 江泽慧, 姜笑梅, 等. 1998. 中国主要人工林树种幼龄材与成熟材及人工林与天然林木材性质比较研究. 林业科学, 34(2): 63-76.

曹金珍. 2006. 国外木材防腐技术和研究现状. 林业科学, 42(7): 120-126.

曹金珍, 于丽丽. 2010. 水基防腐处理木材的性能研究. 北京: 科学出版社.

崔海鸥, 刘珉. 2020. 我国第九次森林资源清查中的资源动态研究. 西部林业科学, 49(5): 90-95.

蒋明亮, 费本华. 2002. 木材防腐的现状及研究开发方向. 世界林业研究, 15(3): 44-48.

李伟, 李贤军, 王望, 等. 2022. 木材腐朽机理研究现状及展望. 世界林业研究, 35(2): 64-69.

吴义强. 2021. 木材科学与技术研究新进展. 中南林业科技大学学报, 41(1): 1-28.

Cowling E B. 1961. Comparative biochemistry of the decay of sweetgum sapwood by white-rot and brown-rot fungi. United States Department of Agriculture Technology Bulletin, 1258: 85.

Cragg S M, Beckham G T, Bruce N C, et al. 2015. Lignocellulose degradation mechanisms across the tree of life. Current Opinion in Chemical Biology, 29: 108-119.

Duncan S, Schilling J. 2010. Carbohydrate-hydrolyzing enzyme ratios during fungal degradation of woody and non-woody lignocellulose substrates. Enzyme Microbial Technology, 47(7): 363-371.

Goodell B. 2003. Brown-rot fungal degradation of wood: our evolving view. ACS Symposium Series, 845: 97-118.

Goodell B. 2020. Fungi involved in the biodeterioration and bioconversion of lignocellulose substrates. In: Benz J P, Schipper K. Genetics and Biotechnology. Cham: Springer.

Goodell B, Jellison J, Liu J, et al. 1997. Low molecular weight chelators and phenolic compounds isolated from wood decay fungi and their role in the fungal biodegradation of wood. Journal of Biotechnology, 53(2): 133-162.

Goodell B, Zhu Y, Kim S, et al. 2017. Modification of the nanostructure of lignocellulose cell walls via a non-enzymatic lignocellulose deconstruction system in brown rot wood-decay fungi. Biotechnology for Biofuels and Bioproducts, 10: 179.

Hegnar O A, Goodell B, Felby C, et al. 2019. Challenges and opportunities in mimicking non-enzymatic brown-rot decay mechanisms for pretreatment of Norway spruce. Wood Science and Technology, 53(2): 291-311.

Hibbett D S, Donoghue M J. 2001. Analysis of character correlations among wood decay mechanisms, mating systems, and substrate ranges in Homobasidiomycetes. Systematic Biology, 50(2): 215-242.

Kaneko S, Yoshitake K, Itakura S, et al. 2005. Relationship between production of hydroxyl radicals and degradation of wood, crystalline cellulose, and a lignin-related compound or accumulation of oxalic acid in cultures of brown-rot fungi. Journal of Wood Science, 51(3): 262-269.

Nagy L G, Riley R, Bergmann P J, et al. 2017. Genetic bases of fungal white rot wood decay predicted by phylogenomic analysis of correlated gene-phenotype evolution. Molecular Biology Evolution, 34(1): 35-44.

Schultz T P, Nicholas D D, Preston A F. 2007. A brief review of the past, present and future of wood preservation. Pest Management Science, 63(8): 784-788.

Smith S T. 2020. Water-borne wood preservation and end-of-life removal history and projection. Engineering, 12(2): 117-139.

Xu H, Zhu Y, Li W, et al. 2022. Novel and green system for protecting wood against *Gloeophyllum trabeum* by combining biodegradable isothiazolinone with nontoxic chelators. ACS Sustainable Chemistry &

Engineering, 10(50): 16853-16861.

Zelinka S L, Jakes J E, Kirker G T, et al. 2021. Oxidation states of iron and manganese in lignocellulose altered by the brown rot fungus *Gloeophyllum trabeum* measured *in-situ* using X-ray absorption near edge spectroscopy (XANES). International Biodeterioration & Biodegradation, 158: 105162.

Zhu Y, Li W, Meng D, et al. 2022. Non-enzymatic modification of the crystalline structure and chemistry of Masson pine in brown-rot decay. Carbohydrate Polymers, 286: 119242.

Zhu Y, Mahaney J, Jellison J, et al. 2017. Fungal variegatic acid and extracellular polysaccharides promote the site-specific generation of reactive oxygen species. Journal of Industrial Microbiology Biotechnology, 44(3): 329-338.

Zhu Y, Plaza N, Kojima Y, et al. 2020. Nanostructural analysis of enzymatic and non-enzymatic brown rot fungal deconstruction of the lignocellulose cell wall. Frontiers in Microbiology, 11: 1389.

Zhu Y, Xue J, Cao J, et al. 2017. A potential mechanism for degradation of 4, 5-dichloro-2-(n-octyl)-3[2H]-isothiazolone (DCOIT) by brown-rot fungus *Gloeophyllum trabeum*. Journal of Hazardous Materials, 337: 72-79.

Zhu Y, Zhuang L, Goodell B, et al. 2016. Iron sequestration in brown-rot fungi by oxalate and the production of reactive oxygen species (ROS). International Biodeterioration & Biodegradation, 109: 185-190.

第七章　光老化作用下的木材弱相结构及其失效机制

　　木材是地球上最重要的可再生生物材料，是四大建材之中唯一的生物材料，因其独有的可再生性及美观的天然纹理备受人们青睐，是一种十分重要的绿色环保材料，不但广泛应用于日常生活的各个领域，还应用于各类工业生产，提高了人类的生产和生活水平。

　　近年来随着人民生活质量的提升和城市生活节奏的加快，人们对自然环境的向往日趋强烈，对建筑材料及户外庭院生活的追求也逐渐提升，木材制品在户外产品的使用中起到了越来越重要的作用。木材颜色与纹理对木材的鉴定和美学效果十分重要，某种程度上决定了木材的商业价值。但木制产品在户外使用过程中会受到环境条件的影响，光照、温度、水分、微生物等自然因素都会对木材的材色材质造成损害，导致其发生褪色变色、翘曲开裂、强度降低等现象，严重限制了木材的使用范围，缩短了木材的使用寿命，造成了经济损失和资源浪费，因此对木材进行耐老化处理十分必要。为了更有针对性地进行木材耐老化处理，本章以我国常用的杨木和杉木为材料，探索了光老化作用下的木材弱相结构及其失效机制。

第一节　光老化作用下的木材弱相结构

　　人工速生林木材生长周期短，但密度低、机械强度低，并且易变形、腐朽和变色。基于以上特点，速生林木材广泛应用于生产胶合板、纤维板、刨花板，以及木质复合材料的芯材。然而，由于近年来市场对高质量木制品的需求增加，速生林木材通过重组制造层压材或集成材等实现了提质增效的目的。对于高附加值木制品的使用性能来讲，尤其是在户外使用中，速生材的表面耐候性是重要的考虑因素之一。近几十年来，木材的老化已经得到了广泛研究（Hon et al., 1982; Evans et al., 2005; Cogulet et al., 2018; Kropat et al., 2020）。老化涉及各种环境因素，如阳光、温度、湿度和生物侵蚀等（Evans, 2013），其中阳光中的紫外辐射以及水（湿度）对其影响最大。木材中的木质素是一种紫外吸收剂，是木材中发生老化的主要组分（Müller et al., 2003）。木质素的光老化过程包括紫外光催化下的自由基形成和氧化，使其降解产生醌类物质（Feist and Hon, 1984），而该发色基团使老化后木材呈褐色（Xie et al., 2005）。组分的降解会导致木材细胞结构破坏，水的冲刷使木材表面变粗糙甚至发生开裂（Evans et al., 2005; Csanády et al., 2015）。研究表明，老化现象主要发生在木材表面，穿透深度约 $100\mu m$（Hon and Ifju, 1978）。因此，相较于腐朽和昆虫侵蚀等，老化不会对木材造成实质性损害，但会导致木材表面变色、表面粗糙度增加和光泽度降低等（Cogulet et al., 2018）。这些老化行为多从木材的弱相结构开始，逐渐扩展至整个木材表面。本节从宏观和微观角度对环境因素影响下木材的老化弱相结构进行了探究。

一、木材老化处理

选择纹理平直、无缺陷的木材部位，将杨木和杉木加工成尺寸约为 10mm（L）×20mm（T）×20mm（R）的试样。将试样放入烧杯中，加入蒸馏水，置于真空干燥箱中真空处理 12h，取出后继续浸泡 2d 后试切，若切割自如则软化合适。利用单面刀片将木块制成尺寸为 5mm×5mm×5mm 的木块，将一次性切片刀片安装在滑走式切片机上，调节夹具使木块与刀片靠近，且切面与刀片平行。对大木块，每次调节样品移动距离为100μm，得到 100μm 厚的木材径切面切片。对小木块，将上表面抛光，风干后得到可用于 SEM 观察的样品，分别制备了杨木和杉木的横、径、弦切面样品。

将扫描电镜样品底部粘在石英片上，固定在样品架上。根据《塑料 实验室光源暴露试验方法 第 3 部分：荧光紫外灯》（GB/T 16422.3—2014），利用 QUV 人工加速老化仪对样品进行老化处理。设置紫外辐射最大吸收波长为 340nm，强度 0.76W/(m²·nm)，分别用两种程序对样品进行老化处理。程序 1 为不间断紫外辐射；程序 2 老化过程每 12h 为一循环，包括 8h 紫外辐射，15min 水喷淋和 3.75h 冷凝。每隔一段时间取出一批样品，扫描得到切片表面图像，对老化不同时间的切片宏观颜色和形貌变化进行观察，利用扫描电子显微镜观察老化过程中两种木材的微观形貌变化。

二、老化木材的形貌变化

（一）宏观形貌

老化后杨木和杉木的切片照片如图 7-1 所示。观察两种老化过程后的木材切片可知，紫外老化过程中，随着老化时间的延长，杨木和杉木切片颜色呈现变深趋势，且能观察到老化后两种木材早晚材颜色差异更明显。相同时间老化后的杉木切片颜色变化程度较杨木更大。紫外/水老化后，两种木材颜色先加深后变浅，早晚材颜色差异变化更明显，且可观察到老化 96h 后切片上有裂缝产生，老化 320h 后切片基本变成丝状难以成型。由此可知，在宏观上早晚材交界处是木材老化中的弱相结构之一。

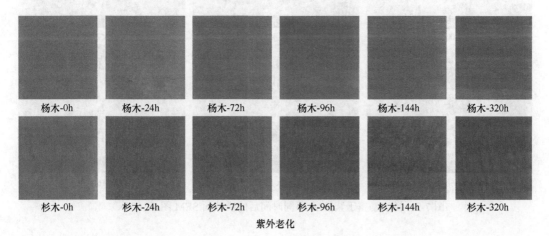

杨木-0h　杨木-24h　杨木-72h　杨木-96h　杨木-144h　杨木-320h

杉木-0h　杉木-24h　杉木-72h　杉木-96h　杉木-144h　杉木-320h

紫外老化

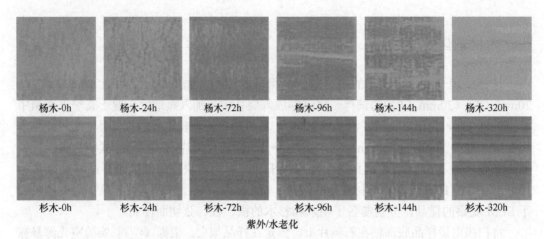

图 7-1　老化不同时间后杨木和杉木切片照片（详见书后彩图）

（二）微观形貌

用导电胶带将木材样品固定到扫描电子显微镜（EM-30 Plus，COXEM，韩国）专用样品架上，喷金处理后，在 5kV 的加速电压下观察两种木材老化前后的微观形貌。横切面上选取木纤维（无导管部位）和管胞进行观察。两种木材横切面紫外老化和紫外/水老化后微观形貌都发生了明显变化。图 7-2 和图 7-3 是经过紫外/水老化后杨木和杉木横切面的电镜图。可以观察到两种木材老化前细胞之间结合比较紧密。老化 24h 后，木材胞间层角隅处开始出现空洞；72h 后胞间层开始出现明显分离，随着老化时间的延长分离逐渐扩大。到 96h 后，杨木细胞之间已经出现很明显的分离现象，相比起来杉木的变化程度较弱，在老化 168h 后才表现出较大程度的分离。老化至 168h 后，杨木

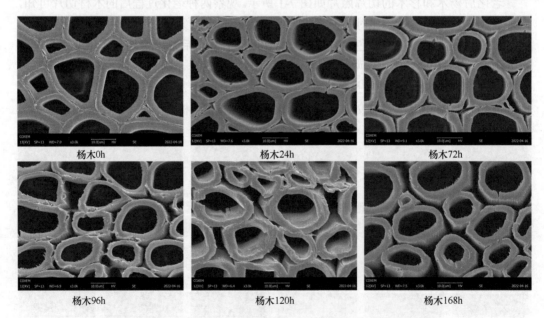

图 7-2　杨木暴露于紫外/水不同时间后的横截面 SEM 图（3000×）

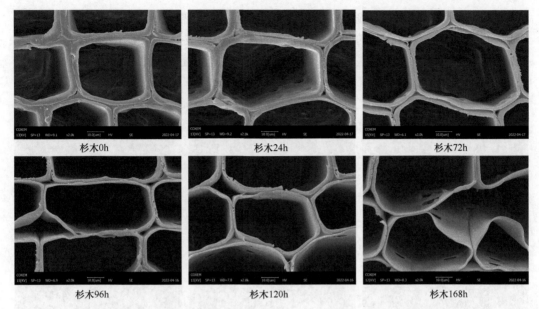

图 7-3　杉木早材管胞暴露于紫外/水不同时间后的横截面 SEM 图（2000×）

多个细胞间已经出现完全分离，此外还能观察到细胞壁厚度变薄。因此可认为胞间层是木材老化过程中微观上的弱相结构之一。

　　此外，在放大倍数较小（500×）的老化 168h 后的杨木横切面 SEM 图像中可以观察到沿着木射线方向出现的整排细胞间分离（图 7-4），这可能导致宏观上木材的微裂。还能观察到导管细胞较木纤维细胞发生了更大程度的皱缩和细胞分离。因此木材老化中的微观弱相结构还包括木射线和导管细胞。

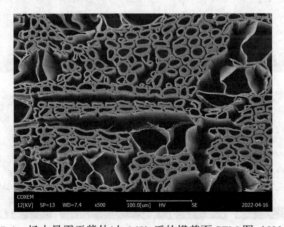

图 7-4　杨木暴露于紫外/水 168h 后的横截面 SEM 图（500×）

　　图 7-5 和图 7-6 是老化后木材径切面纹孔的形态变化。未老化杨木导管上的单纹孔纹孔缘和纹孔膜完整。老化 24h 后，纹孔膜出现褶皱和微小破损，并随老化时间延长逐渐扩展，96h 后上述现象更加明显。同时纹孔缘上开始出现沿着对角线方向的开裂，随老化时间延长裂纹逐渐扩大，到 120h 出现了贯穿两个纹孔的裂纹，且纹孔膜几乎完全破

裂，168h 后纹孔呈现大幅度破坏，出现贯穿整排纹孔的开裂。杉木管胞上的具缘纹孔在老化24h 后开始出现纹孔塞的破坏和纹孔缘的开裂，之后破损情况和开裂范围逐渐扩大，72h 后纹孔塞完全消失。这些现象表明在径向上，纹孔也是木材老化的弱相结构之一。

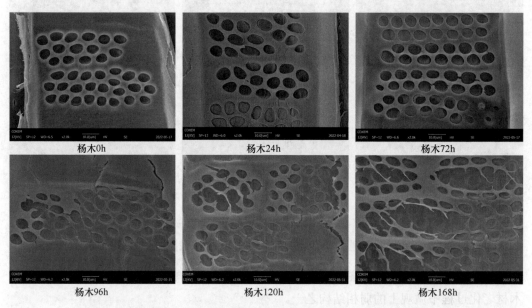

图 7-5　杨木导管暴露于紫外/水不同时间后的径切面 SEM 图（2000×）

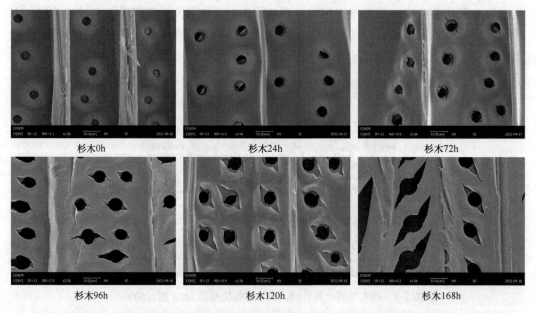

图 7-6　杉木早材管胞暴露于紫外/水不同时间后的径切面 SEM 图（2000×）

综上所述，杨木与杉木在紫外线和水等环境因素下会发生老化行为，导致结构上发生劣化。如示意图 7-7 所示，两者在组织上的老化弱相结构为轮界区，细胞层面上的弱相结构为射线薄壁细胞，在杨木中还包括导管细胞，细胞壁层上的弱相结构为胞间层和纹孔。

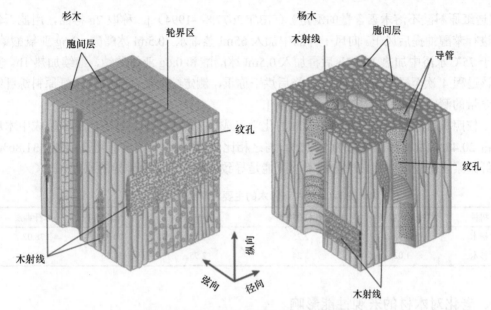

图 7-7　杨木和杉木的老化弱相结构示意图

第二节　光老化作用下木材弱相结构的失效机制

木材光老化是在光照条件下，水分、温度、微生物等环境因素协同影响导致的木材组分降解的过程，会使木材表层一定深度内由于化学反应产生材色和性质的变化。木材老化是一个自由基反应过程，包括自由基的形成、化学键的断裂和重新组合。本节在老化弱相结构的基础上探讨了杨木与杉木在紫外光和水的老化处理下形貌、结构及组分的失效形式，并对其失效机制进行了总结。

一、木材化学组分分析

根据标准 GB/T 2677 对杨木和杉木的化学组成进行了测定分析。用粉碎机制备 40～60 目的杨木和杉木木粉作为样品。称取 2g 样品，加入 300ml 蒸馏水，保持温度为 23℃±2℃，放置 48h，过程中不断摇荡。过滤洗涤后在 105℃烘箱中烘干后计算得到的冷水抽出物含量；加入 200ml 95～100℃的蒸馏水，置于沸水浴中加热 3h，过程中不断摇荡。过滤洗涤后在 105℃烘箱中烘干得到热水抽出物含量[《造纸原料水抽出物含量的测定》（GB/T 2677.4—1993）]。称取样品 3g，用经苯醇溶液（苯：乙醇=2：1）抽提过的滤纸包好，利用索氏抽提装置抽提 6h。将抽提液旋转蒸发后在 105℃烘箱中烘干称重，计算苯醇抽提物含量[《造纸原料有机溶剂抽出物含量的测定》（GB/T 2677.6—1994）]。称取样品 1g，用滤纸包好进行苯醇抽提后风干。在抽提后的样品中加入 12～15℃的 72%±0.1%硫酸。置于 20℃水浴中保温 2h。然后向体系中加入蒸馏水至总体积为 560ml。置于电热板上煮沸 4h，其间不断加水保持总体积为 560ml，静置使酸不溶木质素沉淀。过滤洗涤至滤纸边缘不再呈酸性，在 105℃烘箱中烘干后称重，测得酸不溶木质素含量

[《造纸原料酸不溶木素含量的测定》（GB/T 2677.8—1994）]。称取 2g 样品，用滤纸包好进行苯醇抽提后风干。向风干样品中加入 65ml 蒸馏水，0.5ml 冰醋酸，0.6g 亚氯酸钠。置于 75℃水浴中加热 1h。1h 后再加入 0.5ml 冰醋酸和 0.6g 亚氯酸钠，继续加热 1h。重复该过程 4 次至样品变白。过滤洗涤后烘干称重，测定综纤维素含量[《造纸原料综纤维素含量的测定》（GB/T 2677.10—1995）]。

依照标准分别测定的杨木和杉木的化学组成如表 7-1 所示。杨木的化学组成中木质素占 20.48%，综纤维素含量为 78.02%。与之相比，杉木的木质素含量更高，约为 31.86%，综纤维素含量较低。组成成分的不同可能是导致木材老化行为差异的原因之一。

表 7-1 杨木和杉木的主要化学组成（%）

树种	冷水抽提物	热水抽提物	苯醇抽提物	木质素	综纤维素
杨木	0.98	2.25	1.78	20.48	78.02
杉木	1.02	3.24	2.95	31.86	62.25

二、老化对木材的宏观性能影响

（一）失重率

加工尺寸为 25mm（R）×25mm（T）×15mm（L）的杨木和杉木木块。将木块浸泡在水里，置于真空干燥箱中进行 12h 的抽真空处理，取出后再在空气中放置 24h。用滑走式切片机制备 100μm 厚的径切面切片，得到尺寸为 25mm（R）×15mm（T）×100μm（L）的杨木和杉木切片用于质量损失和颜色测试，另外制备尺寸为 5mm×5mm×5mm 的木块样品用于 SEM 观察。利用索氏抽提装置对切片进行抽提，以避免木材中的抽提物对实验结果产生影响。抽提液为苯和乙醇体积比为 2：1 的苯醇混合液。抽提后在 60℃下烘干 4h。

将制备的切片置于两片石英片之间，石英片左右两侧用胶带固定，上下留出空隙保证水分进入。根据标准 GB/T 16422.3—2014，利用 QUV 人工加速老化仪对切片和小木块进行紫外老化和紫外/水老化处理。设置紫外辐射最大吸收波长为 340nm，强度为 0.76W/(m²·nm)。紫外/水老化过程每 12h 为一循环，包括 8h 紫外辐射，15min 水喷淋和 3.75h 冷凝。紫外和紫外/水老化过程分别进行 168h，每隔 24h 分别取出一组样品进行测试。由于切片质量较小，为保证数据准确性，每次取出样品后平衡 2h 再称量每片切片的气干质量，103℃烘干后立即测量 40 片切片的总绝干质量，通过平衡含水率的计算得到每片切片的绝干质量。

单独紫外老化后，杨木和杉木表现出了相似的质量损失率（图 7-8a）。72h 老化后，两种木材的质量损失率快速增加到了 8%左右，这是由于木材组分（主要是木质素）易受紫外辐射的影响发生光降解（Evans et al.，1992）。之后的老化过程中，质量损失保持相对稳定，可能是由于木质素降解后木材表面留下了更多的多糖类物质。老化 168h 后，两种木材的质量损失率均达到 10%左右。组分分析的数据显示，杨木和杉木中的木质素含量分别为 20.48%和 31.86%，因此可以判断紫外老化后木材切片中的木质素没有完全被降解，部分非挥发性成分还残留在木材表面。

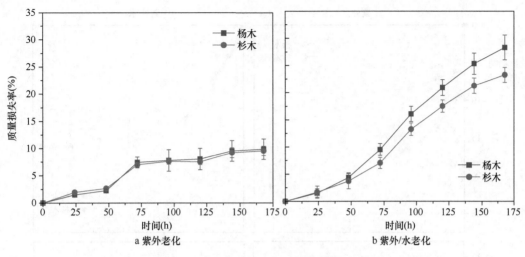

图 7-8　杨木和杉木老化 168h 后的质量损失率

与单独紫外老化的木材相比,紫外/水老化的木材在老化过程中显示出质量损失率的持续增加(图 7-8b)。经过 168h 的老化,杨木和杉木的质量损失率分别达到了 28%和 23%,明显高于单独紫外老化后的质量损失率,这是由于水喷淋的存在会将降解产物冲刷掉。杨木的质量损失率更高可能是杨木中木质素含量较低导致了其更快的降解,使其微观结构破坏程度更高,在水的协同作用下切片组织部分被冲走,完整性更低,从老化切片的宏观形貌中也可观察到这一点。

(二)颜色变化

利用扫描仪和分光测色仪对老化不同时间的样品进行图片扫描记录和色差检测。色差的比较采用 CIE $L*a*b*$ 系统进行评价,L 为明度指数,a 和 b 是色品指数,分别代表红绿指数和黄蓝指数。在两种木材切片中各选取 5 片颜色均一且相近的切片进行测试,测量其初始颜色参数后每隔一段时间从老化仪中取出再次测试,在测色点做标记以保证每次选取相同的点进行测试。色差值按 $\Delta E=[(\Delta L)^2+(\Delta a)^2+(\Delta b)^2]^{1/2}$ 计算。

根据测色仪得到的测试结果(图 7-9)可以具体分析老化过程中杨木和杉木的颜色变化情况。测试时选取同一试样作为标准样品。两种木材的明度随老化时间延长均不断降低,紫外老化过程中杨木切片老化 288h 后的 L 值降低了 9.15,之后基本保持稳定,杉木切片的 L 值在 504h 老化过程中持续下降,共计降低 21.36。紫外/水老化过程中 L 值先降低后升高,杨木和杉木分别以老化 96h 和 168h 为转折点,杨木的 L 值在老化 96h 后降低了 11.54 而后逐渐升高,杉木的 L 值在老化 168h 降低了 14.71 而后逐渐升高。

a 和 b 的值分别代表红绿指数和黄蓝指数。紫外老化过程中杨木和杉木的 a 值都逐渐变大,b 值呈现先升高再略微降低然后趋于稳定的变化,总体上两种木材的红色和黄色色度增加,紫外/水老化后 a、b 值都先升高后降低。ΔE 代表样品与标准品的色差值。两种木材在紫外老化 24h 后,色差值大幅度上升,72h 之内继续上升。72h 之后杨木 ΔE 的值基本保持稳定,504h 后上升到 16.89。杉木 ΔE 值在 504h 老化时间内持续上升,从

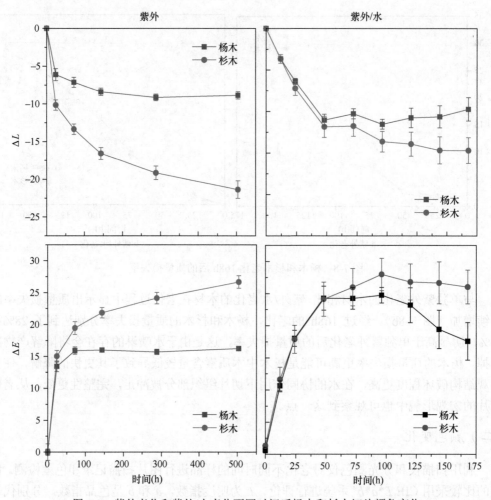

图 7-9　紫外老化和紫外/水老化不同时间后杨木和杉木切片颜色变化

1.83 增加到 28.51。紫外/水老化过程中，杨木和杉木的色差值在初期升高，老化 96h 后分别升高了 24.76 和 27.98，而后开始降低。ΔE 的增加可归因于发色基团的积累，这些发色基团主要来自木质素和半纤维素的紫外光氧化（Müller et al.，2003；Tolvaj and Mitsui，2005）。在紫外光照射下，杉木比杨木更容易褪色，这可能是因为它们的密度和木质素含量均不同（Pandey，2005；Arpaci et al.，2021）。老化过程中木材受紫外光影响产生醌类物质，导致颜色加深（Ayadi et al.，2003）。水存在的情况下，降解产生的小分子物质在老化初期不断积累，后期被逐渐冲刷去除，白色的纤维素更多地暴露导致了颜色的变化。

三、老化对木材微观性能的影响

（一）扫描电子显微镜分析

加工尺寸为 25mm（R）×25mm（T）×15mm（L）的杨木和杉木木块。软化处理后，用滑走式切片机制备尺寸为 5mm×5mm×5mm 的小木块，抛光横切面和径切面用于 SEM 观察。将 SEM 样品底部粘在石英片上，固定在样品架上。根据标准 GB/T 16422.3—2014，利用 QUV 人工加速老化仪对切片和小木块进行紫外老化和紫外/水老化处理。紫外和紫外/水老化过程分别进行 504h 和 168h，每隔一段时间，分别取出一组样品进行测试。观察杨木和杉木细胞的 SEM 图像，研究其老化后的微观形貌变化。横切面上选取木纤维（无导管部位）和管胞进行观察。两种木材横切面紫外老化和紫外/水老化后微观形貌都发生了明显变化（图 7-10）。

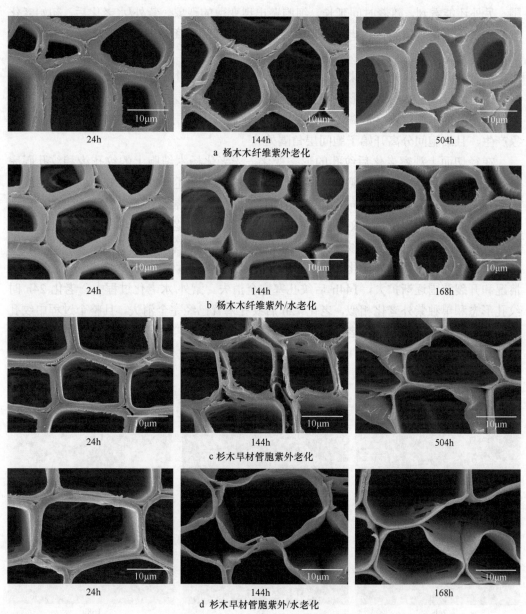

图 7-10　杨木木纤维和杉木早材管胞老化不同时间后横截面 SEM 图

　　杨木老化前细胞之间结合比较紧密,紫外老化过程中,24h 内基本上还未发生变化。随着老化时间的延长,杨木细胞之间逐渐出现分离现象,72h 后开始出现微弱的分离,分离从胞间层角隅处开始发生。继续老化后细胞间的分离现象逐渐扩大,到 504h 分离现象不仅发生在角隅处,整个细胞都出现分离。紫外/水老化过程中,杨木胞间层角隅处的分离出现在老化 24h 后,而后分离现象扩展,至老化 168h 出现细胞之间的完全分离。

　　杉木的老化情况总体上与杨木一致。SEM 图中显示的都是杉木早材部分形貌,同样能明显看出老化过程中木材细胞之间的分离从胞间层角隅开始,而后逐渐扩大分离范围。另外还能看到,随着时间延长,细胞壁出现变薄的现象。紫外/水老化后,初始老化阶段与紫外老化现象类似,老化 144h 后细胞结构间的分离及细胞壁厚度变化较单独紫外老化过程更明显。

　　结合红外及拉曼光谱结果可知,老化后木材中主要发生了木质素及少量半纤维素的降解,由此导致了木材微观形貌的变化。细胞壁的次生壁层中木质素含量最高,胞间层尤其是角隅处木质素浓度最高,因此会导致老化后细胞壁层的变薄和细胞之间的分离现象产生,且细胞间分离开始于胞间层角隅处。

　　在径切面上观察老化后纹孔的形态变化。未老化杨木细胞上的纹孔缘和纹孔膜完整。老化 24h 后,纹孔膜出现褶皱和微小破损。72h 后上述现象更加明显。144h 后纹孔缘上开始出现沿着对角线方向的开裂,且随老化时间延长裂纹逐渐扩大,到 504h 出现了贯穿两个纹孔的裂纹,且纹孔膜基本完全破裂。紫外/水老化 24h 后即出现纹孔膜的破坏和纹孔缘的微裂,144h 后纹孔呈现大幅度破坏,出现贯穿一排纹孔的开裂(图 7-11)。杉木管胞上的纹孔在紫外老化 24h 后开始出现纹孔塞的破坏和纹孔缘的开裂,之后破损情况和开裂范围逐渐扩大,144h 后纹孔塞完全消失。紫外/水老化过程中,老化 24h 时纹孔形态和单独紫外老化相似,老化 72h 后纹孔塞就已经完全消失,且整个过程中纹孔缘的开裂程度高于单独紫外老化后的样品(图 7-12)。

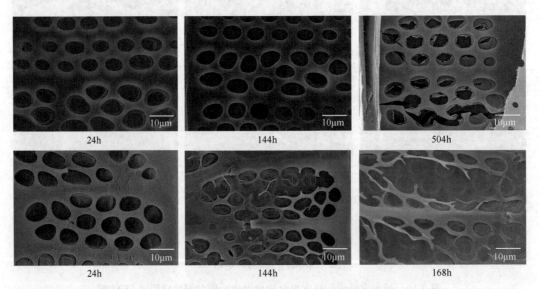

图 7-11　杨木导管暴露于紫外和紫外/水不同时间后径切面 SEM 图

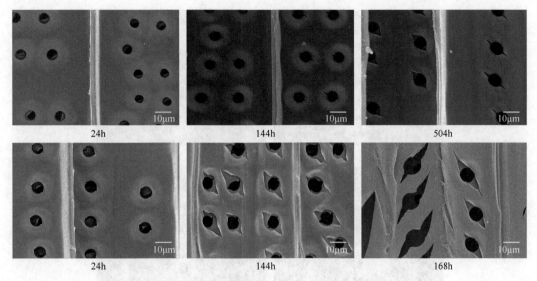

图 7-12　杉木管胞暴露于紫外和紫外/水不同时间后径切面 SEM 图

（二）荧光显微镜分析

有些生物体内物质受激发光照射后可直接产生荧光，称为自发荧光。酚类物质能产生自发荧光，对于木材来说，由于木质素的存在，可利用荧光显微镜下观察到的自发荧光的强弱来判定细胞结构中木质素浓度的高低或含量的多少。利用滑走式切片机制备厚度为 20μm 的杨木和杉木横切面切片，置于 QUV 人工加速老化仪中进行紫外光照射处理后用荧光显微镜对老化前后的两种木材切片进行观察，得到的图像如图 7-13 和图 7-14 所示。

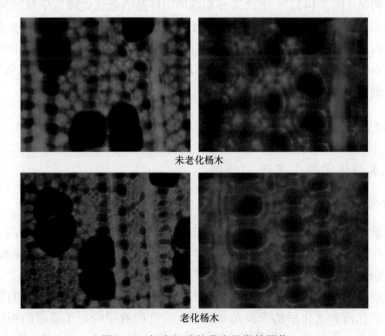

图 7-13　杨木切片的荧光显微镜图像

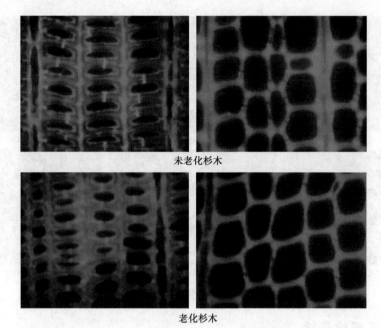

未老化杉木

老化杉木

图 7-14　杉木切片的荧光显微镜图像

从图 7-13 中可以看到，老化前的杨木切片中，胞间层和木射线细胞处荧光效应更强，尤其是胞间层角隅处，细胞壁上荧光强度较弱。经过老化处理的样品胞间层角隅处荧光变弱，整个横切面结构中颜色较均一，荧光强度差距减小。杉木横切面荧光显微图像也呈现类似的结果。晚材部分可观察到胞间层处荧光强度较强，角隅处的强荧光在早材部分更为明显（图 7-14）。由于此部分观察所用样品的老化处理为单独紫外老化处理，因此老化前后木材细胞结构上的劣化现象不明显，但老化后样品胞间层处荧光强度减弱，整个结构上荧光图像颜色变均一。上述结果表明，在木材结构中，胞间层尤其是角隅处的木质素浓度更高，而在老化处理后木质素发生的降解行为导致荧光效应减弱，且老化行为从胞间层处开始发生。

四、老化对木材化学组成的影响

（一）老化木材化学组成变化

1. 红外光谱分析

分别将紫外加速老化后的样品剪成 3mm×3mm 的试样，对切片受照射的一面进行傅里叶变换红外光谱仪（FTIR）表征，如图 7-15 所示。FTIR 扫描分辨率为 $4cm^{-1}$，扫描速度为 32 次/min，扫描范围 $4000\sim550cm^{-1}$，每组重复 2 次。

未老化的杨木和杉木的红外光谱有许多相似的特征，但这两种木材的聚合物组成差异很大。老化前和老化后的表面光谱表明，一些吸收带经历了显著的强度变化。两种木材在 $1734cm^{-1}$ 处显示出羰基的特征吸收峰（图 7-15a，图 7-15b）。单独紫外

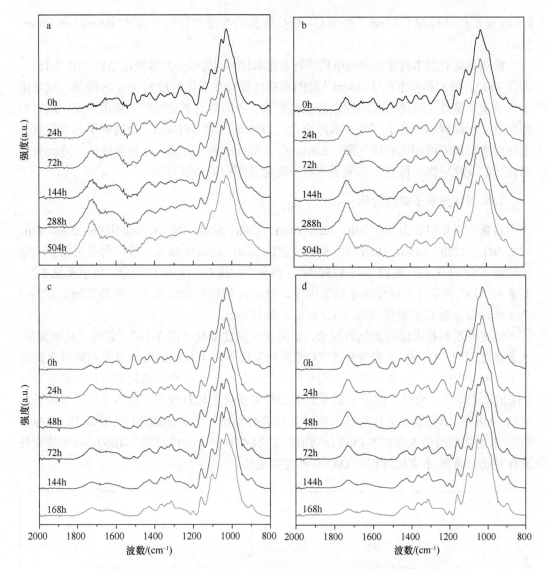

图 7-15　紫外老化与紫外/水老化过程中杨木和杉木切片的 FTIR 谱图

a. 紫外老化杨木；b. 紫外老化杉木；c. 紫外/水老化杨木；d. 紫外/水老化杉木

照射后，羰基峰强度随着老化时间延长逐渐增加，这主要归因于木质素被光氧化转化为醌类化合物（Horn et al.，1994）。1593cm^{-1} 和 1510cm^{-1} 处为木材中木质素的芳香骨架振动特征峰，它们在两种木材中的强度随着老化时间的延长而减弱（图 7-15a，图 7-15b）（Xie et al.，2005）。杨木在 1510cm^{-1} 处的特征峰在老化 72h 后消失，而杉木则一直保留到 144h，这表明针叶材杉木中的木质素比阔叶材杨木中的木质素更耐紫外光。

半纤维素在 1264cm^{-1} 处 C—O 伸缩振动峰强度随着老化时间的延长而略微降低（图 7-15a），杉木中的这一峰值在老化 504h 后几乎消失（图 7-15b），这表明杨木中的半纤维素比杉木中的半纤维素更耐紫外光。在整个老化过程中，1365cm^{-1} 处纤维素的

C—H 变形振动峰和 1161cm^{-1} 处的 C—C 拉伸振动峰都没有显著变化（Baeza and Freer，2001）。

紫外/水老化的木材显示出与单独紫外老化木材不同的红外光谱变化趋势（图 7-15c，图 7-15d）。杨木和杉木在 1734cm^{-1} 处的羧基特征峰在老化的最初 48h 内增强，这是由于木质素的紫外光氧化形成的发色基团的积累。在随后的老化过程中强度降低，这可归因于进一步降解的小分子产物被水冲刷走。1593cm^{-1} 和 1510cm^{-1} 处的峰值与单独紫外老化后木材的峰值相比有所下降。1264cm^{-1}（半纤维素）处 C—O 拉伸峰的下降比紫外老化后的变化更快，可见水加速了木材在老化过程中的降解行为。

2. X 射线光电子能谱分析

将紫外老化时长为 0h、24h、72h、144h、288h、504h 和紫外/水老化 0h、24h、48h、72h、96h、120h、144h、168h 的木材切片剪成 3mm×3mm 的样品，然后利用 X 射线光电子能谱（XPS）先进行宽扫（0～1350eV），再分别扫描 C 元素和 O 元素，每组重复 2 次。元素 O 与 C 含量比由低分辨率光谱确定。对 C1s 峰进行曲线拟合，并将其解卷积为 4 个子峰，以分析 C 的氧化状态（Xie et al.，2012）。

测定杨木和杉木切片老化后的 O、C 元素含量比变化（图 7-16）。紫外老化和紫外/水老化过程中，O、C 元素含量比（O/C）均呈现不断上升的趋势，说明在紫外光的作用下，木材中的木质素和半纤维素同空气中的氧气分子发生自由基降解反应，从而导致 O1s 的比例增大。紫外光照射导致木材表面纤维素含量相对较高，而木质素含量降低。老化 144h 后，单独紫外老化后杨木和杉木 O/C 分别增加了 18.62% 和 27.61%（图 7-16a），紫外/水老化后的杨木和杉木 O/C 分别增加了 24.49% 和 45.61%（图 7-16b）。与单独紫外老化相比，紫外/水老化过程中 O/C 升高速率更快。

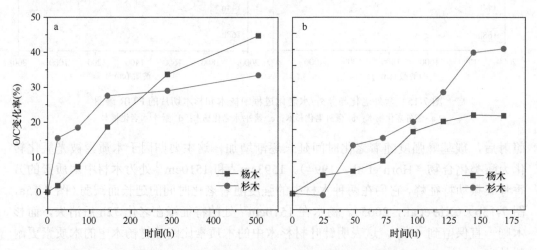

图 7-16　紫外老化（a）和紫外/水老化（b）过程中杨木和杉木切片的 O/C 变化

对 C1s 峰进行分峰处理得到的结果如图 7-17 所示。C1s 峰中的 4 个特征峰通常表示为 C1～C4，这些峰分别对应于 C—C 和/或 C—H（C1）、C—O（C2）、C═O 或/和 O—C—O（C3）、O═C—O（C4）。C1 峰对应于存在于木质素、半纤维素和抽提物中的碳（C—C）基团，如木质素和抽提物的脂肪酸和碳氢基团；C2 峰对应于木质素的 O—CH 基团和抽提物以及多糖的 C—O—C 键；C3 峰对应于木质素的—OCH 基团和 C—O—C 键（Kocaefe et al.，2013）。因此，C1 峰与木质素和抽提物的存在有关，C2 和 C3 则被认为主要来源于纤维素和半纤维素。杨木和杉木老化后，C1 组分的峰值都有所降低，这表明老化降解了木材的木质素，C2 和 C3 峰值增加，表明空气中的氧气分子参与了降解反应，木质素对紫外光所引起的降解比纤维素更为敏感。紫外/水老化过程中各个峰的变化情况比单独紫外老化更明显。

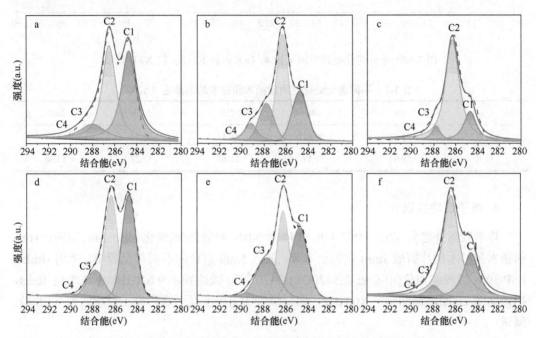

图 7-17　紫外老化和紫外/水老化过程中杨木和杉木切片的 C1s 图谱

a. 未处理杨木；b. 杨木紫外-504h 老化；c. 杨木紫外/水-168h 老化；
d. 未处理杉木；e. 杉木紫外-504h 老化；f. 杉木紫外/水-168h 老化

3. X 射线衍射

对老化不同时间的杨木和杉木切片进行 XRD 测试，设置辐射电压 40kV，辐射管电流 30mA，2θ 角扫描范围 5°～40°，步长 0.02°，扫描速率 2.0°/min，最后通过 Segal 公式计算样品的结晶度。

$$CrI=(I_{002}-I_{am})/I_{002}\times100 \tag{7-1}$$

式中，CrI 为样品相对结晶度；I_{002} 为结晶区的衍射峰强度；I_{am} 为无定形区的衍射峰强度。

木材细胞壁中基本纤丝在氢键和范德华力的共同作用下形成结晶区和非结晶区。图 7-18 是杨木和杉木老化处理不同时间后的 XRD 图像，表 7-2 是经计算后的两种木材的结晶度。未进行老化处理时，杨木的结晶度为 58.23%，杉木的结晶度为 50.92%。随着老化时间的延长，两种木材的结晶度都有所升高，老化至 168h 后，杨木和杉木的结晶度分别升至 63.94%和 53.66%，分别升高了 9.81%和 5.38%。这是由于老化处理后木材中无定型区包括木质素和半纤维素的降解导致结晶区厚度增加，相对结晶度升高。

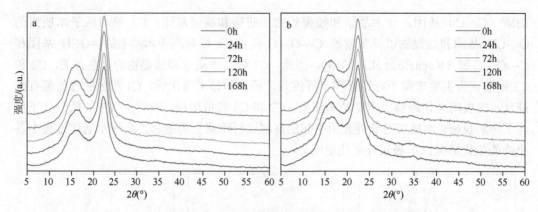

图 7-18 不同老化处理时间下杨木（a）和杉木（b）的 XRD 曲线

表 7-2 不同老化处理时间后杨木和杉木的结晶度（%）

	0h	24h	72h	120h	168h
杨木	58.23	59.81	59.14	63.84	63.94
杉木	50.92	51.17	52.60	53.27	53.66

4. 电子自旋共振

将单独紫外老化 0h、24h、72h、144h、504h 和紫外/水老化 0h、24h、72h、168h 的杨木和杉木切片剪成 3mm 宽的小木片，放入 5mm 直径的石英样品管中。采用 Bruker ESP-300x 波段能谱仪[中心磁场 3420G（1G=10^{-4}T），微波频率 9.62GHz，电压增益 40dB，扫描宽度 200G，调制频率 100kHz，调制幅度 1G]在室温下进行电子自旋共振（ESR）测试。

图 7-19 显示的是汞弧灯紫外光照射 1h 内，老化前后杨木和杉木单板的 ESR 光谱变化。未照射的杨木显示很弱的自由基信号，信号强度随着照射时间延长快速增加（图 7-19a）。强度的增加表明紫外光照射下木质素降解会形成苯氧基自由基（Kamdem and Grelier，2002；Ayadi et al.，2003）。紫外老化 504h 的杨木在汞弧灯的照射过程中信号强度的增加大幅度降低（图 7-19b），且老化时间越长的切片，信号强度的增强程度越小。这表明，老化后的木材切片中对紫外光敏感的成分减少。紫外/水老化 168h 的样品表现出与单独紫外老化 504h 的样品相当的强度。这也证明了在紫外光照射下，水会加速木材的降解。

与未紫外老化的杨木相比，未紫外老化的杉木表现出略强的信号强度，且强度也随着照射时间延长而增加（图 7-19d）。经过一个小时的汞灯照射后，单独紫外老化 504h 和紫外/水老化 168h 的样品信号强度的增加幅度也有所降低（图 7-19e，图 7-19f），但下降幅度小于杨木。这也支持了上面得到的结论，即杉木中的木质素比杨木中的木质素更耐紫外光降解。

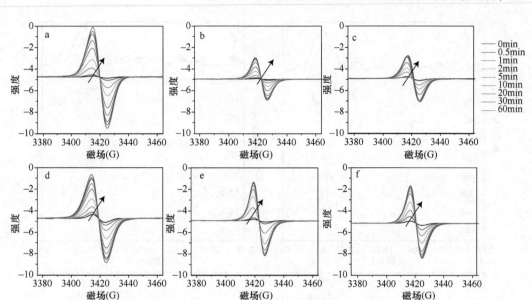

图 7-19　紫外和紫外/水老化前后的杨木和杉木原位照射过程中的 ESR 图谱

a. 未处理杨木；b. 杨木紫外-504h 老化；c. 杨木紫外/水-168h 老化；

d. 未处理杉木；e. 杉木紫外-504h 老化；f. 杉木紫外/水-168h 老化；

箭头表示紫外老化时间增加

（二）木材组分模拟物老化前后化学组成变化

1. 综纤维素制备

参照《造纸原料综纤维素含量的测定》（GB/T 2677.10—1995）制备综纤维素。用粉碎机制备 40~60 目的杨木和杉木木粉作为样品。称取 2g 样品，用滤纸包好进行苯醇抽提后风干。向风干样品中加入 65ml 蒸馏水，0.5ml 冰醋酸，0.6g 亚氯酸钠。置于 75℃水浴中加热 1h。1h 后再加入 0.5ml 冰醋酸和 0.6g 亚氯酸钠，继续加热 1h。重复该过程 4 次至样品变白。过滤洗涤后烘干称重，测定综纤维素含量。

2. 磨木木质素制备

将杨木和杉木木片粉碎过 100 目筛网。用滤纸包好进行苯醇抽提后风干后进行球磨，转速设定值为 600r/min，有效球磨时间为 4h。球磨后的木粉干燥后按 10ml/g 球磨木粉的比例分散在 96∶4 的 1,4-二氧六环和蒸馏水中进行提取。浓缩去除 1,4-二氧六环后进行纯化，得到磨木木质素。

3. 红外光谱

以微晶纤维素（MCC）、木聚糖、磨木木质素分别模拟木材中的纤维素、半纤维素和木质素，利用两种木材木粉及几种模拟物进行组分老化模拟分析。将几种粉末物质均匀平铺于石英片之间，利用紫外灯进行照射，老化过程中每隔一段时间取出一批样品进行红外测试，测试结果如图 7-20 所示。

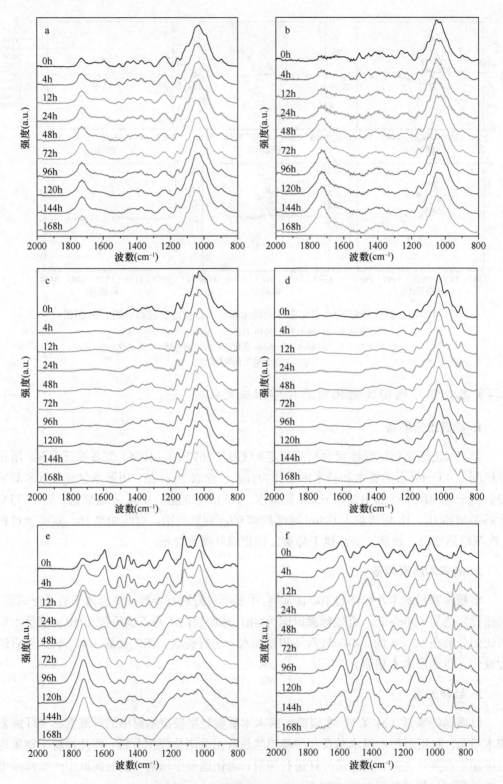

图 7-20　不同老化时间的红外谱图

a. 杨木木粉；b. 杉木木粉；c. MCC；d. 木聚糖；e. 磨木木质素；f. 碱木质素

　　杨木和杉木木粉在 1734cm^{-1} 处显示出羰基的特征吸收峰（图 7-20a，图 7-20b）。紫外光照射后，羰基峰强度随着时间延长逐渐增加，这主要归因于木质素被光氧化转化为醌类化合物。1593cm^{-1} 和 1510cm^{-1} 处为木材中木质素的芳香骨架振动特征峰，老化过程中强度随着时间的延长而减弱（图 7-20a，图 7-20b）。杨木在 1510cm^{-1} 处的特征峰在老化 72h 后消失，而杉木则一直保留到 168h，这表明针叶材杉木中的木质素比阔叶材杨木中的木质素更耐紫外光。1264cm^{-1} 处半纤维素中的 C—O 伸缩振动峰强度随着老化时间的延长而略微降低（图 7-20a，图 7-20b），杉木中的这一峰值老化后降低程度更高（图 7-20b），这表明杨木中的半纤维素比杉木中的半纤维素更耐紫外光。在整个老化过程中，1365cm^{-1} 处纤维素的 C—H 变形振动峰和 1161cm^{-1} 处的 C—C 拉伸振动峰都没有显著变化。MCC 在老化前后红外谱图中几乎没有发生变化（图 7-20c），与木粉中得到的结果相符。但在木聚糖的红外谱图中同样未观察到老化带来的峰值变化，这与在木材中得到的结果有所不同，因此后续还需要对半纤维素中的其他组成结构进行老化过程的研究（图 7-20d）。由磨木木质素老化前后的红外谱图结果可见，1500cm^{-1} 和 1593cm^{-1} 处木质素特征峰的减少至消失，同时 1734cm^{-1} 处羰基特征峰的大幅度增加证实了老化过程中木质素的降解，表明木质素是导致木材老化的主要组分（图 7-20e）。

4. 电子自旋共振

　　对未处理和紫外光照射 168h 的杨木杉木木粉、综纤维素和磨木木质素进行电子顺磁（EPR）共振测试，利用配置的汞弧灯进行 1h 紫外光照射，过程中不断进行测试，得到的自由基信号强度变化如图 7-21 所示。

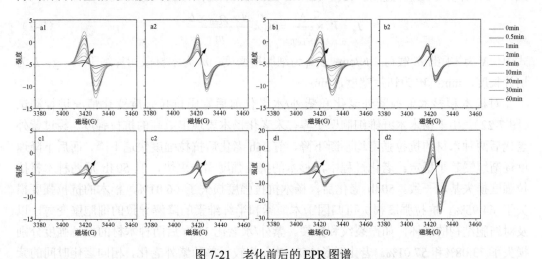

图 7-21　老化前后的 EPR 图谱

a. 杨木木粉；b. 杉木木粉；c. 综纤维素；d. 磨木木质素；箭头表示紫外老化时间增加

　　两种木粉未经照射时自由基信号强度很弱，随汞灯照射强度不断增强，这是由于木粉中的组分发生了自由基反应（图 7-21a1，图 7-21b1）。老化样品由于老化过程中产生的持久性自由基的累积，在未照射时信号强度就远高于未处理样品，原位照射过程中信号依然有所增强，但变化幅度较未处理材更小（图 7-21a2，图 7-21b2）。未处理的综纤维素几乎观察不到自由基信号，但在汞灯照射后出现了信号强度的增加，紫外光照射后的综纤维素样品检测到了累积的自由基信号，原位照射后信号强度同样有所增加，但与木粉相比，老化前后的样品经汞灯照射后的信号强度均较低（图 7-21c1，图 7-21c2）。磨木木质素老化前由于环境中自然光的作用已经出现了一定的自由基信号，原位照射后信号强度不断增强且幅度较其他模拟物更高，老化后的磨木木质素呈现出很明显的自由基信号，汞灯照射过程中信号强度的增长依然较大（图 7-21d1，图 7-21d2）。这些结果说明了木材中的综纤维素和木质素受紫外光照射后都会发生自由基反应，但木质素反应中产生的自由基远多于综纤维素，因此经过老化处理后的木粉由于木质素降解后含量的减少原位照射后信号强度的增加幅度降低。

五、老化对木材力学性能的影响

加工尺寸为 30mm（R）×30mm（T）×20mm（L）的杨木和杉木木块。软化后用滑走式切片机制备 100μm 厚的径切面切片，制备 30mm×10mm×100μm 的切片各 36 片用于零距抗拉强度测试。利用索氏抽提装置对切片进行抽提，以避免木材中的抽提物对实验结果的影响。抽提液为苯和乙醇体积比为 2∶1 的苯醇混合液。抽提后在 60℃下烘干 4h。

为了尽量减小误差，测量每片切片的气干质量，用烘箱 103℃烘干 4h 后取出，在干燥器中放置至冷却后快速进行绝干质量测量，测量每组切片的总质量，计算得到切片的含水率，然后通过含水率计算每片切片的绝干质量。用零距抗拉强度测试仪（Zero-Span 2400，Pulmac，美国）测试木材微切片的纵向抗拉强度，夹持压力为 4.8×10^{5}Pa，按照式（7-2）计算零距抗拉强度（T_s）（Evans and Schmalzl，1989；Yu，2007）。

$$T_s = W \times \frac{N}{S_{cell}} = W \times \frac{N \times \rho_{cell} \times L}{m} \qquad (7-2)$$

式中，N 为零距断裂载荷，N/cm；ρ_{cell} 为细胞壁密度；m 为木材微切片绝干重，g；L 为切片长度，mm；W 为切片宽度，mm。

对杨木和杉木单独紫外老化和紫外/水老化前后零距抗拉强度变化情况进行测试（图 7-22）。由于杨木木纤维细胞壁更厚，未老化杨木表现出更高的抗拉强度。经过紫外老化后两种木材的抗拉强度均不断下降，前 24h 老化后抗拉强度快速下降，而后下降速度逐渐缓慢趋于稳定。老化过程中，杉木的抗拉强度损失更快，但 504h 后两种木材抗拉强度损失基本一致。504h 老化后，杨木抗拉强度损失了 66.01%，杉木的抗拉强度损失了 64.95%。抗拉强度损失可归因于木质素和半纤维素的降解导致的细胞壁变薄，以及对细胞结构的破坏，如微裂纹和撕裂。紫外/水老化 168h 后两种木材的抗拉强度分别损失了 73.08% 和 57.01%。老化时长 168h 内，相较于单独紫外老化，相同老化时间的紫外/水老化过程中，两种木材的抗拉强度损失率更高。

扫描电镜下观察零距拉伸试验后两种木材紫外老化横断面的微观形态如图 7-23 所示。经过零距抗拉强度仪夹具夹紧并拉断后，对比老化 0h、144h、504h 后杨木和杉木的细胞形态。两种木材在老化后，横断面厚度都变薄，且细胞规整度下降，504h 老化后横断面细胞部分被压溃，回弹情况较差。

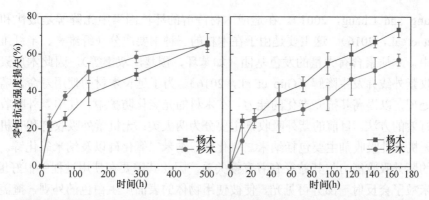

图 7-22 紫外（左）和紫外/水（右）老化前后杨木和杉木零距抗拉强度损失

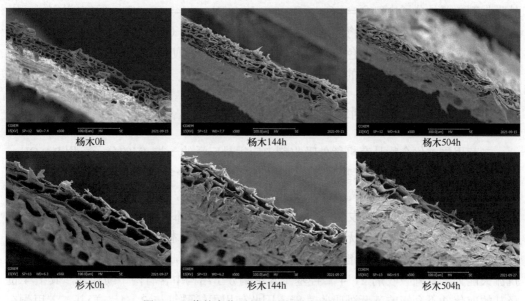

图 7-23 紫外老化后的切片拉伸断面 SEM 图像

本节选择了中国木材工业中应用最广泛的速生杨木和杉木，利用人工老化方法评价了两种木材的耐候性。在紫外/水条件下老化处理相同时间后，杨木的解剖结构比杉木更容易破坏，宏观上表现为质量和抗拉强度的损失。在老化过程中，杨木的明度降低和色差增加程度较杉木更低，表明杨木在表面颜色上更耐光。两种木材的结构退化都是由木材胞间层的降解和纹孔的微裂纹引起的，伴随着细胞分离、细胞壁变薄和裂纹扩展。苯基组分的光氧化是木材在老化过程中的主要降解模式，这个结果在木质素红外吸收峰的减少和 O/C 值的增加上得到了验证。上述结果表明，杨木和杉木都较容易受环境影响而发生老化行为，两种木材在结构上的弱相为导管（杨木）、胞间层、木射线、纹孔，组分上的弱相为木质素。在光/水环境下使用时，有必要对木材进行光稳定处理。

第三节　基于弱相结构的耐光老化新技术

木材在户外使用过程中会遭受光、水分、微生物等环境因素的影响，造成木材的降解（Chang and Chang，2001）。在造成木材降解的环境因素中光降解是最快和最强的（Cogulet et al.，2016）。这主要是由于在木材的三种主要成分（纤维素、半纤维素、木质素）中，木质素含有大量的发色基团（如苯环，羰基，双键等），因此木质素可以强烈地吸收紫外线并发生降解（Guo et al.，2016）。为了延长木材的使用寿命，需要对木材进行处理，以提高其抗光老化的能力。在木材的光老化防护中，使用紫外吸收剂是一种行之有效的方法。目前的紫外吸收剂主要分为两大类：无机紫外吸收剂和有机紫外吸收剂。无机紫外吸收剂主要包括纳米二氧化钛、纳米二氧化硅以及纳米氧化锌。无机纳米粒子的紫外吸收能力与其粒径有着直接关系，因此其需要在使用过程中很好地分散。同时纳米粒子会反射一部分可见光，使被使用物体的表面产生白色的外观，掩盖木材天然的纹理与色彩（Kropat et al.，2020），这些问题都限制了其在木材上的应用。有机紫外吸收剂主要是分子内包含 $=C=O$、$-N=N-$、$=C=N-$ 等官能团的物质，这些物质可以吸收紫外线，将能量以非辐射热的形式散失（Choi and Chung，2013）。有机紫外吸收剂可以对木材颜色起到很好的稳定作用，但在使用过程中有机紫外吸收剂会逐渐流失，造成其防护效果的衰减。

一、接枝有机紫外吸收剂木材的光老化防护

二苯甲酮类化合物是有机紫外吸收剂中应用最广泛的一类，它的分子可用 R—OH—R′（R、R′分别为烷基和烷氧基）表示。其结构分子中至少含有一个邻位酚羟基取代基，这类化合物中由邻位羟基与氮原子或氧原子形成一螯合环，在吸收紫外线后，氢键断裂发生分子异构，分子内结构发生热振动，氢键破坏，螯合环打开，分子内结构发生变化，这样就将有害的紫外光变为无害的热能放出，从而保护了木材（于淑娟，2007）。

使用反应性的紫外吸收剂与木材以共价键的形式连接，可以有效增强紫外吸收剂的抗流失能力。紫外吸收剂 2，4 二羟基二苯甲酮分子结构中含有两个酚羟基，其中 4 位羟基的取代并不会影响其紫外吸收功能，因此使用丙烯酰氯与 2，4 二羟基二苯甲酮在低温下反应，保留 2 位羟基的同时，得到了带有活性双键的紫外吸收剂 2-羟基-4-丙烯酸酯基二苯甲酮（HAB）（Wu et al.，2020）。同时使用甲基丙烯酸异氰基乙酯（IEMA）对木材进行改性，其含有两个活性基团，一端带有异氰酸酯基可以与木材上的羟基反应，使木材带有可以反应的活性双键（Dong et al.，2020）。随后与 HAB 进行自由基共聚，将紫外吸收剂通过共价键接枝到了木材上，使木材带有了抵抗紫外辐射的基团，抑制了木材在使用过程中的光老化变色以及开裂变形，减少了紫外辐射对于木材的影响。

（一）接枝有机紫外吸收剂木材组分分析

使用傅里叶变换红外光谱仪（FTIR）对未改性材与改性材的元素进行分析，结果如图 7-24 所示。未改性材命名为 UW，IEMA 改性的木材命名为 IW，使用 IEMA 和 HAB 改性的木材命名为 IHW。IW 相较于 UW，3300cm^{-1} 处的羟基峰明显降低，1720cm^{-1} 处的酯羰基峰明显增加，在 770cm^{-1} 处出现—NH—的弯曲振动，表明木材与 IEMA 的异氰酸酯基发生了酯化反应，羟基被取代，生成酯羰基（Dong et al.，2020）。1634cm^{-1}

处出现—C═C—伸缩振动峰，表明改性材上带有可以反应的双键。接枝紫外吸收剂后的木材在 1638cm⁻¹ 处的峰偏移至 1628cm⁻¹ 处，而 HAB 中酮羰基特征吸收峰也出现在 1628cm⁻¹ 处（Lustoň et al.，1973）。在 700cm⁻¹ 处出现的峰为 HAB 中苯环的—C—H—面外弯曲振动峰，这表明 HAB 成功接枝到了木材上。

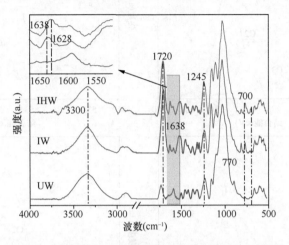

图 7-24　有机紫外吸收剂改性材与未改性材红外谱图

使用 X 射线光电子能谱（XPS）对改性样品进一步表征。将 C1s 及 O1s 谱图进行分峰拟合，C1s 谱图可以分为 4 个峰，O1s 谱图可以分为两个峰。三组样品的分峰结果如图 7-25 所示。可以看到 C1、C4 和 O1 的含量明显上升，这表明 IEMA 与木材发生了反应，IEMA 本身含有 C—C 键与 O—C═O 键，且异氰酸酯基与木材反应后生成了 O—C═O 键，导致上述基团相对含量上升（图 7-25b）。接枝 HAB 后，与 IW 的 C1s 谱图相比，C1s 的相对含量略有上升，这是因为 HAB 的 C—C 键引入了木材，而 C═O 与 O—C═O 基团在 HAB 中的相对含量较少，因此 C3 和 C4 的相对含量略有下降（图 7-25c）。对比 O1s 谱图我们可以看到，O1 的含量明显上升，这表明引入了新的 C═O 基团，即 HAB 的 C═O 基团，表明 HAB 与 IEMA 改性后的木材发生了反应，HAB 成功接枝到木材上。

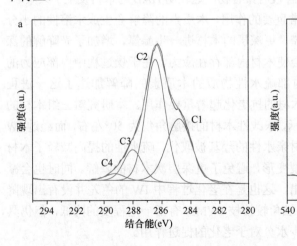
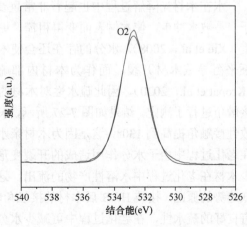

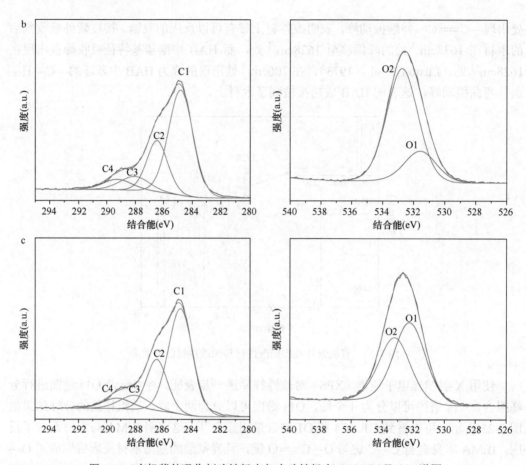

图 7-25　有机紫外吸收剂改性杨木与未改性杨木 XPS C1s 及 O1s 谱图

a. UW；b. IW；c. IHW

图 7-26 为三组木材的 SEM 图。未改性材细胞表面平整光滑，经过 IEMA 改性的木材细胞壁零星分布着白色颗粒物，在细胞腔内部没有聚合物出现，表明 IEMA 主要是与木材的细胞壁发生了反应，并没有发生自聚。接枝 HAB 后，木材细胞壁表面出现颗粒状物质，细胞壁变得粗糙，在木材细胞腔内部同样没有聚合物，这表明 HAB 与木材发生了共聚。

水在木材光降解过程中也起着非常重要的作用，木质素的降解会生成水溶性的小分子，易被水冲走，使木材表面变得粗糙，更深层的木材进一步暴露，增加了光降解的深度（Xie et al.，2008）。水分的存在还会使木材内部存在应力，在干燥过程中内部应力的不平衡导致木材开裂，而作为木材内部疏水性物质的木质素的降解加速了这一进程（Kropat et al.，2020），因此疏水性对木材的抗老化起着重要作用。本研究对三组木材的接触角进行了测定，结果如图 7-27 所示，未改性木材的接触角仅为 50°左右，而经过 IW 改性接触角提高到 130°，这是因为木材亲水性的羟基被取代，疏水性的提高减轻了木材在老化过程中由于水分作用造成的开裂变形，避免了更深层次木材的降解。同时也会减少木材在老化过程中水溶性产物的流出，这也是在老化过程中 IW 的色差并没有出现降低趋势的原因。接枝 HAB 后木材的接触角较接枝 IWMA 有了一定程度的降低，但仍具有良好的疏水性，在老化过程中可减少水分对于老化的促进作用。

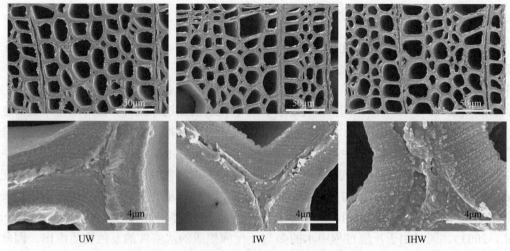

图 7-26 有机紫外吸收剂改性木材 SEM 图

图 7-27 有机紫外吸收剂改性前后木材接触角的变化

　　木材光老化是一个自由基老化的过程，木材在紫外辐射的作用下会产生持久性的苯氧自由基，通过电子自旋共振（ESR）波谱可以观察到这种自由基（Kamoun et al.，1999）。使用 200W 高压汞灯（波长 300～500nm），分别照射 1min、3min、5min、7min，因为使用了相同量的木材样品，峰的高度大体可以反映自由基量的多少。如图 7-28 所示，在没有紫外老化时，三组木材的自由基浓度都非常低，在老化 1min 后出现了明显的区别，IEMA 改性后木材中自由基的浓度要明显低于未处理材，接枝 HAB 的木材的自由基浓度最低。继续进行老化可以看到，接枝 HAB 的木材自由基浓度增加相对缓慢，而 IW 的自由基浓度在初期有一个迅速上升的过程，但两者的浓度均低于未处理材。经过 IEMA 改性后的木材，木材中的脂肪族羟基与酚羟基被烷基链取代，减少了苯氧自由基的形成。接枝 HAB 后，HAB 吸收了大部分的紫外线，减少了木质素对于紫外线的吸收，因此减少了自由基的生成。经过两步改性后，木材产生自由基的能力进一步降低，使木材对于光降解的敏感性降低，进一步保护了木材。

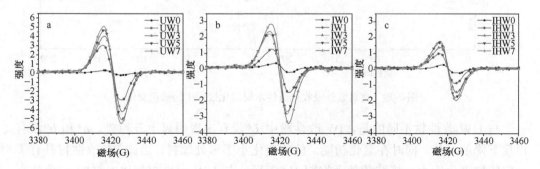

图 7-28 有机紫外吸收剂改性木材自由基浓度变化

（二）老化木材性能变化分析

三组样品在人工加速老化过程中的颜色参数变化如图 7-29 所示。在老化初期，未改性材的 L^* 值迅速降低，随着老化的进行，降低的速率开始减慢。在进行到 120h 后，未处理材的 L^* 值开始上升，呈现出亮度先升高后降低的趋势。未处理材的红绿指数（a^*）和黄蓝指数（b^*）呈现出相同的变化趋势，在老化的前期迅速上升，随后趋于平缓，在 120h 后开始出现下降的趋势。这些变化在总色差（ΔE^*）得到了体现，即总体色差先升高后降低。出现上述现象的主要原因可能是在老化初期，木质素在紫外辐射的作用下生成酚自由基，随后生成一系列羰基类发色基团，使木材颜色变暗、变黄。由于自由基在固体中的传递受到限制，同时光化学反应所需的氧也只能缓慢向深层渗透，所以在表面迅速反应后，反应达到饱和，反应速度下降，在颜色上体现为变色速度降低（Müller et al.，2003）。同时由于反应过程中水的参与，反应生成的水溶性的发色物质流出，因此出现 a^* 和 b^* 下降，L^* 上升的现象。

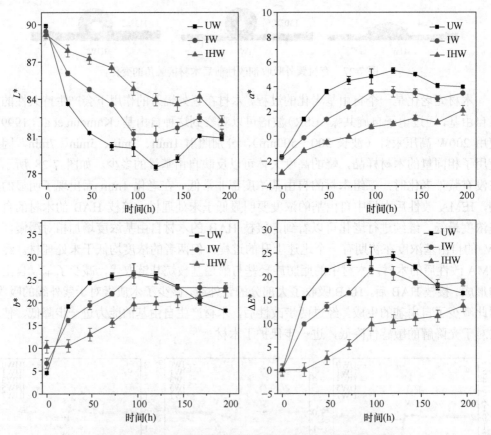

图 7-29　有机紫外吸收剂改性木材老化过程中的颜色变化

与 UW 改性材不同的是，IW 改性材中 L^* 没有出现明显上升趋势，a^* 和 b^* 没有出现下降的趋势，同时在老化初期，色差变化小于未处理材，因此 IW 改性材具有了一定的抗老化能力。接枝紫外吸收剂 HAB 后，与 UW 改性材相比木材的 b^* 值略有上升，$a*$ 值略有下降，但整体变化较小，因此改性不会对于木材颜色造成明显的影响，保持了其原有材色。在老化过程中，IHW 改性材的颜色变化速率比较平缓，$\Delta E*$ 并没有像 UW 改性材那样在 48h 内出现迅速的上升然后趋于平缓。可以观察到在 120h 的人工加速老化后，接枝 HAB 木材整体色差变化仅有 UW 的 40% 左右。这可能是由于木材中木质素的部分酚羟基被取代，因此在紫外辐照的作用下产生了更少的醌类物质，同时通过紫外吸收剂的引入，对紫外光起到了良好的吸收作用，进一步降低了紫外辐照作用下木材的变色。

每 48h 对三组样品使用 FTIR 进行化学结构的检测，结果如图 7-30 所示。UW 改性材在 1730cm^{-1} 处羧基峰的强度在老化前期出现上升的趋势，在 96h 老化后羧基峰强度开始降低，这可能是由于老化生成的水溶性物质流出，这与颜色的变化过程相对应。在木材光老化过程中，木质素是最容易被降解的物质，因此 1595cm^{-1} 和 1507cm^{-1} 处木质素芳香环骨架（Ganne-Chédeville et al.，2012）的吸收峰在老化 48h 后几乎已经完全消失，表明木质素已经被降解，而 1455cm^{-1} 处木质素的 CH$_3$ 的变形振动和木聚糖中的 CH$_3$ 弯曲振动以及 1245cm^{-1} 处愈创木基的 C—O 振动峰（Jebrane et al.，2009）在老化过程中峰的强度逐渐降低，说明在老化过程中半纤维素也发生了降解（图 7-30a）。

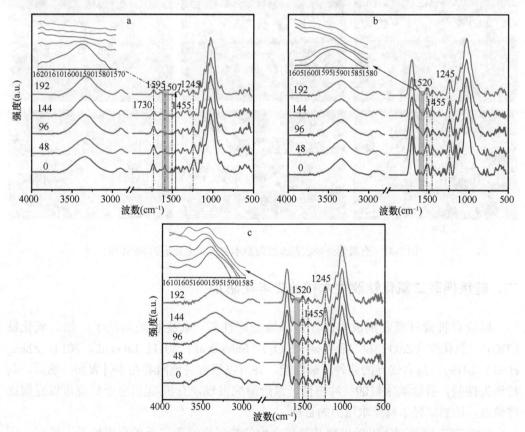

图 7-30　有机紫外吸收剂改性木材老化过程中的 FTIR 谱图

a. UW；b. IW；c. IHW

IW 由于酰胺 II 谱带的吸收峰与木质素在 1507cm^{-1} 处的吸收峰发生了重叠，因此该处吸收峰并没有像未处理材那样消失，但 1595cm^{-1} 处木质素特征峰在老化 96h 才消失，可见 IEMA 改性可以延缓木质素的降解。1455cm^{-1} 处的峰在老化后的吸收强度降低，但并没有完全消失，表明在此时半纤维素的降解程度要小于未处理材，在 1245cm^{-1} 处的峰由于和引入的羰基的 C—O 伸缩振动峰重叠，因此并未表现出明显的变化（图 7-30b）。接枝 HAB 木材木质素的特征峰同样与引入的基团发生了重叠，因此我们重点关注 1595cm^{-1} 处木质素的特征峰的变化情况，可以看到在 1595cm^{-1} 处木质素的峰的强度缓慢降低，在 192h 老化后仍没有完全消失，因此通过将紫外吸收剂接枝到木材上可以进一步延缓木质素光降解，提高木材的光稳定性（图 7-30c）。

老化后三组木材的 SEM 图如图 7-31 所示。未处理材由于胞间层木质素的降解，木材细胞壁出现了明显的分离，木材细胞发生了变形。IEMA 改性材在老化后细胞角隅处出现了轻微的分离，这可能是由于 IEMA 的引入提高了木材的疏水性，减少了水分对于木材的影响。接枝紫外吸收剂 HAB 后，木材老化后的结构仍然相对完整，与老化前没有明显差异。因此，接枝紫外吸收剂可以有效减少紫外辐照对于木材结构的损伤。

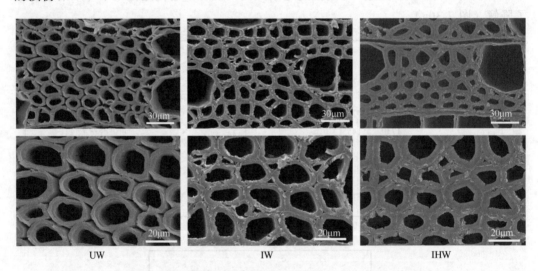

图 7-31　有机紫外吸收剂改性前后木材人工老化后的 SEM 图

二、硅烷偶联二氧化钛改性木材的光老化防护

尽管有机紫外吸收剂成本低，但环境友好性差。而无机纳米粒子，如二氧化钛（TiO$_2$）、氧化锌（ZnO）和二氧化硅（SiO$_2$）（Saha et al.，2011；Lu et al.，2014；Zheng et al.，2019），具有优异的紫外屏蔽性能，并可以很容易地附着在木材表面。然而，其抗流失性差，且影响木材的抗冲击性。最近研究发现，有机-无机复合处理可以克服这些缺点，达到减轻木材需求压力的目标。

TiO$_2$ 有三种晶型，可以根据其禁带宽度的特异性涵盖广泛的应用场景。然而，因 TiO$_2$ 纳米颗粒较难以化学键的形式结合到木材表面而易流失。通过硅烷偶联剂（SCA），如 KH550（Liu et al., 2019）、KH570（Liu et al., 2020）和 A151（Štefelová et al., 2017）可有效偶联无机纳米颗粒和木材。近年来，具有异氰酸酯基团的 SCA，如 3-异氰基丙基三乙氧基硅烷（IPTS）引起了广泛关注。在温和的反应条件下，IPTS 的烷氧基可以通过缩合过程有效地水解并接枝到 TiO_2 纳米颗粒表面，形成自交联的 Si-O-Si 网络（Zhao et al., 2012）。同时，木材可以通过 IPTS 氨基甲酰化-水解方法高效功能化（Tingaut et al., 2005）。因此，IPTS 偶联是将 TiO_2 纳米颗粒以化学键形式结合到木材表面的有效方法之一。

（一）IPTS-TiO_2 改性木材组分分析

木材与 IPTS 的氨甲酰化反应以二月桂酸二丁基锡（DBTDL）作催化剂时，末端带有三乙氧基硅烷的 IPTS 通过氨甲酰化接枝到木材上，所得 IPTS 改性木材简称 IW。TiO_2 是我们常在木材中使用的具有紫外屏蔽作用的无机纳米粒子。因此将 IPTS 改性木材的烷氧基进行水解并与 TiO_2 纳米颗粒表面的羟基反应形成化学键 Ti—O—Si。IPTS 可以将 TiO_2 纳米颗粒以化学键的形式结合到木材表面，所得 IPTS-TiO_2 改性木材简称 ITW。未经任何改性的木材缩写为 UW。

改性木材用 FTIR、SEM 和 EDX 表征。FTIR 分析表明，在 1730cm^{-1} 处为 UW 的 C=O 吸收振动带，IW 在 1730cm^{-1} 处的 C=O 峰增强并移至 1700cm^{-1}，在 765cm^{-1} 处为—NH 吸收振动带，表明 IPTS 已成功嫁接到木材上（图 7-32）。在 ITW 中，经过 TiO_2 改性发现 2972cm^{-1}、957cm^{-1}、765cm^{-1}（Si—O—Et）处的三乙氧基振动峰消失，表明 IPTS 中的乙氧基发生了水解，形成了 Si—OH。且与 TiO_2 表面的—OH 反应形成了 Ti—O—Si，Ti—O—Si 的特征峰在 905cm^{-1} 处观察到。此外，研究表明 920cm^{-1} 附近的振动

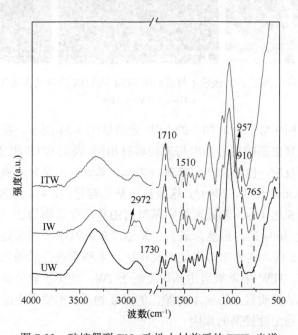

图 7-32　硅烷偶联 TiO_2 改性木材前后的 FTIR 光谱

峰表明硅醇基团与 TiO_2 纳米颗粒的表面羟基之间发生了缩合反应（Ukaji et al.，2007；Li et al.，2014）。这表明 Ti—O—Si 成功地将 TiO_2 纳米颗粒接枝到 IPTS 改性木材表面。经过 TiO_2 改性处理的木材，$1594cm^{-1}$ 处木质素的特征振动峰、$1245cm^{-1}$ 处半纤维素的振动峰、$1371cm^{-1}$ 处纤维素的特征振动峰未发生变化，表明单纯的 TiO_2 改性木材不会对其化学结构产生影响。此外，EDX 结果表明 TiO_2 均匀分布在木材表面（Ti 含量为 12%，图 7-33）。

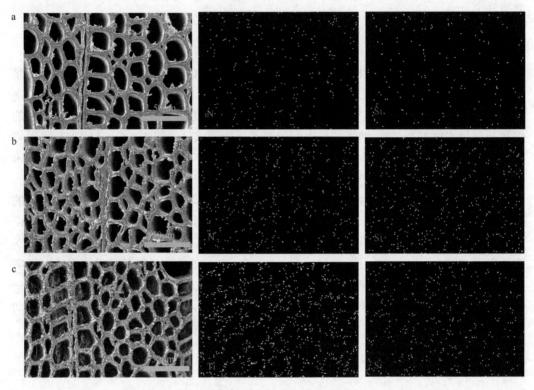

图 7-33　硅烷偶联 TiO_2 改性木材前后的 SEM 和 EDX 图片（详见书后彩图）
a. UW；b. IW；c. ITW

木材样品在不同汞灯照射时间下的 ESR 光谱如图 7-34 所示。在紫外老化之前，处理过的木材中苯氧自由基的信号强度与未处理材相同，表明 IPTS 和 IPTS-TiO_2 处理不会引发木质素的降解反应，也不会产生苯氧自由基。苯氧自由基是木质素光降解过程中的重要中间体（Havlínová et al.，2009），这些自由基相对稳定，可以反映降解反应的强度。随着紫外老化持续长达 60s，未处理材中苯氧自由基浓度急剧增加，远远超过相同老化时间的 ITW。老化 300s 后，虽然苯氧自由基浓度差异减小，但未处理材中苯氧自由基浓度仍为 ITW 的 2 倍。这表明与未处理材相比，木质素改性后的光降解受到抑制。在相同的老化时间下，ITW 中苯氧自由基浓度低于 IW，证实了紫外屏蔽效果主要来源于 TiO_2，而不是 IPTS。木质素是影响木材颜色的重要物质，木质素在改性木材中缓慢的光降解揭示了木材光稳定性提高的原因。

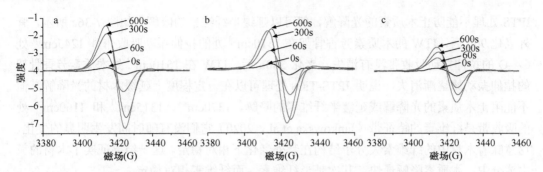

图 7-34　硅烷偶联 TiO₂ 改性木材汞灯照射所产生的苯氧自由基浓度

a. UW；b. IW；c. ITW

（二）老化木材性能变化分析

通过人工加速老化试验模拟阳光照射对颜色的影响。如图 7-35 所示，最初 UW、IW 和 ITW 呈浅黄色，且处理材表面纹理保持不变。随着紫外老化时间的延长，未处理材的亮度先降低后增加。这种变化的主要原因是木质素紫外降解形成显色基团，导致木材颜色加深。老化过程中光、雨、热的相互作用，木质素被雨水冲刷掉，导致 UW 亮度增加。240h 后 UW 出现裂纹，336h 后样品完全开裂。同时，ITW 的色差远小于 UW 样品，更重要的是，没有观察到有裂纹产生。随着老化时间的延长，对照组 IW 的颜色逐渐加深，然后变浅，但木材表面没有开裂。ITW 颜色加深，但加深程度较小，表面无裂纹，说明 ITW 光降解延迟，效果优于 IW。

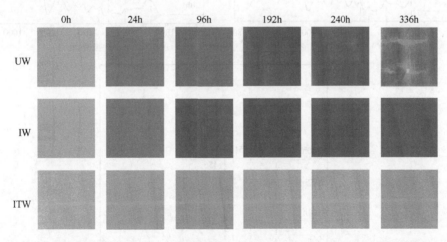

图 7-35　硅烷偶联 TiO₂ 改性木材在特定老化时间时表面颜色的照片（详见书后彩图）

不同人工加速老化时间后的 FTIR 图谱如图 7-36 所示。随着紫外老化时间的增加（图 7-36a），UW 中半纤维素在 1245cm⁻¹ 处 C—O 的拉伸振动峰减弱（Ratajczak et al.，2018），老化 96h 后，芳香族振动峰几乎完全消失，因为木质素特征带（1510cm⁻¹）中的芳香族化合物很容易被紫外辐射破坏从而减少（Guo et al.，2018），在 1245cm⁻¹ 处 C—O 的拉伸振动峰也逐渐降低。如图 7-36b 所示，紫外老化 96h 后 IW 在 1510cm⁻¹ 处木质素芳香骨架的拉伸振动峰消失，而 1245cm⁻¹ 处 C—O 的拉伸振动峰没有消失，表明仅用

IPTS 处理不能防止木质素的光降解，但可以延缓半纤维素的降解。如图 7-36c 所示，紫外老化 96h 后，ITW 的木质素芳香骨架在 1510cm^{-1} 处的拉伸振动吸收带和 1245cm^{-1} 处 C—O 的拉伸振动吸收带没有消失。老化 240h 后，ITW 在 1510cm^{-1} 处木质素芳香骨架的拉伸振动峰逐渐消失，说明 IPTS-TiO$_2$ 处理可以在一定程度上延缓木材的光降解，但不能阻止木质素的光降解或延缓半纤维素的降解。1370cm^{-1}、1315cm^{-1} 和 1160cm^{-1} 处的吸收带是纤维素的特征带（Jankowska et al.，2020）它们没有随时间发生明显的变化，这意味着木材中的纤维素大分子结构在紫外老化下相对稳定。这一结果证实了木材的三大成分中，木质素降解最快，其次是半纤维素，而纤维素相对稳定。

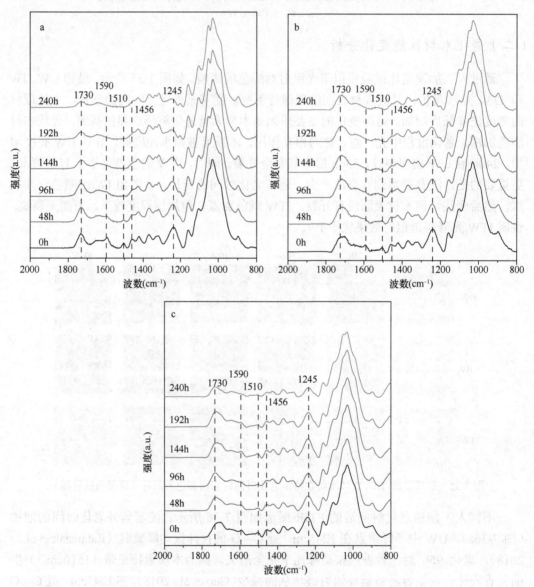

图 7-36　硅烷偶联 TiO$_2$ 改性木材老化过程中的 FTIR 图谱
a. UW；b. IW；c. ITW

改性材老化后的微观形貌变化如图 7-37 所示。在老化之前，细胞之间的结合很紧密。老化 192h 后，UW 胞间层降解导致了细胞之间的分离；IW 发生了类似现象，表明 IPTS 改性对木材微观结构未起到保护作用；ITW 则维持了相对完整的细胞形态，细胞之间的结合未发生破坏，说明了复合改性处理对木材光降解的延迟作用。这一结果与前面讨论的红外表征结果一致。

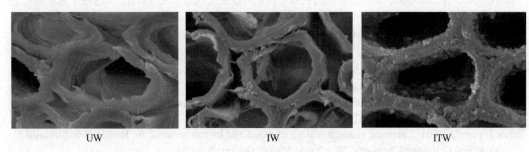

UW   IW   ITW

图 7-37   硅烷偶联 TiO$_2$ 改性木材老化 192h 后的 SEM 图像

本节围绕光老化作用下木材细胞壁弱相结构防护，选用有机紫外吸收剂构筑了 HAB 原位聚合的木材老化防护体系，揭示了基于光热转化的紫外线化学防护机制；选用无机紫外吸收剂建立了硅烷偶联 TiO$_2$ 纳米粒子修饰的异质复合老化防护体系，阐明了基于光散射的紫外线屏蔽物理防护机制。

通过在木材上接枝紫外吸收剂有效抑制了老化弱相木质素的降解。未改性木材在老化初期颜色迅速变黄，随着老化进行颜色变浅，同时在老化过程中伴随着开裂以及微观形貌的破坏。而改性后木材通过对其疏水性的提高及对紫外辐射吸收量的降低，抑制了木材的光老化黄变。同时减少了木材老化过程中降解产物的流出，阻碍了反应向木材内部进行，减少了木材在老化中的开裂以及对于木材更深层次的降解。红外光谱结果表明，未改性木材在老化过程中木质素与半纤维素发生了明显降解，生成了羰基类发色物质。通过改性减少了光老化过程中木质素与半纤维素的降解，发色物质的生成也相应减少。电子自旋共振结果表明，接枝 HAB 改性木材在受到紫外辐射时产生了更少的苯氧自由基。苯氧自由基作为木材光化学反应的重要中间体，苯氧自由基的减少说明与未处理木材相比，改性木材的光降解反应被抑制，木材中木质素的降解速度降低。因此通过改性提高了木材的耐光老化性。

本研究通过用 IPTS-TiO$_2$ 处理杨木，成功地对杨木进行了改性，为了研究硅烷偶联 TiO$_2$ 纳米粒子修饰木材的抗老化效果，将木材样品放置在人工加速老化仪中。从宏观上，随着紫外老化时间的延长，IPTS-TiO$_2$ 改性减少了木材颜色的变化，并延缓了处理材中裂纹的形成。对其进行 SEM 观察，在紫外老化过程中，细胞壁之间没有产生分离，细胞壁的变薄受到了抑制。FTIR 图谱显示，经过 IPTS-TiO$_2$ 处理，木质素和半纤维素降解得到了延缓。ESR 证实了 ITW 的机制。结果表明，IPTS-TiO$_2$ 处理提高了木材的抗老化能力。采用 TiO$_2$ 无机纳米粒子改性可以延缓杨木中木质素的降解，稳定木材颜色，提高杨木的耐老化性。本研究通过 IPTS 对速生杨木进行化学改性，并接枝 TiO$_2$，验证了这种方法的可行性，并通过实验证明了这种方法在木材耐老化方面的应用，探究了这种方法的耐老化机理，拓展了木材的耐老化理论，对速生杨木的耐老化处理方法进行了改进。

主要参考文献

于淑娟. 2007. 含二苯甲酮、苯并三唑结构的水溶性紫外线吸收剂的合成与研究. 大连理工大学博士学位论文.

余雁, 江泽慧, 任海青, 等. 2007. 针叶材管胞纵向零距抗张强度的影响因子研究. 中国造纸学报, 22(3): 72-76.

Arpaci S S, Tomak E D, Ermeydan M A, et al. 2021. Natural weathering of sixteen wood species: changes on surface properties. Polymer Degradation and Stability, 183: 109415.

Ayadi N, Lejeune F, Charrier F, et al. 2003. Color stability of heat-treated wood during artificial weathering. Holz als Roh-und Werkstoff, 61(3): 221-226.

Baeza J, Freer J. 2001. Chemical characterization of wood and its components. In: Hon D N S, Shiraishi N. Wood and Cellulosic Chemistry. New York: Marcel Dekker: 275-384.

Chang S T, Chang H T. 2001. Inhibition of the photodiscoloration of wood by butyrylation. Holzforschung, 55(3): 255-259.

Choi S S, Chung H S. 2013. Novel co-matrix systems for the MALDI-MS analysis of polystyrene using a UV absorber and stabilizer. Analyst, 138 (4): 1256-1261.

Cogulet A, Blanchet P, Landry V. 2016. Wood degradation under UV irradiation: a lignin characterization. Journal of Photochemistry and Photobiology B: Biology, 158: 184-191.

Cogulet A, Blanchet P, Landry V. 2018. The multifactorial aspect of wood weathering: a review based on a holistic approach of wood degradation protected by clear coating. BioResources, 13(1): 2116-2138.

Csanády E, Magoss E, Tolvaj L. 2015. Quality of Machined Wood Surfaces. New York: Springer International Publishing: 183-232.

Cui J S, Li W K, Wang Y J, et al. 2022. Ultra-stable phase change coatings by self-cross-linkable reactive poly(ethylene glycol) and MWCNTs. Advanced Functional Materials. 32(10): 2108000.

Cui X, Matsumura J. 2020. Weathering behaviour of *Cunninghamia lanceolata* (Lamb.) Hook. under natural conditions. Forests, 11(12): 1326.

Dong Y, Altgen M, Mäkelä M, et al. 2020. Improvement of interfacial interaction in impregnated wood via grafting methyl methacrylate onto wood cell walls. Holzforschung, 74 (10): 967-977.

Evans P D, Chowdhury M J, Mathews B, et al. 2005. Weathering and surface protection of wood. In: Kutz M. Handbook of Environmental Degradation of Materials. New York: William Andrew Publishing: 277-297.

Evans P D, Michell A, Schmalzl K. 1992. Studies of the degradation and protection of wood surfaces. Wood Science and Technology, 26(2): 151-163.

Evans P D, Schmalzl K. 1989. A quantitative weathering study of wood surfaces modified by chromium VI and iron III compounds. Part 1. Loss in zero-span tensile strength and weight of thin wood veneers. Holzforschung, 43(5): 289-292.

Evans P D. 2013. Weathering of wood and wood composites. In: Rowell R M. Handbook of Wood Chemistry and Wood Composites. Boca Raton: CRC Press: 151-200.

Feist W C, Hon D N S. 1984. Chemistry of weathering and protection. In: Rowell R. The Chemistry of Solid Wood. Washington: American Chemical Society.

Ganne-Chédeville C, Jääskeläinen A S, Froidevaux J, et al. 2012. Natural and artificial ageing of spruce wood as observed by FTIR-ATR and UVRR spectroscopy. Holzforschung, 66 (2): 163-170.

Guo H, Fuchs P, Cabane E, et al. 2016. UV-protection of wood surfaces by controlled morphology fine-tuning of ZnO nanostructures. Holzforschung, 70(8): 699-708.

Guo J, Zhou H B, Stevanic J S, et al. 2018. Effects of ageing on the cell wall and its hygroscopicity of wood in ancient timber construction. Wood Science and Technology, 52(1): 131-147.

Havlínová B, Katuščák S, Petrovičová M, et al. 2009. A study of mechanical properties of papers exposed to various methods of accelerated ageing. Part Ⅰ: the effect of heat and humidity on original wood-pulp papers. Journal of Cultural Heritage, 10(2): 222-231.

Hon D N S, Chang S T, Feist W C, et al. 1982. Participation of singlet oxygen in the photodegradation of wood surfaces. Wood Science and Technology, 16(3): 193-201.

Hon D N S, Ifju G. 1978. Measuring penetration of light into wood by detection of photo-induced free radicals. Wood Science, 11: 118-127.

Horn B, Qiu J, Owen N, et al. 1994. FT-IR studies of weathering effects in western red cedar and southern pine. Applied Spectroscopy, 48(6): 662-668.

Jankowska A, Rybak K, Nowacka M, et al. 2020. Insight of weathering processes based on monitoring surface characteristic of tropical wood species. Coatings, 10(9): 877.

Jebrane M, Sèbe G, Cullis I, et al. 2009. Photostabilisation of wood using aromatic vinyl esters. Polymer Degradation and Stability, 94 (2): 151-157.

Kamdem D, Grelier S. 2002. Surface roughness and color change of copper-amine treated red maple (*Acer rubrum*) exposed to artificial ultraviolet light. Holzforschung, 56(5): 473-478.

Kamoun C, Merlin A, Deglise X, et al. 1999. ESR study of photodegradation of lignins extracted and isolated from *Pinus radiata* wood. Annals of Forest Science, 56(7): 563-578.

Kocaefe D, Huang X, Kocaefe Y, et al. 2013. Quantitative characterization of chemical degradation of heat‑treated wood surfaces during artificial weathering using XPS. Surface and Interface Analysis, 45(2): 639-649.

Kropat M, Hubbe M A, Laleicke F. 2020. Natural, accelerated, and simulated weathering of wood: a review. BioResources, 15(4): 9998-10062.

Li Y, Liu J, Zhang Y, et al. 2014. Study on anti aging properties of PVC based wood plastic composites. Engineering Plastics Application, 42: 79-82.

Liu W H, Hu C S, Zhang W W, et al. 2020. Modification of birch wood surface with silane coupling agents for adhesion improvement of UV-curable ink. Progress in Organic Coatings, 148: 105833.

Liu Y N, Guo L M, Wang W H, et al. 2019. Modifying wood veneer with silane coupling agent for decorating wood fiber/high-density polyethylene composite. Construction and Building Materials, 224: 691-699.

Liu Y X, Liu Y Y, Lin J J, et al. 2014. UV-protective treatment for Vectran® fibers with hybrid coatings of TiO_2/organic UV absorbers. Journal of Adhesion Science and Technology, 28(18): 1773-1782.

Lu Y, Xiao S, Gao R, et al. 2014. Improved weathering performance and wettability of wood protected by CeO_2 coating deposited onto the surface. Holzforschung, 68(3): 345-351.

Lustoň J, Guniš J, Maňásek Z. 1973. Polymeric UV-absorbers of 2-hydroxybenzophenone Type. Ⅰ. Polyesters on the base of 2-hydroxy-4-(2, 3-epoxypropoxy) benzophenone. Journal of Macromolecular Science: Part A-Chemistry, 7 (3): 587-599.

Müller U, Rätzsch M, Schwanninger M, et al. 2003. Yellowing and IR-changes of spruce wood as result of UV-irradiation. Journal of Photochemistry and Photobiology B: Biology, 69(2): 97-105.

Pandey K. 2005. Study of the effect of photo-irradiation on the surface chemistry of wood. Polymer Degradation and Stability, 90(1): 9-20.

Ratajczak I, Woźniak M, Kwaśniewska-Sip P, et al. 2018. Chemical characterization of wood treated with a formulation based on propolis, caffeine and organosilanes. European Journal of Wood and Wood Products, 76(2): 775-781.

Saha S, Kocaefe D, Sarkar D K, et al. 2011. Effect of TiO_2-containing nano-coatings on the color protection of heat-treated jack pine. Journal of Coatings Technology and Research, 8(2): 183-190.

Štefelová J, Zelenka T, Slovák V. 2017. Biosorption (removing) of Cd(Ⅱ), Cu(Ⅱ) and methylene blue using biochar produced by different pyrolysis conditions of beech and spruce sawdust. Wood Science and Technology, 51(6): 1321-1338.

Tingaut P, Weigenand O, Militz H, et al. 2005. Functionalisation of wood by reaction with

3-isocyanatopropyltriethoxysilane: grafting and hydrolysis of the triethoxysilane end groups. Holzforschung, 59(4): 397-404.

Tolvaj L, Mitsui K. 2005. Light source dependence of the photodegradation of wood. Journal and Wood Science, 51: 468-473.

Ukaji E, Furusawa T, Sato M, et al. 2007. The effect of surface modification with silane coupling agent on suppressing the photo-catalytic activity of fine TiO_2 particles as inorganic UV filter. Applied Surface Science, 254(2): 563-569.

Wu Y, Qian Y, Zhang A, et al. 2020. Light color dihydroxybenzophenone grafted lignin with high UVA/UVB absorbance ratio for efficient and safe natural sunscreen. Industrial & Engineering Chemistry Research, 59(39): 17057-17068.

Xie Y, Klarhöfer L, Mai C. 2012. Degradation of wood veneers by Fenton reagents: effects of 2,3-dihydroxybenzoic acid on mineralization of wood. Polymer Degradation and Stability, 97(7): 1270-1277.

Xie Y, Krause A, Mai C, et al. 2005. Weathering of wood modified with the N-methylol compound 1,3-dimethylol-4,5-dihydroxyethyleneurea. Polymer Degradation and Stability, 89(2): 189-199.

Xie Y, Krause A, Mai M C. 2008. Weathering of uncoated and coated wood treated with methylated 1,3-dimethylol-4,5-dihydroxyethyleneurea (mDMDHEU). European Journal of Wood and Wood Products, 66(6): 455-464.

Xie Y, Xiao Z, Goodell B, et al. 2010. Degradation of wood veneers by Fenton's reagents: effects of wood constituents and low molecular weight phenolic compounds on hydrogen peroxide decomposition and wood tensile strength loss. Holzforschung, 64(3): 375-383.

Yang W, Wang Q, Li L, et al. 2014. Interface bacteriostasis of wood-plastic composites modified by UV-irradiation grafting. Journal of North-East Forestry University, 42: 111-114.

Yu Y, Jiang Z, Ren H, et al. 2007. Factors affecting longitudinal tensile strength of softwood tracheids investigated with zero-span tension. Transactions of China Pulp and Paper, 22(3): 72-76.

Zhao J, Milanova M, Warmoeskerken M, et al. 2012. Surface modification of TiO_2 nanoparticles with silane coupling agents. Colloids and Surfaces A: Physicochemical and Engineering Aspects, 413: 273-279.

Zheng R, Tshabalala M A, Li Q, et al. 2016. Photocatalytic degradation of wood coated with a combination of rutile TiO_2 nanostructures and low-surface free-energy materials. BioResources, 11(1): 2393-2402.

Zheng W, Tang C, Xie J, et al. 2019. Micro-scale effects of nano-SiO_2 modification with silane coupling agents on the cellulose/nano-SiO_2 interface. Nanotechnology, 30: 445701.

第八章 基于木材多维弱相结构的材质调控研究

木材力学弱相结构是指木材在外部力学载荷作用下易被破坏的位置。木材力学性能的弱相结构与木材所受载荷类型密切相关，在拉、压、剪切应力作用下，木材破坏的起始位置及裂纹扩展规律存在一定差异（Wang et al.，2019；Wang et al.，2020）。研究显示，在木材组织层级，顺纹拉伸作用下木材破坏过程中的弱相结构为早材交叉场区域的管胞，而弯曲作用下木材破坏过程中的弱相结构为试样受拉部位最外侧交叉场区域的管胞。在细胞壁层级，木材力学性能的弱相结构为半具缘纹孔附近的细胞壁 S_2 层（王东，2020）。而分子结构层级上，有研究显示半纤维素对于木材的力学性能至关重要（Berglund et al.，2020）。

以有机物为作用主体对木材进行浸渍改性可有效提高木材的物理力学性能（顾炼百，2012；杨丽虎等，2019），其本质则是通过改性体系的介入改变木材多层级结构在外界物理力学载荷作用下的响应行为，从而对木材多层级结构中弱相区域进行增强或保护。因此，针对不同的弱相表现形式，木材改性处理策略也应各有侧重。木材改性形式多样，根据作用主体的不同主要分为细胞壁改性、细胞腔改性及壁腔复合改性，如图 8-1所示。本章主要介绍以水溶性反应型单体为增强剂，分别通过细胞壁、细胞腔及壁腔复合结构调控实现木材力学弱相结构增强的技术及其实现机制。

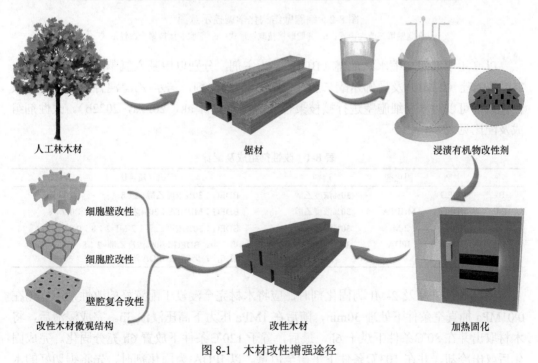

图 8-1 木材改性增强途径

第一节　细胞壁结构调控增强技术

一、细胞壁结构调控增强方法

细胞壁改性通过将改性剂引入细胞壁后产生的物理化学作用实现，该改性模式对木材尺寸稳定性及部分力学性能有显著贡献。根据进入细胞壁的改性剂是否反应以及反应形式可以细分为细胞壁填充改性、细胞壁接枝改性及细胞壁接枝聚合改性（图 8-2）。

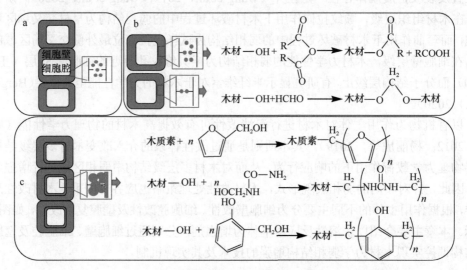

图 8-2　细胞壁结构化学调控示意图

a. 细胞壁填充改性形式；b. 细胞壁接枝改性形式；c. 细胞壁接枝聚合改性形式

以 1,4-丁二醇二缩水甘油醚（BDEG）为主剂，分别以甲基六氢苯酐（MHHPA）、2-甲基咪唑（2-MI）及异佛尔酮二胺（IPDA）为固化剂，与水/乙醇混合液或水组成改性体系，可以对木材细胞壁进行接枝聚合改性（Guo et al.，2022a，2022b）。改性剂组成及配比见表 8-1。

表 8-1　改性剂组成及配比

名称	主剂	固化剂	溶剂	配比（质量比）
B	BDEG	—	30%浓度乙醇	BDEG：30%浓度乙醇=2∶8
BMI	BDEG	MHHPA	30%浓度乙醇	BDEG∶MHHPA∶30%浓度乙醇=1.1∶0.9∶8
BMH	BDEG	2-MI	30%浓度乙醇	BDEG∶30%浓度乙醇∶2-MI=2∶8∶0.02
BIP	BDEG	IPDA	30%浓度乙醇	第一步：BDEG∶30%浓度乙醇=2∶8 第二步：9%浓度 IPDA 溶液

当以 MHHPA 及 2-MI 为固化剂时，应将木材完全浸没于配置好的改性剂中，先在 0.01MPa 抽真空条件下处理 30min，随后在 1MPa 压力下高压浸渍 3h。完成浸渍后，将木材取出并在 80℃条件下烘干 6h，最后，置于 120℃条件下放置 6h 充分固化。完成固化后取出冷却，并在 103℃条件下平衡至恒重。以 IPDA 为固化剂时，先将锯切好的木

材完全浸没于 BDEG 与乙醇/水配置的溶液中，在 0.01MPa 抽真空条件下处理 30min，随后在 1MPa 压力下高压浸渍 3h。完成浸渍后，将木材取出并在 80℃条件下烘干 6h。随后，将处理后的木材浸渍于浓度为 9%的 IPDA 溶液中，在 0.01MPa 抽真空条件下处理 2h，拿出后室温放置 24h。完成此步骤后再将样品先后置于 80℃及 120℃条件下各处理 6h，冷却后于 103℃条件下烘干至恒重。

大量研究表明，以水或高极性溶剂构建改性体系时，改性剂可以被顺利带入细胞壁中。利用 SEM 分析改性后木材细胞壁的横截面，如图 8-3 所示，发现利用 BDEG 为主剂配置的改性剂处理木材后，木材细胞壁厚度增加，原本存在于素材细胞壁间的间隙消失，且未在细胞腔中发现改性剂大量沉积。同时，改性材的增重率（WPG）及体积增加率（VG）分析结果显示（表 8-2），木材经环氧体系进行细胞壁接枝聚合改性后，密度及体积均有明显增加，这正是改性剂进入细胞壁造成的。为直接证实此现象，采用能量色散 X 射线光谱仪对细胞壁中的化学元素进行跟踪（以改性剂中含有氮元素的 BIP 改性材为样本），发现有氮元素均匀分布于改性材细胞壁中，进一步证实改性剂进入并沉积在细胞壁中。

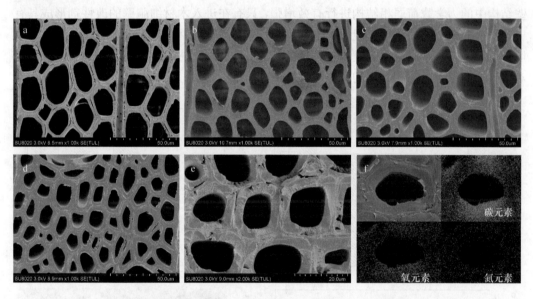

图 8-3　环氧处理前后木材横切面 SEM 图（详见书后彩图）

a. 素材；b. 无固化剂环氧处理木材；c. BMI 为固化剂的环氧处理材；d. 2-MI 为固化剂的环氧处理材；
e. IPDA 为固化剂的环氧处理材；f. IPDA 为固化剂的环氧处理材细胞壁中碳、氧和氮的元素分布图

表 8-2　试材增重率、体积增加率及密度

试样	WPG（%）	VG（%）	ρ（g/cm³）
素材（C）	—	—	0.33±0.02
无固化剂环氧处理材（B）	39.97±3.03	10.68±1.10	0.42±0.02
MHHPA 为固化剂的环氧处理材（BMH）	49.81±3.27	13.18±1.05	0.44±0.03
2-MI 为固化剂的环氧处理材（BMI）	50.83±3.42	11.18±1.02	0.45±0.01
IPDA 为固化剂的环氧处理材（BIP）	62.90±2.30	7.20±0.80	0.52±0.03

理论上，改性剂进入木材细胞壁后可通过与细胞壁组分的反应及自身聚合与细胞壁形成复合结构，进而直接对细胞壁的 S_2 层起到加固作用，因此，可认为是对细胞壁层级力学载荷弱相结构的直接增强。部分改性剂也可能渗透到细胞间隙中，达到直接强化组织间界面区弱相结构的效果。但需要注意的是，从图 8-3 中发现，不同固化剂配制的改性剂体系处理木材后得到的改性材细胞壁形貌存在差异。不加固化剂或固化后聚合物相对较软的体系（B、BMH 及 BMI）处理得到的改性材横切面形貌相对平整。然而，固化后聚合物硬度较大的体系（BIP）切面凹凸感较强，从以 BIP 为固化剂制备的改性材的 SEM 图中可观察到明显的脆性断裂形貌。因此，即使改性剂主要成分及配置浓度相同，固化剂不同导致的聚合物性质差异也会显著影响木材细胞壁的改性效果。此外，改性体系与细胞壁基体的亲和性或改性剂浓度差异也可能是影响改性效果的重要因素。

分析处理前后的木材力学性能发现（图 8-4），仅用环氧单体处理无法达到增强木材力学性能的目的，相应处理材的抗弯强度、顺纹抗压强度及冲击韧性相对于素材均有明显降低。然而，加入固化剂的环氧改性体系进入细胞壁后体现出的力学强度好于未加固化剂的情况。此现象表明，仅通过改性剂进入木材细胞壁进行物理填充无法对木材细胞壁结构中的力学载荷弱相结构进行有效增强，只有在进入木材细胞壁的改性剂形成具有一定强度的聚合物后才能体现出对木材力学性能的增强作用。研究表明，小分子量物质填充于细胞壁时不具备提供硬度与强度的能力，因此，无法通过分担外加力学载荷实现对木材细胞壁力学弱相结构的增强与保护。

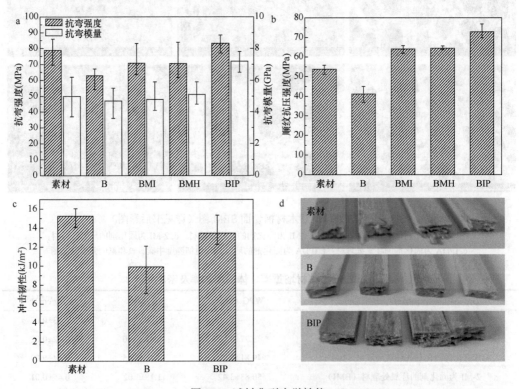

图 8-4　试材典型力学性能

a. 试材抗弯强度及抗弯模量；b. 试材顺纹抗压强度；c. 试材冲击韧性；d. 试材冲击韧性测试断裂面形貌

　　图 8-4 中的数据显示，加入固化剂后，改性材的顺纹抗压强度相对于素材及仅用环氧单体处理的木材有明显提升，且体现出碱性固化剂效果好于酸性固化剂，多官能团固化剂好于单官能团固化剂的现象。然而，除抗压强度外，加固化剂改性材的抗弯强度、抗弯模量及冲击韧性均低于素材，或仅有微弱提升，未表现出对木材力学性能增强的效果。此现象在以细胞壁改性为手段处理木材时普遍存在，总结已报道的研究工作（表 8-3）发现，细胞壁改性材增重率低（通常在 60% 以下），尺寸稳定性提升效果好，顺纹抗压强度明显提升。然而，改性材的抗弯强度及冲击韧性改善效果相对有限，尤其是木材的冲击韧性在细胞壁改性处理后通常会有所降低。观察图 8-4d 素材及改性材的冲击韧性测试试件断裂面发现，处理前后木材冲击断面形貌相似。相对于素材，改性材冲击断面中体现出的大范围纤维拔出现象相对较少，此现象表明木材进行细胞壁改性后脆性有所提升。

表 8-3　细胞壁改性材的尺寸稳定性与典型力学性能

类型	改性剂	用材	WPG (%)	ASE (%)	相对于素材力学性能变化率（%）				参考文献
					顺纹抗压强度	MOR	MOE	冲击韧性	
填充	PEG-800	杨木	55	/	−32	2	1	11	实验测试数据
接枝	乙酸酐	杨木	20	71	/	降低显著	无影响	/	柴宇博，2015
		科西嘉松	15	/	/	/	/	−22	Papadopoulos and Pougioula，2010；Papadopoulos and Tountziarakis，2012
		科西嘉松	23	/	25%	/	/	/	
		北美短叶松	15	/	/	10	略有提升	/	Huang et al.，2018
		云杉	18	/	/	20	17	/	Brelid et al.，1999
		松木	20	/	/	−25	−23	/	Brelid et al.，1999
		樟子松	/	/	/	/	−16	/	Ramsden et al.，1997
		大青杨	19.7	60	/	无影响		/	Chai et al.，2017
		大青杨	15.2	56.9	/	8.2	3.2	/	柴宇博等，2015
	戊二醛	南方松	10	50	50	−10	略有提升	−54	Sun et al.，2016
		苏格兰松	10	/	48	略有降低		−60	Xiao et al.，2010
接枝聚合	FA	杨木	23	55	62	/	25	/	沈晓双，2021
		马尾松	42	53	79	7.6	14	/	Li et al.，2015
		欧洲水青冈	36	67	/	无影响	20	/	Sejati et al.，2017
	DMDHEU	马尾松	29	47	50	−25	/	/	Li et al.，2019
		大青杨	20	/	/	−20	30	/	Yuan et al.，2013
		杨木	55	/	91	−20	38	−35	Jiang et al.，2014
		欧洲赤松	30	/	/	/	/	−50	Emmerich et al.，2019
		苏格兰松	30	/	/	/	/	/	Xie et al.，2007
	PF	马尾松	39	62	22	/	/	/	Wang et al.，2019
		软木	33	70	/	21	12	/	Deka and Saikia，2000
	MF	软木	33	48	/	12	6	/	Deka and Saikia，2000
		黄松	50	53	/	/	/	−27	Pittman rt al.，1994
		欧洲云杉	25	/	/	/	/	/	Gindl et al.，2004
		欧洲山毛榉	/	52	/	/	/	/	Miroy et al.，1995
	UF	软木	34	68	/	19	10	/	Deka and Saikia，2000

　　注："/" 无数据。PEG-800，聚乙二醇（Mn 为 800）；WPG，增重率；ASE，抗湿胀率；MOR，抗弯强度；MOE，抗弯模量；FA，糠醇；DMDHEU，二羟甲基二羟基乙烯脲树脂；PF，酚醛树脂；MF，三聚氰胺甲醛树脂；UF，脲醛树脂

二、细胞壁结构调控增强机制

经大量研究发现，木材细胞壁改性对木材力学性能增强体现上述特点的原因为，改性剂进入细胞壁形成的聚合物虽然可以为木材分担部分力学载荷，但聚合物交联了木材组分，提高了细胞壁刚性，木材细胞壁组分之间原本具有的适应受力变形过程的相对滑移能力受限，因此改性材多层级结构容易在较低的应变下产生较强的应力集中，进而出现初始裂纹（Xie et al., 2013）。此特点对于木材冲击韧性及抗弯强度具有不利影响，尤其是刚性树脂改性材的冲击韧性下降更为明显（表 8-3）。研究显示，多层级复合细胞壁结构是木材具有较高韧性的主要原因之一，裂纹可以从 S_2 层向 S_1/S_2 界面层发生 "Z" 形扩展，实现高效能量耗散（Maaß et al., 2020）。聚合物交联或填充木材细胞壁后，改性材细胞壁难以实现上述能量耗散过程。同时，改性过程中催化剂造成的酸、碱性环境及高温处理过程均会使部分木材组分被降解，产生新的弱相结构（Xie et al., 2013）。对于顺纹抗压性能，因加载方向与纤维细胞或管胞同向，因此，力学破坏时纤维细胞或管胞产生轴向形变。当具有一定强度的聚合物填充细胞壁后会增加单位空间内抵抗外力的有效物质量，进而使纤维细胞或管胞产生轴向形变的载荷增加，因此，细胞壁改性对木材顺纹抗压强度的提升具有相对较好的效果。然而需要强调的是，细胞壁中的孔隙虽然可以容纳改性剂，但可提供的空间相对有限，因此，细胞壁改性方法提升木材力学性能的能力也相对有限。研究实践表明，细胞壁改性方法更适于提升木材尺寸稳定性时使用。事实上，基于上述分析可知，通过细胞壁改性可实现对木材细胞壁层级力学弱相结构的增强作用，但对木材力学性能的增强能力有限。

第二节　细胞腔结构调控增强技术

细胞腔改性是以木材细胞腔为作用主体，运用多种渗透方法将改性剂导入木材细胞腔，起到填充支撑作用，从而实现木材物理力学性能的增强。极性基团的存在使木材细胞壁有一定的极性。同时，木材细胞壁孔隙主要为介孔与微孔，大部分细胞壁介孔直径分布在 5nm 左右（Yang and Cao, 2019; Shen et al., 2021）。疏水性有机物（苯乙烯、甲基丙烯酸甲酯、甲基丙烯酸缩水甘油酯等）及分子量较大的改性剂均难以进入细胞壁，主要进入细胞腔中实现对木材的作用（Furuno et al., 2004; 孟新, 2011; Guo et al., 2021, 2022c）。因此，上述物质常被用于木材细胞腔改性处理。木材细胞壁是木材承受外界力学载荷的实际主体，采用细胞腔结构改性方式不会对木材细胞壁结构及功能产生直接影响，可以保留木材细胞壁原有力学载荷响应结构，尤其是木材的细胞壁韧性结构特点。同时，若填充于细胞腔中的聚合物具有良好的力学强度，可起到分担外界力学载荷的作用，进而有效提高木材的抗弯强度、抗压强度等力学指标（He et al., 2014; Dong et al., 2019; Guo et al., 2022c）。根据改性剂是否完全填充细胞腔可以分为满细胞腔填充及细胞壁环状增厚（图 8-5）。理论上，进入细胞腔的改性剂聚合后可以与木材细胞壁组成力学承载复合体，聚合物本身的力学强度将改变木材细胞壁在外界力学载荷下的应力集中行为。因此，在此改性模式下，木材细胞壁层级的力学性能未得到直接增强，其本质是对木材细胞壁层级力学载荷弱相结构的间接保护。对于木材组织层级弱相结构，此改性模式下，改性剂无法定向作用于组织间的弱相结构（如早材交叉场区域的管胞）。然而，改性剂进入细胞腔后起到了对木材细胞整体性能的调控作用，因此，可认为细胞腔改性可以对组织层级下的木材力学弱相结构进行直接作用。

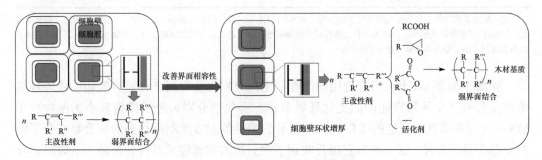

图 8-5　细胞腔结构化学调控示意图

一、满细胞腔填充增强方法

对于满细胞腔填充改性，依据进入细胞腔的物质是否反应可以分为细胞腔聚合改性和细胞腔填充改性。以提升木材力学性能为目的时，通常采用细胞腔聚合改性方法，利用在细胞腔中形成的高强度聚合物实现木材力学性能提升。细胞腔聚合改性又可分为细胞腔活性单体改性与细胞腔预聚物改性。聚合物的结构和性能及聚合物与细胞腔内壁亲和性差异会显著影响木材力学性能提升程度。可利用不同结构的环氧单体及固化剂组成改性剂体系处理木材，探索聚合物结构及性能对木材物理力学性能的影响及聚合物对木材力学载荷弱相结构的增强机制（Guo et al.，2022c）。

本研究配制了 5 种具备不同力学性能环氧聚合物的环氧单体改性剂体系（表 8-4）。配制过程不加任何溶剂，以保证改性剂不进入细胞壁中，避免影响木材细胞壁力学载荷响应结构。处理时，先将试材浸入配置好的改性剂中。随后放入密闭浸渍罐中抽真空至 0.01MPa，保持 1h。随后，将体系加压至 1.2MPa，保持 24h。将浸渍处理后的木材样品表面残留改性剂擦拭干净，置于 80℃环境下处理 6h，随后升温至 120℃处理 12h。加工处理材冷却后平衡至恒重。

为分析环氧聚合物物理力学性质与木材力学性能改善效果的相关性，分别利用表 8-4 中 5 种配制好的改性剂直接制备环氧聚合物的拉伸性能测试试件，通过聚合物拉伸性能测试分析聚合物力学性能特点，5 种聚合物分别命名为 PBD（BDGE 与 DDSA 摩尔比 1:1），PBDM（BDGE、DDSA 及 MNA 摩尔比 2:1:1），PBM（BDGE 与 MNA 摩尔比 1:1），P3BTM（BDGE、TMGE 及 MNA 摩尔比 3:1:4.5），P1BTM（BDGE、TMGE 及 MNA 摩尔比 1:1:2.5）。聚合物制备过程：将配置好的改性剂倒入拉伸试件模具中，置于 80℃环境下处理 6h，随后，升温至 120℃处理 12h。

表 8-4 环氧单体改性剂配制方法

配方名称	主剂	固化剂	主剂与固化剂配比（摩尔比）
BD	BDGE	DDSA	1∶1
BDM	BDGE	DDSA/MNA	2∶1∶1
BM	BDGE	MNA	1∶1
3BTM	BDGE/TMGE	MNA	3∶1∶4.5
1BTM	BDGE/TMGE	MNA	1∶1∶2.5

注：配方名称列的字母为主剂和固化剂的简写。BDGE：1,4-丁二醇二缩水甘油醚；TMGE：三羟甲基丙烷三缩水甘油醚；MNA：甲基钠迪克酸酐、DDSA：十二烯基琥珀酸酯酸酐；每组改性剂中以 2,4,6-三（二甲氨基甲基）苯酚（TAP）作为促进剂，添加量为环氧单体质量的 0.5%。

如图 8-6a 所示，上述研究选用的改性剂主剂分别为具有两个环氧官能团的线性环氧单体及具有三个环氧官能团的支化环氧单体。固化剂分别为分子结构较小的刚性分子 MNA 及具备柔性分子链的 DDSA。按设计的改性剂配方配制后得到的聚合物在分子结构上存在显著差异。这一点也直接反映到了聚合物的物理性质及拉伸性能上。如图 8-6b

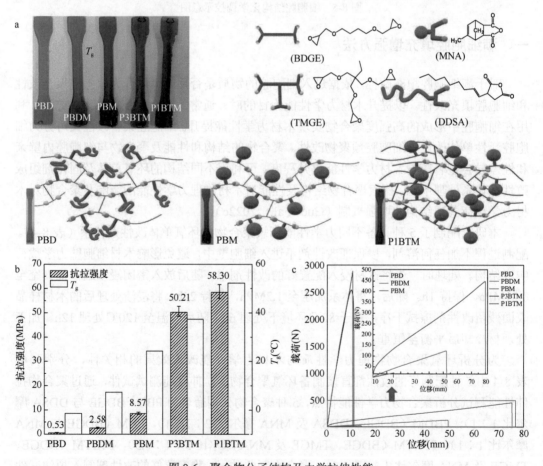

图 8-6 聚合物分子结构及力学拉伸性能

a. 环氧单体、固化剂与聚合物照片及分子结构示意图；b. 环氧聚合物的抗拉强度及 T_g；
c. 拉伸载荷下环氧聚合物的载荷-位移曲线

所示，PBD 的抗拉强度及玻璃转化温度（T_g）是所有聚合物中最低的。在 PDB 配方基础上加入一定量的刚性较高的固化剂后，形成的 PBDM 及 PBM 的抗拉强度及 T_g 均有明显提升。此外，在以 PBM 为基础的前提下逐渐提升支化环氧聚合物的使用比例时，形成的环氧聚合物的抗拉强度及 T_g 逐渐提升。P1BTM 的抗拉强度可达到 PBD 的 100 倍以上，且 T_g 也提升了 5 倍以上。分析以上结果发现，形成聚合物的单体支化度高且固化剂分子结构中柔性结构少时，聚合物将具备较高的交联密度，进而表现出更好的力学性能及较高的 T_g。

此外，分析拉伸载荷下环氧聚合物的载荷-位移曲线发现（图 8-6c），使用柔性链段固化剂或线性结构环氧主剂时，在拉伸测试时出现较大的拉伸位移，然而，使用刚性结构固化剂及支化型环氧单体制备的环氧聚合物拉伸测试时则难以出现较大的拉伸位移。当将改性剂体系引入木材细胞腔并形成聚合物后，聚合物性质及性能将对木材力学性能的提升效果起到极为关键的作用。根据现有研究可推测，聚合物良好的刚性及硬度提升对木材抗压强度具有积极意义，而聚合物体现出的韧性特点对于改善木材抗弯强度及冲击韧性具有较好的效果。同时，在明确聚合物性质与改性材力学性能相关性的基础上，可以通过设计聚合物的结构来实现木材力学性能的定向提升。为明确上述问题，进一步对各改性剂处理后木材的典型力学性能指标进行了测试。

通过 5 种改性剂对木材细胞腔进行填充聚合改性后，改性材的抗弯强度、抗弯模量、顺纹抗压强度及冲击韧性相对于素材均有提升（图 8-7）。如图 8-7a 所示，当使用线性

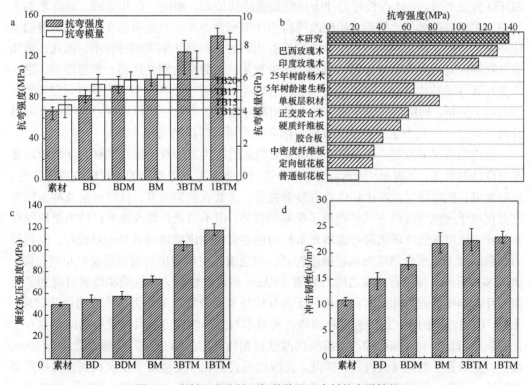

图 8-7 素材及水溶性环氧单体处理木材的力学性能

a. 抗弯强度及抗弯模量；b. 改性材与其他木质材料抗弯强度的对比；c. 顺纹抗压强度；d. 冲击韧性

环氧单体及柔性结构固化剂进行细胞腔改性后，改性材抗弯强度及抗弯模量相对于素材有所提升，但提升效果并不明显，仅能使木材抗弯强度由《木结构工程施工质量验收规范》（GB 50206—2012）规定的 TB13 级提升至 TB15 级。加入刚性固化剂后，提升效果得到进一步改善。利用部分具备刚性结构的固化剂替换柔性固化剂后，改性材抗弯强度进一步提升至 TB17 级。当全部固化剂均替换为刚性结构时，改性材抗弯强度提升至TB20 级。因此，利用细胞腔改性提升木材力学性能时，需要进入细胞腔的聚合物具备一定刚性。当在刚性固化剂配方的基础上向改性主剂中加入具有支化结构的环氧单体后，相应改性材的抗弯强度及抗弯模量相对于 BM 改性材有显著提升，且随改性主剂中支化结构环氧单体比例升高，所得改性材的抗弯强度及抗弯模量将进一步增加。将制备的改性材最优组抗弯性能与现有高品质红木、天然林木材及主流人造板产品相比较发现，通过环氧聚合物填充木材细胞腔的改性方法在提升木材力学性能上具有显著的优势（图 8-7b）。

对木材改性处理前后的顺纹抗压强度进行分析发现（图 8-7c），使用线性环氧单体及柔性结构固化剂进行细胞腔改性后木材的顺纹抗压强度提升程度相对有限，而当提升环氧聚合物交联密度后，改性材顺纹抗压强度得到明显提升。事实上，细胞腔中环氧聚合物刚性的提升对于改善木材顺纹抗压强度更为重要。分析木材改性前后的冲击韧性发现（图 8-7d），不同聚合物填充木材细胞腔后，改性材的冲击韧性相对于素材均有明显提升，且当改性剂中刚性固化剂比例提升时，改性材的冲击韧性随之逐渐增加。使用 BDEG 为主剂时，BM 改性材的冲击韧性数值达到最大。然而，在此基础上逐渐增加主剂中支化环氧单体的比例后，相应改性材的冲击韧性并未再发生明显变化。虽然增加支化环氧单体的比例后相应改性材冲击韧性有所增加，但增加幅度相对较小。因此，增加聚合物刚性对提升木材冲击韧性具有一定的作用；当聚合物刚性达到一定程度后，进一步提升其分子结构交联密度可能会增加聚合物脆性，对于改善木材冲击韧性贡献有限。综合以上分析，利用环氧聚合物填充木材细胞腔改性的方式是实现木材力学性能全面提升的有效方法，且力学性能提升效果与聚合物性质及性能密切相关。

总结现有研究发现，利用聚合物填充细胞腔的改性方法对于提升木材力学性能均体现出良好的效果。如表 8-5 所示，使用聚合物填充细胞腔改性得到的木材顺纹抗压强度、抗弯强度、抗弯模量及冲击韧性均有显著提升。尤其在抗弯强度、抗弯模量及冲击韧性方面相对于细胞壁改性方式体现出了明显的优势，但不同聚合物改性木材的力学性能存在差异。使用高强度环氧聚合物填充木材细胞腔时体现出的增强效果相对较好，但利用力学强度较差的聚合物填充木材细胞腔时，相应改性材体现出的增强效果则相对有限。如表 8-5 所示，使用石蜡及乙酸乙烯酯（VAc）时，改性材力学性能相较素材得到了全面提升，但提升程度相对有限，远低于高强度环氧聚合物对木材力学性能的提升效果。此外，值得注意的是，细胞腔填充改性在提升木材力学性能方面具有优势的同时也有一定的缺点。首先，利用细胞腔改性得到的改性材相较素材的 WPG 较高，通常会达到 100%以上，显著高于细胞壁改性材，因此，此改性方式会在一定程度上使木材失去轻质高强的特性。其次，通过细胞腔填充改性制备的改性材的抗湿胀率（ASE）相较细胞壁改性相对较低。因此，通过细胞腔改性得到的改性材尺寸稳定性依然有较大的提升空间。具体原因为，细胞腔改性过程并未对影响木材尺寸稳定性的因素进行直接作用。即使细胞腔中的聚合物或填充物可以一定程度阻隔或限制水分对木材细胞壁尺寸稳定性的影响，延长木材因水分影响变形的时间，但无法完全限制这一现象的发生。

表 8-5　细胞腔改性材的尺寸稳定性与力学性能

改性剂	用材	WPG (%)	ASE (%)	相较素材的力学性能变化率（%）				参考文献
				顺纹抗压强度	抗弯强度	抗弯模量	冲击韧性	
ST	杨木	108	20	28	13	无影响	/	Guo et al., 2021
BDGE/TMGE/MNA	杨木	177	/	137	110	86	111	Guo et al., 2022c
	杨木	119	/	72	72	42	/	王传贵等, 2013
MMA	湿地松	114	/	/	25	13	/	Acosta et al., 2020
	大青杨	/	15	51	47	91	33	孟新, 2011
VAc	大青杨	/	15	26	40	75	17	孟新, 2011
GMA/EGDMA	大青杨	/	55	102	127	104		孟新, 2011
石蜡	欧洲赤松	/	/	24	28	10	34	Scholz et al., 2009

注：“/”表示无数据；ST，苯乙烯；MMA，甲基丙烯酸甲酯；EGDMA，乙二醇二甲基丙烯酸酯；GMA，甲基丙烯酸缩水甘油醚；BDGE，1,4-丁二醇二缩水甘油醚；TMGE，三羟甲基丙烷三缩水甘油醚；MNA，甲基纳迪克酸酐；VAc，乙酸乙烯酯

二、满细胞腔填充增强机制

为阐明细胞腔环氧填充改性方法提升木材力学性能的机制，首先对细胞腔填充改性前后木材的微观形貌进行了分析。如图 8-8 所示，与素材相比，环氧聚合物填充木材细胞腔改性后绝大多数纤维细胞及导管的内腔均被完全填充。同时，纤维细胞间部分孔隙在处理过程中也被环氧聚合物填满。然而，分析改性材的径切面及弦切面形貌时发现，环氧聚合物虽然填充了绝大多数的纤维细胞及导管，但并未对木材中的木射线细胞进行有效填充。分析可能原因为，环氧单体进入木材的主要通道是导管及纤维细胞，因此，填充过程中环氧单体改性体系以轴向运动为主，而改性剂由导管腔及纤维细胞腔进入横向排布的木射线细胞需要穿过细胞壁与木射线间的联通结构。环氧单体以本体状态对木材改性时黏度较大，难以有效穿过联通结构，最终导致改性材中木射线细胞的空置状态。因此，结合上述分析，以环氧单体改性体系对木材进行细胞腔填充改性时，改性剂将沿木材轴向通道扩散，填充绝大多数纤维细胞及导管细胞的细胞腔，但不会明显进入木射线细胞的细胞腔。

为分析上述环氧聚合物填充细胞腔改性过程中是否有改性剂进入细胞壁，采用激光扫描共聚焦显微镜（LSCM）对素材及改性材进行观察。因木材细胞壁中含有可产生荧光的木质素，因此，利用甲苯胺蓝处理使木材细胞壁失去荧光效应。如图 8-9 所示，对比用甲苯胺蓝处理的素材及改性材横截面切片可以发现，环氧单体改性体系本体处理后的木材，改性剂主要存在于细胞腔中，并未明显进入木材细胞壁结构中。因此，细胞腔填充改性方法改善木材力学性能的机制是利用填充于细胞腔中的聚合物与木材细胞壁共同构建新的应力应变体系，而不是直接作用于细胞壁中的力学弱相结构。

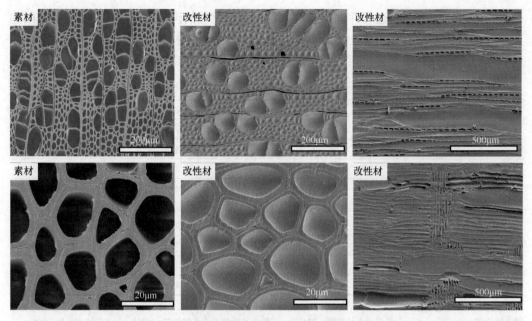

图 8-8　环氧聚合物填充细胞腔改性木材的 SEM 图

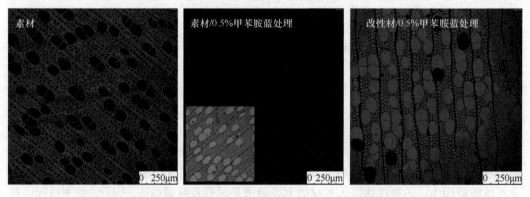

图 8-9　聚合物在木材中的分布（详见书后彩图）

在明确改性剂分布及作用位置的基础上，通过观察改性材在典型力学载荷作用形式下的宏观及微观破坏形式分析细胞腔填充改性模式下木材力学载荷弱相结构的增强机制。平行于木材生长方向的压缩载荷可由纵向结构单元，尤其是纤维细胞单元分担。由于纵向单元的不同力学性质，素材在压缩过程中可能会发生 6 种类型的破坏，包括"压碎"、"楔劈"、"剪切"、"劈裂"、"平行于纹理的压缩与剪切破坏"及"端部破坏"（da Silva and Kyriakides，2007）。

BD 改性处理木材的压缩失效是按照 *Standard Test Methods for Small Clear Specimens of Timber*（ASTM D 143—2007）中所规定的"楔形分裂"（图 8-10）定义的。事实上，根据材料受力变形产生顺序，理论上应先产生细胞弯曲，当弯曲量达到一定值后，弯曲部分的物质被垂直于木材生长方向的空间挤压，进而出现纵向劈裂。这也是 DB 改性材顺纹载荷破坏出现"楔形分裂"的关键原因。此时聚合物强度及木材细胞结构强度均较低，因此，失效所需载荷也相对较低。然而，高强度聚合物填充木材细胞腔的情况则与此显著不同。1BTM 改性材的失效形式是"剪切"或"平行于纹理的压缩与剪切破坏"（图 8-10）。事实上，此时的剪切是纵向压力导致的压缩与斜向滑移共同作用的结果。因 1BTM 改性体系形成的聚合物本身力学强度高，因此可以有效阻碍改性材结构单元在纵向压力下的弯曲收缩，当纵向载荷达到 1BTM 改性体系形成的聚合物的破坏阈值时，木材细胞壁也将随之在此高载荷条件下快速变形并发生破坏，进而导致图 8-10 中所观察到的剪切滑移破坏形貌。同时，高压条件下聚合物及木材收缩必将导致单位体积内物质的量增加，从而产生垂直于木材生长方向的挤压力，结合压力导致的弯曲变形，进而导致出现大量轴向劈裂破坏。然而，BM 改性材的失效形式与前述两种材料及素材的失效形式存在显著差异。BM 改性材呈现的主要破坏形式为轴向压缩及横向挤出滑移，此破坏模式的本质是纵向压缩引起的细胞及聚合物复合结构弯曲失效。

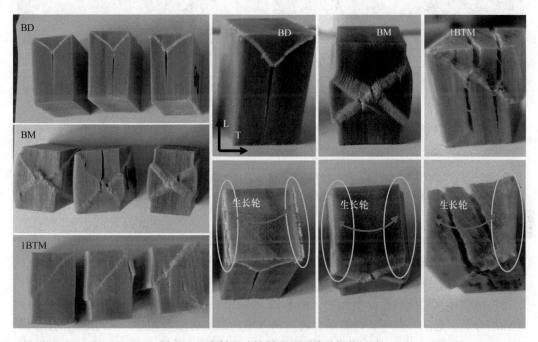

图 8-10　素材和改性材顺纹压缩破坏的照片

在微观层面，如图 8-11 所示，在素材中观察到分别通过纵向细胞的弯曲和扭曲形成的细胞壁的屈曲和缩短现象。纵向细胞的分层通常发生在纵向细胞和木射线之间的连接处，导致纵向分裂。然而，由于环氧树脂聚合物具备一定的机械性能，改性后木材的压缩失效与素材存在显著差异。纵向结构单元在压缩载荷作用期间有三种变形机制：屈曲、缩短和分层。改性材中的纵向细胞仍然存在分层（图 8-11）。随着环氧聚合物引入细胞腔，纵向细胞的缩短消失，因此，通过添加环氧聚合物可以有效防止细胞壁变形。除了木材纵向结构单元的失效，也在改性材中观察到环氧聚合物的失效现象。这表明，环氧树脂聚合物在压缩试验期间起到了分担压缩载荷的作用。BD 改性材中的环氧聚合物

（PBD）中有较多裂纹（BD 改性材 SEM 图中圈出的位置）。裂纹扩展至细胞壁（BD 改性材 SEM 图中箭头所示位置），导致细胞壁破裂。聚合物裂缝可能是由纵向压缩力或横向力引起的，该横向力是在纵向单元壁的压缩过程中由屈曲形成的，因为 BD 改性材细胞腔中 PBD 聚合物强度较低，无法抵抗该力。相比之下，由于聚合物 PBM 和 P1BTM 的强度高于 PBD，因此在 BM 和 1BTM 改性材中未发现大面积的聚合物裂纹。这表明，较高强度的环氧聚合物能够分担更多的载荷，从而提高改性材的压缩强度。此外，聚合物 P1BTM 在 1BTM 改性材中出现断裂（1BTM 改性材 SEM 图中箭头所示位置），但在 BM 改性材中没有断裂。具体原因为，聚合物 PBM 有较高的延展性，因此，在 BM 样品中聚合物没有断裂，表现为在压缩载荷下与细胞壁的同步屈曲。综合以上分析可以发现，进入细胞腔的聚合物与木材细胞壁组成了新的应力应变体系，主要通过聚合物对木材纤维细胞结构在外载荷作用下的力学响应行为进行调控，实现对木材力学弱相结构的间接增强或保护。

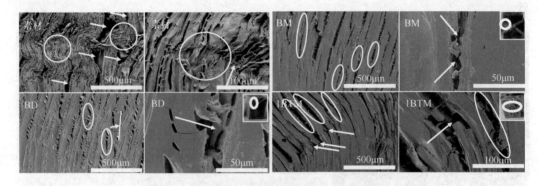

图 8-11　素材和改性材顺纹压缩破坏 SEM 图

右图是左图的局部放大；素材中的白圈表示细胞壁的屈曲，剪头表示裂纹出现的位置；
改性材中的白圈和箭头表示裂纹出现的位置和裂纹扩展的趋势

　　木材加载弯曲载荷时，可分为压缩区（图 8-12 中箭头所示的位置）和弯曲载荷下的拉伸部分。弯曲载荷破坏主要源于木材受压载荷下的拉伸部分。由于横向和纵向裂纹交替扩展，初始裂纹以"Z"字形方式从拉伸部分延伸至压缩区（图 8-12）。横向裂纹扩展是由纵向单元的横向断裂引起的（图 8-12 中圈出的位置），纵向裂纹扩展是由于纵向单元的分裂引起的。当环氧树脂聚合物被引入纵向细胞的细胞腔时，纵向细胞的横向断裂被纵向细胞/聚合物复合体的横向断裂所取代。由于聚合物本身具有一定的力学性能，且当聚合物强度高于木材细胞结构横断阈值或聚合物变形极限小于木材细胞变形极限时，所需断裂载荷将显著增大。由图 8-12 可知，在改性材中，纵向细胞的分裂仍然明显。原因为，细胞腔填充改性过程中环氧单体难以进入胞间层结构，无法实现对胞间层界面结构的有效加固。因此，在改性材中，纵向延伸的初始裂纹比横向延伸的裂纹更容易形成。当改性材中环氧树脂聚合物的强度较高时，纵向纤维细胞/聚合物复合体的横向断裂变得更困难，导致更长的纵向裂纹。此作用模式正是聚合物通过填充细胞腔增强木材抗弯强度的关键机制。改性材受抗弯载荷时，拉伸一侧的破坏应力集中于聚合物上。当聚合物强度足够时，只有先破坏聚合物，拉伸载荷才能继续作用于木材细胞壁结构，从而起到对木材细胞壁中原有力学载荷弱相结构的保护效果。

图 8-12 素材及改性材压缩损坏后的照片

素材微观破坏主要表现为纵向细胞壁横断及胞间层分裂（图 8-13）。改性材中除了纵向细胞/聚合物复合体的横向断裂和分裂外，还发现了细胞壁中的"脱黏"（图 8-13BD、BM 和 1BTM 改性材圈出的位置），这些脱黏形成在 S_2 和 S_3 细胞壁层之间。值得注意的是，部分细胞壁基质（S_3 层）仍然与聚合物结合，表明细胞壁与环氧树脂聚合物结合紧密。现有研究表明，多层级界面间如有良好的结合能力，则该体系所受应力可以通过界面进行高效均匀分配，这也证明了环氧聚合物可以通过环氧聚合物和细胞壁之间的界面分担弯曲载荷。当使用更高强度的环氧聚合物对木材进行细胞腔填充改性时，填充于细胞腔中的高强度环氧聚合物可以分担更多的载荷，从而进一步提高改性材的弯曲强度。总之，通过此部分对细胞腔填充改性后改性材抗弯破坏分析也同样发现，此改性方式主要通过改变木材细胞结构对外界载荷的响应行为实现对木材力学弱相结构的间接增强。

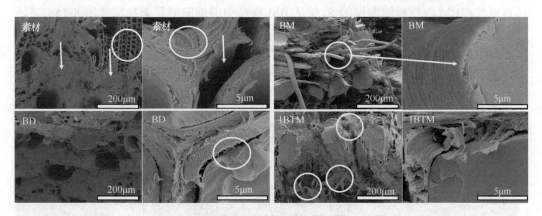

图 8-13 素材及改性材压缩损伤后的 SEM 图
左图中的白圈表示脱黏，右图是左图白圈部分的局部放大，左图的箭头和右图中的白圈表示的是细胞壁的横断，
右图中的箭头表示胞间层分裂

冲击试验中木材的应力作用模式与弯曲载荷作用相似，且冲击强度通常用于表征木材的韧性（Lucas et al.，1997；Scholz et al.，2009）。木材中韧性的结构来源包

括细胞组织结构和细胞壁结构（Barthelat et al.，2016）。冲击能量被冲击载荷下木材纵向细胞结构单元的横向断裂和纵向单元间的分裂破坏过程所吸收。由于在冲击破坏过程中，木材横向和纵向裂纹交替扩展，能够吸收更多的冲击能量，这也是实现木材增韧的重要控制机制。当通过引入环氧树脂聚合物进入纵向细胞结构的内腔时，纵向细胞/聚合物复合体的横向断裂需要更多的冲击能量。此外，随着环氧树脂聚合物强度的增加，改性材中纵向单元的分裂逐渐增多（图 8-14），导致冲击能量的吸收更大。提高木材韧性的另一个关键因素是包括 S_1 层、S_2 层和 S_3 层的细胞壁的多层结构。在素材中，在冲击载荷作用下，S_2 层和 S_1/S_2 界面之间的细胞壁中可以形成"Z"字形路径，这能很好地吸收冲击能量，因为 S_2 层的机械强度远大于 S_1/S_2 界面的机械强度。如图 8-14 所示，素材的细胞壁与冲击损伤后的改性材相似：细胞壁断裂粗糙，纤维被拉出。观察发现，当环氧树脂聚合物被引入细胞腔而不是细胞壁时，细胞壁的 S_1 层和 S_2 层之间的优异韧性结构可以得以保留（Lucas et al.，1997；Henriksson et al.，2008）。

图 8-14　素材及改性材冲击破坏断面照片

此外，在改性过程中发现了细胞壁的另一种增韧机制，即 S_2 层和 S_3 层之间的细胞壁脱黏。值得注意的是，与 BD 改性材和 1BTM 改性材相比，由于 PBM 聚合物的高延展性，BM 改性材细胞壁的 S_3 层从 BM 样品中的细胞壁显著拉出（图 8-15a）。通过上述分析发现，尽管 BM 和 1BTM 改性材的冲击强度显著提高，但主要增韧机制不同。与 BM 改性材相比，1BTM 改性材中有更多纵向裂纹扩展，能够吸收更多冲击能量（图 8-15b）。与前述抗弯破坏分析结果相似，进入细胞腔的环氧聚合物也是通过改变应力应变形式达到对木材细胞壁中冲击载荷弱相结构进行间接增强的效果。

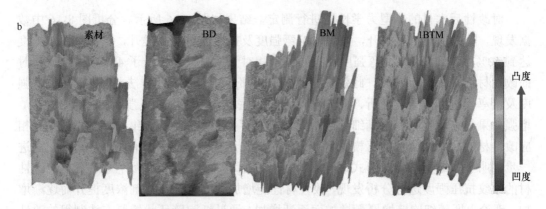

图 8-15 素材及改性材冲击破坏断面微观形貌

a. 冲击破坏后素材及改性材的 SEM 图像；b. 冲击破坏后素材及改性材断裂表面的 3D 高度图

三、细胞壁环状增厚增强方法

细胞壁环状增厚是细胞腔填充改性中的特殊情况。环状增厚过程对改性剂体系的要求较高，既需保证有效改性成分与细胞壁的亲和性，同时改性剂有效成分不能大量进入细胞壁结构中，且在细胞腔中的沉积量也需要进行定量控制。此方法的特点在于可以在相对较低的增重率条件下实现木材力学性能的全面提升，也可以理解为通过聚合物在细胞腔内壁上的沉积加厚代替光合作用实现木材细胞壁生物量的积累，增加木材单位空间内承担力学载荷的有效实体的量。目前，本专著研究团队已初步开发出木材细胞壁环状增厚技术并对环状增厚实现机制及增强控制方法进行了初步探讨。以下将以此为例介绍基于细胞壁环状增厚的木材力学性能提升方法。

为实现细胞壁环状增厚，可采用水溶性乙烯基单体甲基丙烯酸羟乙酯（HEMA）及甲基丙烯酸四氢糠基酯（THFMA）混合物为主剂，以 2,2-偶氮二异丁腈为自由基引发剂，以乙酸乙酯为溶剂配制改性剂。其中，水溶性乙烯基单体与细胞壁具有良好的亲和性，而有机溶剂乙酸乙酯作为夹带剂可以保障乙烯基单体顺利进入木材细胞腔，但不进入细胞壁。进入木材细胞腔的改性剂体系中乙酸乙酯逐渐挥发后，改性剂将逐渐向细胞腔内壁收缩形成环状增厚层。增厚层通过自由基聚合固化后即可完成对木材细胞壁的环状增厚改性。增厚量可通过改性剂浓度进行控制，且增厚程度与木材力学性能改善效果应具有相关性。

配制改性剂时，HEMA 与 THFMA 以 1：1 质量比混合，并加入单体质量 1% 的 2,2-偶氮二异丁腈为自由基引发剂共同构成改性剂主剂。以乙酸乙酯为溶剂分别配制 20%、40%、60% 及 80% 的处理液。分别以改性剂本体及不同浓度的改性剂溶液处理木材。改性处理时，先将试材浸入配置好的改性剂体系中。随后放入密闭浸渍罐中常压浸泡2h。随后，将体系加压至 1.2MPa，保持 6h。泄压后，将浸渍处理后的木材样品表面残留改性剂擦拭干净，置于常温通风环境中挥干溶剂。溶剂挥干后，将试样用锡箔纸包裹密封，并置于 60℃环境下处理 6h。随后，去除锡箔纸包裹，升温至 103℃干燥处理至恒重。

对改性后木材的典型力学性能进行测定，结果如图 8-16 所示。分析图 8-16 中数据发现，随改性剂浓度提升，处理材抗弯强度及抗弯模量逐渐提升，且在改性剂浓度达到 60%后达到峰值，抗弯强度及抗弯模量相对于素材分别提升了 48%及 44%。此时的改性材增重率仅为 66%。此效果甚至好于大部分细胞壁改性方法。因此，从抗弯强度及抗弯模量增强角度分析，此方法得到的改性材具备低增重高强度的特点。然而，增强效果与高增重率下的满细胞腔填充法仍然存在差距，且即使继续增加增重率，相应改性材的抗弯强度及抗弯模量也并未继续增加，甚至出现了略有降低的现象。这进一步说明了以细胞壁增厚形式进行木材力学性能增强的方法的特殊性。对素材及改性材的顺纹抗压强度进行分析发现，改性材性能增加程度也随改性剂浓度提升而逐渐增加，理论上即随细胞壁增厚量增加而逐渐增加。通过细胞壁环状增厚方法制得的改性材在抗压强度方面相比于其他改性方式也体现出了明显的优势。当增重率为 66%时，改性材的顺纹抗压强度相对于素材提升了 45%。增重率继续增加至 117%及 192%时，改性材的顺纹抗压强度相对于素材分别提升了 57%及 97%。此时改性材的抗压强度提升效果已逐渐失去低增重率高强度特点，且强度提升绝对值也难以与相似增重率条件下的满细胞填充改性相比。对于冲击韧性，同样随改性剂浓度提升而逐渐增加。当改性材增重率为 117%时，改性材冲击韧性相对于素材提升了 73%。即使增重率仅为 66%时，改性材冲击韧性也相对于素材提升了 29%。提升效果显著强于细胞壁改性。

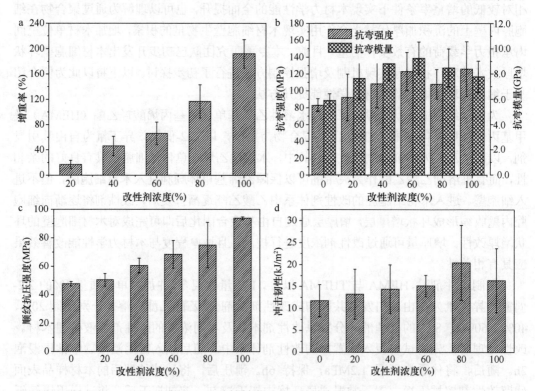

图 8-16　改性材增重率及关键力学性能

a. 改性材增重率；b. 素材及改性材的抗弯强度及抗弯模量；c. 素材及改性材的顺纹抗压强度；
d. 素材及改性材的冲击韧性

但相对于高强度聚合物满细胞腔填充对冲击韧性的改善效果还存在一定差距。综合分析改性材的典型力学性能发现，木材细胞壁环状增厚改性方法可以使木材的典型力学性能同步提升，且具备良好的可控性。但需强调的是，本节实例中采用的单体聚合后强度较低。因此，对木材的力学性能提升效果均相对有限。事实上，木材力学性能改善效果与聚合物性能密切相关，通过调控聚合物结构可进一步提升木材力学性能改善效果。

力学性能测试结果表明，通过木材细胞壁环状增厚可以提升木材力学性能，且具有良好的可控性。为进一步证实木材力学性能的全面提升是由细胞壁环状增厚引起的，利用 SEM 观察改性材的微观形貌。如图 8-17a 所示，相比于素材，不同浓度的改性剂体系均对木材细胞壁起到了一定的环状增厚效果。即使本体改性（100%浓度）时也出现了环状增厚形貌，但并未出现预测中的满细胞腔填充效果，此现象可能与选取的改性剂体系性质有关。研究中选取的改性剂有效成分本身与细胞壁基体亲和性良好，因此，可能有少量改性剂进入细胞壁，进而导致本体改性时细胞腔内聚合物空腔的出现。观察图 8-17a 发现，随着改性剂浓度的升高，聚合物对细胞壁环状增厚的程度逐渐增大。分析 50%及 80%浓度溶剂处理后木材细胞壁的径切面或弦切面发现，聚合物对细胞壁的增厚形式并不完全是均匀贴覆，同时也存在梭形增厚形貌，如图 8-17b 所示。此现象出现原因为浸渍后细胞腔中处理液浓度随有机溶剂挥发而增加，细胞腔中部分区域的单体受内聚力影响，未呈现理想的贴覆效果，而是以近实体或实体填充形式存在，从而出现棒状气泡增厚形貌。此现象也可能是实现细胞腔环状增厚的重要驱动力之一。事实上，这种梭形增厚情况与竹材结构类似，也具有保障高力学强度及韧性的能力。同时，图 8-17中信息也表明，随着改性剂浓度的提升，聚合物对木材细胞壁的加厚程度逐渐增加。此现象说明了随改性剂浓度提升，改性材力学性能的逐渐提升确实是由聚合物对木材细胞壁的环状增厚造成的。分析以上数据可以发现，通过调控改性剂体系组成及性质是实现木材细胞壁环状增厚的核心。除了改性剂浓度对环状增厚程度的调控外，改性剂体系整体的流动性及改性剂本身与细胞腔内壁的亲和性也是影响环状增厚效果的重要因素。理论上，作为溶剂的有机溶剂极性越低，使用后会使处理剂体系整体内聚力降低，进而表现出较低的表观黏度，因而越容易夹带有效成分向细胞壁浸润，进而在溶剂挥发后使有效成分更好地贴覆于木材细胞腔内壁。而使用高极性溶剂时，溶剂体系因自聚力大，有效成分自聚倾向更为明显，因而在细胞腔中将出现较多因有效成分自聚聚合产生的实体填充。因此，溶剂极性也应该是决定以乙烯基单体为改性剂时环状增厚效果的关键因素之一。总之，上述研究表明，通过适当的体系设计可以实现木材细胞壁的环状增厚，且环状增厚处理可以有效提升木材的典型力学性能。同时，通过控制改性剂浓度可以实现增厚量的控制，进而达到调控改性材力学性能的目的。

四、细胞壁环状增厚增强机制

改性材力学性能的提升是木材细胞壁环状增厚导致木材在外界力学载荷下应力应变行为发生改变的结果。研究分析不同改性剂浓度条件下得到的处理材的破坏特征，发现测试抗弯强度时，处理材受拉一侧需要更大的载荷才能产生破坏。如图 8-18a 所示，

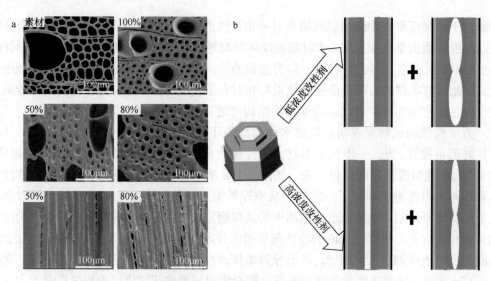

图 8-17 木材细胞壁环状增厚形貌

a. 素材及改性材 SEM 图；b. 细胞壁环状增厚形式

相对于素材，随改性剂浓度提升，或增厚量提升，木材抗弯破坏形式发生改变。随改性剂浓度的提升，木材中受拉区域纤维细胞单元横向拉断所需应力变大，且细胞间的撕裂沿轴向扩展距离延长。此现象表明，贴敷于细胞腔内壁的聚合物确实起到了承担应力的作用。细胞壁增厚使得细胞结构整体抗拉破坏强度增加，因此，破坏只能沿着弱界面继续扩展，直至应力足够使木材细胞壁拉断。分析试材顺纹抗压破坏时发现，木材抗压破坏过程中主要出现压缩破坏及轴向劈裂两种破坏形式（图 8-18b）。素材及低浓度改性剂处理后得到的改性材中主要观察到的是木材纤维细胞轴向压缩破坏。当改性剂浓度增加或增厚程度增加后，压缩破坏依然存在，但此时在试件上观察到了更多的轴向劈裂破坏。可能原因为聚合物对细胞壁的环状增厚使木材细胞壁整体刚性增加，压缩时需先克服纤维细胞轴向刚性破坏，产生变形，因此，表现为改性材进行顺纹抗压测试时，顺纹抗压强度提升且以纵向细胞壁间的劈裂为主要破坏形式，且破坏过程是先劈裂破坏，再发展为压缩变形。改性材冲击破坏时得到的结果与抗弯强度分析结果类似，但随改性剂浓度提升，相应改性材的冲击韧性是逐渐提升的。相对于素材，改性材冲击破坏断面出现的撕裂区域面积更大，具有更多较长的纤维被拔出破坏（图 8-18c）。对此现象的解释与对改性材抗弯破坏强度提升原因的解释基本一致。通过上述分析发现，细胞壁环状增厚改性法也是通过聚合物与细胞壁形成的复合结构改变细胞壁在力学载荷下的应力集中行为实现木材力学弱相结构间接保护的。

总之，如以提升木材力学性能为目标，细胞腔改性法无疑是最为有效的选择。然而，此方法对改性剂的使用量远高于细胞壁改性，导致改性材增重率偏高。虽然改性材力学强度显著提升，但一定程度上失去了木材轻质高强的材性特点。此外，改性剂用量高会导致处理成本增加，同时，部分改性剂在木材处理过程中会产生有害气体，因此，此类改性使用范围受到了较大的限制。虽然细胞壁环状增厚方法可以在一定程度上降低改性材的增重率，但该方法目前仍然处于研究初期，实际效果尚难以满足实用需求。

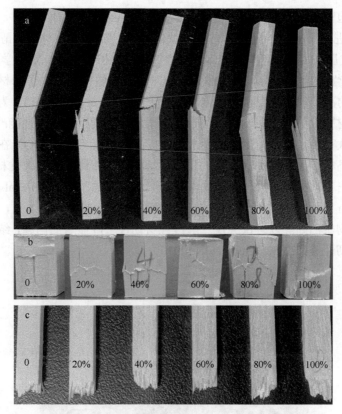

图 8-18 改性材在典型力学载荷下的破坏形貌照片

a. 素材及改性材抗弯破坏照片；b. 素材及改性材顺纹抗压破坏照片；c. 素材及改性材冲击破坏照片。
图中百分数为改性剂浓度

综合上述分析可知，通过细胞腔改性可以有效改变木材细胞壁在力学载荷下的应变行为。由于聚合物没有直接进入细胞壁，因此，细胞腔改性对木材细胞壁层级的力学载荷弱相结构的影响均是间接的。此外，虽然细胞腔改性时改性剂对不同种类细胞腔的渗透没有明显的定向选择性，但细胞壁与细胞腔中聚合物形成的复合结构客观上使组织层级木材弱相结构得到了直接增强。细胞腔改性模式下，细胞壁层级及组织层级的弱相结构均能得到强化，进而表现为改性材关键力学性能的全面提升。

第三节 壁腔复合调控增强技术

一、壁腔复合调控增强方法

壁腔复合调控是指改性剂同时作用于木材的细胞壁与细胞腔的改性方式（图 8-19a）。由于细胞壁孔隙空间有限，当可以进入细胞壁的改性剂完全填充细胞壁中的孔隙后将继续向细胞腔进行填充，因此高增重率条件下的细胞壁改性材也可能发展为壁腔复合改性材。以糠醇（FA）改性为例，研究发现增重率为 23% 时，糠醇树脂主要分布于细胞壁中，而增重率为 69% 时，细胞壁与细胞腔中均有大量糠醇树脂分布（沈晓双，2021）。此改性模式下，细胞壁被充分填充，改性材尺寸稳定性得到显著提升。同时，细胞腔中存在的改性剂可以进一步减弱水分对木材细胞壁的影响。随着改性材中糠醇树脂含量的增加，改性材的抗压强度提升，聚合物体量的增加可以分担更多的特定力学载荷（沈晓双，2021）。而热固性的糠醇树脂本身脆性大，同时进入细胞壁后交联了木材细胞壁组分，因此，改性材的冲击韧性依旧相对于素材显著下降（Liu et al.，2021）。为缓解细胞壁结构变化对改性材韧性的消极影响，可通过复合柔性聚合物组分进行性能改善。Liu 等通过糠醇与环氧大豆油（ESO）复合改性木材，提高韧性聚合物（ESO）在改性材中的比例，以起到提高糠醇改性材冲击韧性的目标，结果显示相比纯糠醇改性材，FA-ESO 复合改性材的冲击韧性提升明显，但相比素材依旧有 20%的下降（Liu et al.，2021）。相同的思路还有 Sun 等通过戊二醛（GA）-聚乙烯醇（PVA）复合改性木材，通过细胞腔中生成韧性聚合物聚乙烯醇以解决纯戊二醛改性材韧性下降显著的问题，结果显示改性材相比素材冲击韧性提高 33%（Sun et al.，2016）。

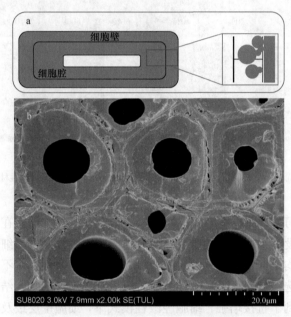

图 8-19　细胞壁腔复合调控示意图
a. 壁腔复合改性形式；b. HEMA/NMA-ST 复合改性杨木的扫描电镜图像

除此之外，通过两步法处理对木材进行壁腔复合改性的研究也有大量报道，目的是解决疏水性聚合物与细胞壁不亲和的问题。通过第一步细胞壁改性处理提高细胞壁反应活性与疏水性，然后进行第二步细胞腔改性，这时细胞腔中的改性剂就可以与第一步引入细胞壁中的活性官能团反应，在实现壁腔复合改性同时解决疏水性聚合物与细胞壁不亲和的问题（Keplinger et al.，2015）。第一步使用的细胞壁改性剂包括甲基丙烯酸酐、甲基丙烯酰氯、衣康酸、N-羟甲基丙烯酰胺、马来酸酐、甲基丙烯酸异氰基乙酯等，这些改性剂在第一步处理时主要与木材组分发生接枝反应，而这些单体所带的活性双键并未反应（Hazer et al.，1993；Dong et al.，2020；Han et al.，2020；Guo et al.，2021）。第二步浸渍入的活性乙烯基单体包括苯乙烯、甲基丙烯酸甲酯等，在引发剂的作用下与细胞壁中的双键发生聚合反应，实现聚苯乙烯等乙烯基聚合物在细胞壁表面的生成（图8-19b）。表8-6中的数据表明，HEMA/NMA-ST，IA-ST与MAN-GMA/EGDMA改性材的ASE值与顺纹抗压强度均分别超过50%与100%，实现了尺寸稳定性与力学性能的同步高效提升。改性材尺寸稳定性显著高于单纯的疏水性乙烯基单体细胞腔改性材，这是由于第一步处理可以直接作用于尺寸稳定性对应的细胞壁弱相结构，解决了疏水性单体或预聚物无法进入细胞壁，对尺寸稳定性提升不明显的问题。同时细胞腔中的聚合物与细胞壁形成牢固的界面结合，有效分担了力学载荷，实现了力学性能的高效提升。该思路扩展了改性剂的使用种类，将细胞壁改性与细胞腔改性的优势充分发挥，是一种非常有效的改性方法。

表 8-6　壁腔复合改性材的尺寸稳定性与力学性能

改性剂	树种	WPG (%)	ASE (%)	相对于素材的力学性能变化率（%）				参考文献
				顺纹抗压强度	抗弯强度	抗弯模量	冲击韧性	
PEG-ST	云杉	/	42	19	25	/	/	Hazer et al.，1993
GA-PVA	南方松	40	30	99	40	35	33	Sun et al.，2016
HEMA/NMA-ST	杨木	92	65	103	40	35	/	Guo et al.，2021
IA-ST	杨木	/	50	117	92	/	/	Han et al.，2020
IEMA-MMA	杨木	118	60	/	/	9	/	Dong et al.，2020
MAN-GMA/EGDMA	大青杨	/	65	125	118	114	57	孟新，2011
PEG6000	大青杨	/	/	15	−68	/	206	Sun et al.，2021
FA	杨木	69	70	98	/	25	/	沈晓双，2021
FA	杨木	85	68	31	无影响	−10	/	Sun et al.，2021
FA	辐射松	80	82	/	−5	20	−55	Keplinger et al.，2015
FA-ESO	辐射松	86	82	/	5	30	−20	Keplinger et al.，2015

注：PVA，聚乙烯醇；NMA，N-羟甲基丙烯酰胺；IA，衣康酸；IEMA，甲基丙烯酸异氰基乙酯；ESO，环氧大豆油；PEG，聚乙二醇；ST，苯乙烯；GA，戊二醛；MMA，甲基丙烯酸甲酯；MAN，马来酸酐；GMA，甲基丙烯酸缩水甘油醚；EGDMA，乙二醇二甲基丙烯酸酯；FA，糖醇

二、壁腔复合调控增强机理

事实上，两类壁腔复合改性对木材尺寸稳定性及主要力学性能的提升机制是基本一致的。细胞壁改性部分通过封闭水分进入通道及减少水分吸附位点实现对木材尺寸稳定性的改善，但因改变了木材细胞壁力学载荷适应结构，对木材韧性有消极影响。细胞壁及细胞腔中附着的改性剂或聚合物可通过分担力学载荷或改变木材细胞壁应力集中行为的方式显著提升改性材的抗压强度及抗弯强度。此外，如表8-6所示，壁腔复合改性方式可结合不同改性体系的优势对木材结构进行调控，能实现木材物理力学性能的全面提升。然而，此改性方法同样受到高增重率的影响，为满足改性效果，需向木材中引入大量改性剂，且尤其以细胞腔中填充的改性剂对木材增重率贡献最大。对应改性材同样存在强重比低及成本高的问题，实用性能尚待改善。

本章以细胞壁改性、细胞腔改性及壁腔复合改性的分类方式对基于力学弱相结构的木材材质增强技术进行了分类总结，分析发现，三类改性方式对木材性能的提升各有侧重。细胞壁改性能实现对木材细胞壁层级力学弱相结构的直接作用，但增强效果相对有限。此方法对于木材组织层级力学载荷弱相结构增强效果并不理想，甚至表现为对部分力学性能的消极影响，事实上，此方法更适合用于木材尺寸稳定性的改善。细胞腔改性主要通过改变木材细胞原有应力集中特点实现木材细胞壁层级力学弱相结构的间接保护，但此方法对木材组织层级力学载荷弱相结构的增强可认为是直接的，可以实现对木材力学性能的全面提升。壁腔复合改性可以实现尺寸稳定性与力学性能的同步提升，但会受到高增重率的影响。然而，细胞壁改性方式的缺陷仍会导致壁腔复合改性材韧性性能的劣化。总之，改性材性能提升表现为改性剂对木材原有弱相结构的直接或间接加固与保护，本质则是通过改性剂体系介入木材多层级结构，改变木材多层级结构在外界物理力学载荷作用下的响应行为，从而对木材多层级结构中的弱相区域进行增强。木材改性作用机制实质上分为物理作用及化学作用两个层面。化学层面为改性剂与木材基体组分的反应及改性剂自身的缩聚或自由基聚合反应，物理层面则为固化后的改性剂体系对木材多层级复合结构的强化。由于木材细胞壁中活性基团含量有限且存在较大的反应位阻，因此，改性剂体系与木材基体的反应程度有限。在改性剂体系作用木材时，改性剂自身固化后形成的聚合物体系对木材基体的加固作用同样发挥了重要的作用。然而，目前尚难以精准区分或定量分析改性过程中物理作用及化学作用对木材改性结果的具体贡献。

受限于现有的分析技术水平，改性剂与木材多级结构的精细结合及互作形式尚未完全明晰，弱相结构增强机制多以破坏结果进行反推分析获得，尚缺乏高分辨率原位破坏跟踪技术，借助尖端分析手段建立木材外载荷破坏过程原位跟踪技术是未来本领域应重点突破的问题。此外，由于木材复杂的多层级结构与不同改性剂体系亲和度存在差异，改性剂体系能作用到的木材结构层级及区域也存在差异。目前，可通过光学显微镜、扫描电子显微镜、透射电子显微镜、μCT（微米级电子计算机 X 射线断层扫描）、激光共聚焦荧光显微镜、纳米压痕技术、拉曼光谱及其与红外光谱的联用技术等实现改性木材内部改性剂的可视化研究，达到分析改性剂作用位置的目的。上述技术提供了基于特殊的官能团对木材多层级结构中的改性剂含量进行半定量分析，并建立改性条件与改性材性能对应关系的可行性。然而，木材细胞壁在外载荷作用下的弱相结构存在于各壁层界面，如复合胞间层/S_1界面、S_1/S_2界面或在 S_2 层内部等在外力作用下易产生应力集中的区域。现有可视化分析技术的分辨率尚难以达到精准区分木材细胞壁中弱相结构的级别，因此也无法直接可视化确认改性过程中弱相结构是否被增强。同时，现有研究表明，可进入木材细胞壁的改性剂对细胞壁区域没有明确的选择性，因此，可推测相关改性方法的处理程度对特定载荷作用下的弱相结构增强是过剩的。精准增强外载荷作用下的木材弱相结构仍然是需要大力攻关的课题。木材弱相结构的增强可以表现为破坏阈值的增加或破坏形式的改变，木材物理力学性能的提升必然是木材相应弱相结构被增强或被间接保护的结果。基于现有研究可以确定的是，改性剂进入木材细胞壁后确实可以影响木材在外界力学载荷作用下的应力集中行为，改性前后木材多层级结构破坏形式存在显著差异，这也正是木材弱相结构增强的根本原因。

最后，根据木材多层级结构特点可知，改性剂向外载荷作用下木材细胞壁力学载荷弱相结构扩散时受细胞壁结构给予的阻力较大，因此，难以通过直接浸渍木材实现改性剂对木材细胞壁中力学载荷弱相结构的精准定向增强。为此，有研究者试图通过先破坏再增强的策略实现对木材力学载荷弱相结构的精准强化。然而，相关方法本质均为蒸汽爆破，与外载荷作用下的弱相结构破坏行为及弱相区域可能存在一定差别。但该策略的确为木材力学载荷弱相结构精准增强及增强机理研究提供了可行思路。

主要参考文献

柴宇博. 2015. 木材乙酰化及其作用机制研究. 中国林业科学研究院博士学位论文.

柴宇博, 刘君良, 孙柏玲, 等. 2015. 无催化条件下乙酰化杨木的工艺与性能. 木材工业, 29(1): 5-9.

顾炼百. 2012. 木材改性技术发展现状及应用前景. 木材工业, 26(3): 5-10.

孟新. 2011. 基于活性单体原位聚合制备高聚物增强木基复合材料. 东北林业大学博士学位论文.

沈晓双. 2021. 糠醇树脂改性速生杨木及其机理研究. 中国林业科学研究院博士学位论文.

王传贵, 陈美玲, 张双燕, 等. 2013. 伽马射线辐照接枝对杨树木材力学性能的影响. 辐射研究与辐射工艺学报, 31(6): 40-45.

王东. 2020. 顺纹拉伸和弯曲作用下的木材破坏机理研究. 南京林业大学博士学位论文.

杨丽虎, 杨松, 魏立婷, 等. 2019. 改性辐射松木材物理力学性能研究. 林产工业, 46(5): 37-41.

Acosta A P, Labidi J, Schulz H R, et al. 2020. Thermochemical and mechanical properties of pine wood treated by *in situ* polymerization of methyl methacrylate (MMA). Forests, 11(7): 768.

Barthelat F, Yin Z, Buehler M J. 2016. Structure and mechanics of interfaces in biological materials. Nature Reviews Materials, 1(4): 1-16.

Berglund J, Mikkelsen D, Flanagan B M, et al. 2020. Wood hemicelluloses exert distinct biomechanical contributions to cellulose fibrillar networks. Nature Communications, 11(1): 1-16.

Brelid P L, Simonson R, Risman P O. 1999. Acetylation of solid wood using microwave heating Part 1: studies of dielectric properties. Holz als Roh-und Werkstoff, 57(4): 259-263.

Chai Y B, Liu J L, Wang Z, et al. 2017. Dimensional stability and mechanical properties of plantation poplar wood esterified using acetic anhydride. BioResources, 12(1): 912-922.

da Silva A, Kyriakides S. 2007. Compressive response and failure of balsa wood. International Journal of Solids and Structures, 44: 8685-8717.

Deka M, Saikia C N. 2000. Chemical modification of wood with thermosetting resin: effect on dimensional stability and strength property. Bioresource Technology, 73(2): 179-181.

Dong Y M, Altgen M, Mäkelä M, et al. 2020. Improvement of interfacial interaction in impregnated wood via grafting methyl methacrylate onto wood cell walls. Holzforschung, 74(10): 967-977.

Dong Y M, Zhang W, Hughes M K, et al. 2019. Various polymeric monomers derived from renewable rosin for the modification of fast-growing poplar wood. Composites Part B: Engineering, 174: 106902.

Emmerich L, Bollmus S, Militz H. 2019. Wood modification with DMDHEU (1.3-dimethylol-4.5-dihydroxyethyleneurea)-state of the art, recent research activities and future perspectives. Wood Material Science and Engineering, 14(1): 3-18.

Furuno T, Imamura Y, Kajita H. 2004. The modification of wood by treatment with low molecular weight phenol-formaldehyde resin: a properties enhancement with neutralized phenolic-resin and resin penetration into wood cell walls. Wood Science and Technology, 37: 349-361.

Gindl W, Hansmann C, Gierlinger N, et al. 2004. Using a water‐soluble melamine‐formaldehyde resin to improve the hardness of Norway spruce wood. Journal of Applied Polymer Science, 93(4): 1900-1907.

Guo D K, Guo N, Fu F, et al. 2022c. Preparation and mechanical failure analysis of wood-epoxy polymer composites with excellent mechanical performances. Composites Part B: Engineering, 235: 109748.

Guo D K, Shen X S, Fu F, et al. 2021. Improving physical properties of wood–polymer composites by building stable interface structure between swelled cell walls and hydrophobic polymer. Wood Science and Technology, 55(5): 1401-1417.

Guo D K, Yang S, Fu F, et al. 2022a. Modification mechanism of plantation wood via grafting epoxy monomers onto cell walls. Wood Science and Technology, 56: 813-931.

Guo D K, Yang S, Fu F, et al. 2022b. Effects of action processes on wood modification: the *in situ* polymerization of epoxy monomers as an example. Wood Science and Technology, 56: 1705-1720

Han X S, Wang Z X, Zhang Q Q, et al. 2020. An effective technique for constructing wood composite with superior dimensional stability. Holzforschung, 74(5): 435-443.

Hazer B, Örs Y, Alma M H. 1993. Improvement of wood properties by impregnation with macromonomeric initiators (macroinimers). Journal of Applied Polymer Science, 47(6): 1097-1103.

He W, Zhang Q S, Jiang S X. 2014. Modification of fast growing poplar with styrene and glycidyl methacrylate. International Wood Products Journal, 5(2): 98-102.

Henriksson M, Berglund L A, Isaksson P, et al. 2008. Cellulose nanopaper structures of high toughness. Biomacromolecules, 9: 1579-1585.

Huang X, Kocaefe D, Kocaefe Y, et al. 2018. Combined effect of acetylation and heat treatment on the physical, mechanical and biological behavior of jack pine (*Pinus banksiana*) wood. European Journal of Wood and Wood Products, 76(2): 525-540.

Jiang T, Gao H, Sun J. 2014. Impact of DMDHEU resin treatment on the mechanical properties of poplar. Polymers and Polymer Composites, 22(8): 669-674.

Keplinger T, Cabane E, Chanana M, et al. 2015. A versatile strategy for grafting polymers to wood cell walls. Acta Biomaterialia, 11(1): 256-263.

Li W, Chen L, Li X. 2019. Comparison of physical-mechanical and mould-proof properties of furfurylated and DMDHEU-modified wood. BioResources, 14(4): 9628-9644.

Li W, Wang H, Ren D, et al. 2015. Wood modification with furfuryl alcohol catalysed by a new composite acidic catalyst. Wood Science and Technology, 49(4): 845-856.

Liu M, Lyu S, Peng L, et al. 2021. Improvement of toughness and mechanical properties of furfurylated wood by biosourced epoxidized soybean oil. ACS Sustainable Chemistry and Engineering, 9: 8142-8155.

Lucas P W, Tan H T W, Cheng P Y. 1997. The toughness of secondary cell wall and woody tissue. Philosophical Transactions of the Royal Society B: Biological Sciences, 352: 341-352.

Maaß M C, Saleh S, Militz H, et al. 2020. The structural origins of wood cell wall toughness. Advanced Materials, 32(16): 1907693.

Miroy F, Eymard P, Pizzi A. 1995. Wood hardening by methoxymethyl melamine. Holz als Roh-und Werkstoff, 53(4): 276.

Papadopoulos A N, Pougioula G. 2010. Mechanical behaviour of pine wood chemically modified with a homologous series of linear chain carboxylic acid anhydrides. Bioresource Technology, 101(15): 6147-6150.

Papadopoulos A N, Tountziarakis P. 2012. Toughness of pine wood chemically modified with acetic anhydride. European Journal of Wood and Wood Products, 70(1): 399-400.

Pittman J C U, Kim M G, Nicholas D D, et al. 1994. Wood enhancement treatments Ⅰ. Impregnation of southern yellow pine with melamine-formaldehyde and melamine-ammeline-formaldehyde resins. Journal of Wood Chemistry and Technology, 14(4): 577-603.

Ramsden M J, Blake F S R, Fey N J. 1997. The effect of acetylation on the mechanical properties, hydrophobicity, and dimensional stability of *Pinus sylvestris*. Wood Science and Technology, 31(2): 97-104.

Scholz G, Krause A, Militz H. 2009. Capillary water uptake and mechanical properties of wax soaked Scots pine. *In*: Proceedings of the fourth European conference on wood modification. Stockholm, Sweden.

Sejati P S, Imbert A, Gérardin-Charbonnier C, et al. 2017. Tartaric acid catalyzed furfurylation of beech wood. Wood Science and Technology, 51(2): 379-394.

Shen X S, Jiang P, Guo D K, et al. 2021. Effect of furfurylation on hierarchical porous structure of poplar wood. Polymers, 23: 1-9.

Su N, Fang C H, Yu Z X, et al. 2021. Effects of rosin treatment on hygroscopicity, dimensional stability, and pore structure of round bamboo culm. Construction and Building Materials, 287: 123037.

Sun W, Shen H, Cao J. 2016. Modification of wood by glutaraldehyde and poly (vinyl alcohol). Materials and Design, 96: 392-400.

Wang D, Lin L Y, Fu F, et al. 2019. The softwood fracture mechanisms at the scales of the growth ring and cell wall under bend loading. Wood Science and Technology, 53(6): 1295-1310.

Wang D, Lin L Y, Fu F, et al. 2020. Fracture mechanisms of softwood under longitudinal tensile load at cell wall scale. Holzforschung, 74(7): 715-724.

Wang X, Chen X, Xie X, et al. 2019. Multi-scale evaluation of the effect of phenol formaldehyde resin impregnation on the dimensional stability and mechanical properties of *Pinus Massoniana* Lamb. Forests, 10(8): 646.

Xiao Z F, Xie Y J, Militz H, et al. 2010. Effects of modification with glutaraldehyde on the mechanical properties of wood. Holzforschung, 64(4): 475-482.

Xie Y J, Fu Q L, Wang Q W, et al. 2013. Effects of chemical modification on the mechanical properties of wood. European Journal of Wood and Wood Products, 71(4): 401-416.

Xie Y J, Krause A, Militz H, et al. 2007. Effect of treatments with 1, 3-dimethylol-4, 5-dihydroxy-ethyleneurea (DMDHEU) on the tensile properties of wood. Holzforschung, 61(1): 43-50.

Yang T T, Cao J Z. 2019. How does delignification influence the furfurylation of wood? Industrial Crops and Products, 135: 91-98.

Yuan J, Hu Y, Li L, et al. 2013. The mechanical strength change of wood modified with DMDHEU. BioResources, 8(1): 1076-1088.

第九章　木材纤维定向软化机制与壁层解离策略

　　木材是收获的树木，其木质部是树干的主要部分，由约 90%的死细胞构成，木材维管细胞（导管、木材纤维或木材管胞）在树干中呈蜂窝状整齐排列（Henriksson et al.，2009）。人造板所用木材纤维束或纤维，造纸工业所用木材纤维及由细胞壁剥落下来的纤丝或纤维碎片，均来自木材组织或纤维细胞壁。木材纤维细胞壁存在层状结构，且纤维壁层各部分化学成分含量存在显著的差异，这种差异为人们采用适合的方法从木材组织中分离出具有一定柔顺、屈曲和表面特性的纤维提供了物理和化学基础。

　　对于本体组织均一或化学成分分布均匀的结构材料，是无法按照人们要求的位置定位并进行磨盘解离的。木材纤维各壁层的超微结构特征及微区化学成分分布差异，使人们能够按照特定的目标实现纤维壁层的定向软化和解离；木材纤维特定壁层经外界条件诱导产生结构弱化（诱导弱相），使木材纤维能够沿着纤维的胞间层或次生壁（S_1 层或 S_2 层）进行解离。传统上一般认为木材中纤维与纤维的分离模式主要取决于木材组织中木质素的性质，但也因过多强调纤维超微结构中木质素在木材纤维软化中的作用，而忽视了木材结构中纤维素、半纤维素的作用及木材生长过程组织液扩散通道的方向性，使得木材解离及制浆理论长期以来停滞不前。木材微观或超微观表征手段的日益丰富及制浆技术与装备的发展，为人们重新认识木材解离机制，并提出新的制浆理论和解离策略提供了前提条件。

第一节　木材的软化与纤维壁层解离基础

　　木材软化及材性参数（纤维形态分布、力学强度等）会对主要通过机械方式制取的纤维制品（人造板纤维、高得率浆）的质量产生重要影响。不同的终端纤维制品，往往要求在不同的壁层位置对纤维进行解离且要求不同的解离程度，如人造板纤维主要由纤维或纤维束及纤维碎屑组成，希望解离位置发生在胞间层且较少纤维碎屑产生，解离时的温度一般都远远高于木质素的软化点（设备系统温度常为 170～180℃，甚至更高），纤维表面木质素含量较高（Widsten et al.，2001；Solala et al.，2014），其憎水性表面可减少胶液的用量，也可使压力磨解系统节约电能；纸和纸板产品所用纸浆纤维，则希望能够从木材组织中更多地解离出完整的纤维，并使纤维因内外帚化而增加纤维的结合能力；木材纤维如今还应用于新型复合材料制造（Solala，2015），与其他材料的相容性要求不同。加深对木材软化原理及纤维解离机制的理解，有利于促进传统工艺的改进并为开拓木材纤维新的应用领域提供思路。

一、木质素的软化温度与木材软化

　　木材的软化主要取决于其中木质素的软化，研究人员常将木材与木质素的软化近似等同起来。木材软化的温度可以理解为木质素等无定形聚合物从玻璃态、脆性态转变为塑性态的温度，对于黏弹性材料通常为一个温度范围。而作为木材纤维重要组分的木质素，其软化温度也要比单独存在的木质素更高，一般在 100～130℃。研究表明，在一定水分条件范围内，木质素软化温度会随其水分含量升高而降低（Goring，1963）（图 9-1）。因此，用于机械制浆的木材原料，其水分含量应控制在 50%以上，从而使木材更容易软化。此外，在磨浆之前，对木片进行预热或汽蒸等预处理，也将有助于改善磨盘解离性能，提升纤维品质。

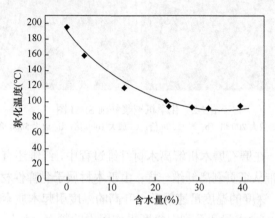

图 9-1　木质素的软化温度与其含水量的关系

在磨盘解离过程中，木片中木质素的软化温度在磨盘剪切作用下会有所上升（为 120～135℃），而盘磨机解离时的温度对木材纤维解离质量起到重要影响。传统磨盘解离温度一般为 100～130℃，为了实现更好的软化效果，会将盘磨机解离温度进一步提高到 140℃（如化学热磨机械法制浆工艺），此时，木质素得到了充分软化，纤维从木材组织释放所需的解离能迅速降低，有研究认为，此时解离多发生在胞间层，解离出的纤维长度分布较好。然而，因软化的木质素在迁移到纤维表面时固化为一坚硬的木质素"外壳"，该纤维在后续解离工序中呈现抗拒解离的现象（即解离或细纤维化需要输入更多的电能），所解离的纤维硬挺粗糙，不适合抄造纸页（图 9-2）。当盘磨机纤维解离温度低于木质素的软化温度时，所制取的纤维粗糙、纤维长度分布不好（更多的碎片和细小组分），导致纤维结合强度性能很低。当盘磨机纤维解离温度非常接近软化温度时，可以在不破坏纤维结构的情况下将纤维从木片组织中完整分离出来，同时表面也未覆盖过多硬的"结壳物"（木质素迁移到纤维表面的概率降低），纤维的初生壁易于破坏，使次生壁发生细纤维化。

二、纤维的弹性形变与解离

木材组织中的纤维（弹性材料）在反复动态压力（压力脉冲）作用下产生形变。材料受到应力作用致使其形变超过其极限时即发生断裂。木材组织或木片在解离设备磨解工作面（如粗糙磨料的磨石表面）受到高频的、循环反复的压力和松弛作用，疲劳作用导致纤维与纤维分子间连接键及纤维内部分子内结合键断裂（Atack and Pye，1964），将纤维从

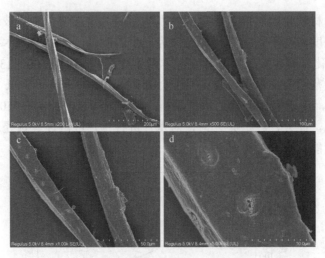

图 9-2　化学机械浆纤维 SEM 图

a. 放大 200 倍；b. 放大 500 倍；c. 放大 1000 倍；d. 放大 5000 倍

木材组织中分离出来。在磨石磨木机解离木材纤维过程中，纤维还有一个从原木表面剥离下来的过程，如同胶带从纸页剥离纤维一样；由于木材属于黏弹性材料，与磨石表面接触的原木表面 1～2mm 深度的温度迅速飙升，升高的温度引起木质素的软化，木质素的软化温度取决于木质素的含水量和受到的盘磨机作用力的频率。如果磨盘的磨解温度略高于木片的软化温度，那么解离主要发生在木质素浓度高的区域——胞间层。通过这种方式可以在纤维不损坏的情况下实现从木片组织中解离出纤维，同时，胞间层和初生壁从纤维表面移除并进一步磨解为细小组分，并在纤维次生壁外层（S_1 层）发生细纤维化。

磨盘解离过程可以划分为以下三个阶段。

第一阶段为木片破碎成火柴棒大小尺寸。该阶段发生在木片进入盘磨机破碎区及粗磨区。

第二阶段为将"火柴棒"解离成纤维。压力脉动应力和对纤维的剪切力导致纤维胞间层的疲劳断裂——中间片层的疲劳。这一过程中，发生了木质素和半纤维素的热软化、卷团效应（rolling effect，即解离纤维的团聚）及纤维切断。

第三阶段为纤维性能的发展。在该阶段解离的纤维和纤维束表面的外部帚化和细纤维化、纤维细胞壁的膨胀和内部帚化。

三、纤维细胞壁层解离基础

作为木材低维尺度的组成部分——木材纤维，其微观结构和微区化学分布呈现与之相适应的特性，如排列有序的多层结构及各层木质素浓度的差异等。为适应造纸和新材料领域的应用需求，需要将刚性硬挺的木材纤维处理成具有一定柔顺性并赋予其表面良好结合力的帚化表面。化学法制浆过程中，大约一半的木材物质（约 90% 以上的木质素和 70% 以上的半纤维素）被溶出，使木材纤维细胞在打浆过程中很容易变得柔顺并发生表面分丝帚化（实际过程中还发生纤维内部的帚化作用），在后续造纸机抄造过程（压榨和干燥）中，纤维发生一定程度的坍塌而赋予纸张良好的结合力和力学强度等性能。纤维的坍塌度（the degree of collapse）可以由坍塌与未坍塌纤维（intact fiber，完整纤维）的横截面比值来定义（Höglund，2009）（图 9-3）。与化学法制浆不同的是，机械法制浆过程中仅有少量的木材物质被溶出（水抽出物、少量的半纤维素和水溶性木质素等）（表 9-1），所制取的木材纤维如果不经较高强度的机械处理，仍然显示很高的刚性和挺度。因此，需要对木材进行必要的热软化和机械软化预处理，使纤维发生一定程度的坍塌及细胞壁的破裂。

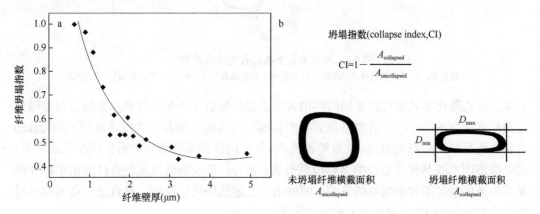

图 9-3　纤维的坍塌指数与纤维壁厚的相关关系（a）和纤维坍塌指数的计算（b）

表 9-1　热磨机械法制浆过程中木材组分的溶出

木材组分	溶出的组分含量（kg/t 浆）
乙酸	1～2
木脂素（lignan）	2～3
抽出物	4～6
半纤维素、果胶	18～21
木质素	3～5
其他成分	6～8

在这些预处理过程中，随着纤维细胞壁外层的剥离以及细小组分占比的增加，纤维的尺度下降、宽度缩小；与之相伴的是，随着预处理和机械处理强度的增加，从纤维上剥落下来的絮片状的和纤丝状的纤维增加，纤维的柔顺性增加（Monica et al.，2009），如图 9-4 所示。机械制浆过程，需要在尽可能多地保全纤维长度的同时，还要一定程度提高细小纤维组分，因此选择适合生产机械浆的原料品种显得非常重要。20 世纪 90 年代以前，常用针叶材（特别是云杉）来制取机械浆；如果用阔叶材制取机械浆的话，需要对木材的品种进行筛选，尽量用低基本密度、颜色浅、抽出物少的树种。随着机械浆技术装备的进步，温带、亚热带和热带的阔叶材（如国内北方温带的杨木和南方热带或亚热带的桉木）也可用来制机械浆，其纸浆具有良好的力学强度和光学性能。

机械法制浆过程中，经磨浆和漂白处理后，木材主要组分都会保留在机械浆纤维中。云杉热磨机械浆（TMP）通常会有 3%～5% 的得率损失，主要来源于半纤维素的溶出，

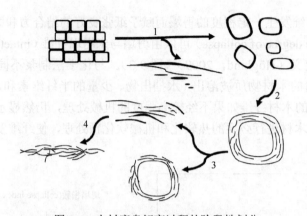

图 9-4　木材磨盘解离过程的阶段性划分

1. 纤维分离；2. 纤维的内外分丝帚化；3. 细胞壁表面的剥离和纤丝化；4. 细胞壁的进一步纤丝化

其中，以乙酰化半乳糖甘露聚糖的溶出为主，但也溶解了少量木聚糖和果胶。而在碱性过氧化氢漂白条件下，半乳糖甘露聚糖中以酯键连接的乙酸基发生快速水解，约 2% 的有机物组分以乙酸形式溶出。大量脱乙酰基、低水溶性的半纤维素会再沉积在纤维表面，部分抵消因乙酰基脱除造成的浆料得率损失。另外，果胶的碱性水解会释放出甲醇并伴随半乳糖醛酸（不含甲酯基的果胶）的溶出。上述这些化学反应，导致过氧化氢漂白过程中浆料发生约 3%（对木材）的得率损失。

第二节　木材纤维解离原理与解离化学

木材纤维解离至不同尺度的纤维或纤丝所消耗的能量存在差异。仅从机械解离能量消耗来看，由木材或木片解离制成人造板用纤维所需电能 300~500kWh/t，制成适合抄造纸和纸板的纸浆纤维所需电能 1200~1600kWh/t（阔叶材）和 1800~2400kWh/t（针叶材），制成细纤化纤维素（defibrillated cellulose）、微纤化纤维素（microfibrillated cellulose，MFC），或纤维素微纤丝（cellulose nanofibrils，CNF）所需电能则达到 10 000~20 000kWh/t 甚至更高。根据木材纤维的最终产品用途，研究不同的木材纤维解离路径或策略，能够为纤维素纤维的高附加值利用提供有力支撑，也符合木材和造纸工业节能减排、绿色低碳的发展战略。

一、纤维解离的发展史

制浆过程是一个利用热能、机械能和化学能从植物纤维组织中提取或分离出单根纤维的过程（图 9-5）。最初用于木材制浆的方法属于机械法制浆，即通过机械方法从木材组织中剥离出纤维用于造纸。但由于采取简单切削木材组织的方法所制取的纤维形态和质量性能较差，进而又发展出烧碱、酸性亚硫酸等化学品分离木材纤维的化学法制浆。1900 年亚硫酸法制浆产量超过了磨木法制浆；20 世纪 40 年代，纸浆纤维强度更好、蒸煮化学品回收容易，以及含氯、二氧化氯多段漂序可将浆料漂白至高白度等原因，硫酸盐法制浆产量超过亚硫酸盐法成为主要的木材制浆方法。

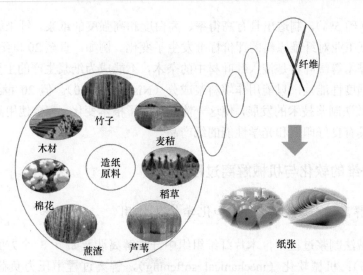

图 9-5　植物原料到单根纤维制浆过程的示意图

高得率制浆（high yield pulping），是指木材或其他植物纤维组织经适当物理或化学预处理，依赖磨木机或盘磨机的机械作用分离成纸浆纤维的过程。与化学法制浆比较，高得率制浆具有原料利用率高和生产成本低等特点，并在松厚度、不透明度和印刷适应性等方面有明显优势。高得率制浆包括机械法制浆（mechanical pulping，MP）和化学机械法制浆（chemi-mechanical pulping，CMP）。机械法制浆，是单纯利用机械作用将木材等纤维类植物组织解离成游离纤维的过程，纸浆得率通常为 93%～96%，主要分为磨石磨木法制浆（stone ground wood，SGW）、压力磨木法制浆（pressurized ground wood，PGW）、盘磨机械法制浆（refiner mechanical pulping，RMP）和热磨机械法制浆（thermomechanical pulping，TMP）等。化学机械法制浆，是采用化学预处理和机械磨解处理结合的制浆方法，先用药剂进行轻度化学浸渍，使半纤维素少量溶出，木质素较少溶出或基本不溶出，实现木片软化；使用盘磨机在高浓状态解离木片成纸浆，制浆得率 85%～93%，根据预浸药品和磨浆方式主要分为化学机械法制浆（CMP）、化学热磨机械法制浆（chemithermomechanical pulping，CTMP，CTMP^C）及碱性过氧化氢机械法制浆（alkaline peroxide mechanical pulping，APMP；preconditioning followed by refiner chemical-treatment APMP，P-RC APMP）等。基于纤维原料的利用率、节能环保和纸浆质量等要求的提高，世界范围内近 20 年来新增高得率浆生产线 90% 以上产能均采用 BCTMP（bleached CTMP）和 P-RC APMP 等化学机械法制浆工艺，较少采用传统机械法制浆工艺；也正因如此，在不加特别说明的情况下，高得率制浆和化学机械法制浆在很多工作场合经常混用（Widsten et al.，2001；Kangas and Kleen，2004）。

20 世纪机械法制浆发展过程中最重要的创新是盘磨机的应用及盘磨机械法制浆技术的成功开发（Sixta，2006）。这一发展不仅赋予纸浆较低的生产成本，同时因热磨机械浆的独特性能，使机械浆能够完全或部分替代化学浆（化学浆的得率仅为机械浆的1/2），制造出能够满足高速轮转印刷机使用的新闻纸而不发生断头等问题。在此基础上继续开发出的化学热磨机械法制浆，更是把机械浆的优势推向了一个新高度，即以较少的得率损失（约 5%），制造出具有高得率、高白度和高强度的纸浆。纤维解离技术的进步，使得造纸工业对纤维原料的评价标准发生了变化。例如，直至 20 世纪 40 年代，人们仍然认为桦木等阔叶材是混入针叶材中的杂木，不能成为纸浆生产的主要材种，所制取的浆料因强度性能差，只能用作填料浆成分（Nissan，1990）。但 20 世纪 60 年代至80 年代，机械法制浆技术的发展，使这一情况发生了根本变化，完全使用阔叶材机械浆可以抄造出具有良好印刷和光学性能的纸产品。

二、木材纤维的软化与机械解离过程

（一）磨盘解离过程的机械、热和化学软化作用

盘磨机械法制浆过程中，木片纤维组织中纤维解离涉及如下 3 个方面的软化作用（Sixta，2006）：机械软化（mechanical softening），解离过程中压力负荷的脉冲变化（pressure load frequencies）对木材纤维初生壁和胞间层木质素软化的作用；热软化（thermal softening），热或温度对木材纤维初生壁和胞间层木质素软化的作用；化学软化（chemical softening），化学预处理对木材纤维初生壁和胞间层木质素软化的作用。

就三种软化作用的重要性而论，化学软化＞机械软化＞热软化，其中，热软化作用是暂时的，当温度降低和物料冷却后，其软化作用消失甚至劣化；化学软化作用是大分子层级的软化作用，具有永久性和高效性的特征。

（二）化学热磨机械法制浆过程中的木材软化与解离

化学热磨机械法制浆（CTMP）是 20 世纪 70 年代在热磨机械浆（TMP）的基础上发展起来的（Sixta，2006），在 TMP 生产系统中增加了一个化学浸渍处理器（Smook，1997）。典型的 CTMP 生产线主要由削片、木片筛选和洗涤、常压蒸汽预处理、化学浸渍处理器、压力预热器、压力磨浆、消潜、浆料筛选、除渣、浆料浓缩、漂白以及渣浆处理系统组成（图 9-6），其典型制浆条件见表 9-2。CTMP 流程中，木片在化学浸渍处理器与化学药液接触发生化学反应，停留时间 1~3min，在随后的压力预热器和磨浆机中较高温度和压力作用下进一步软化，促进其与所吸收化学药液继续反应，完成木片的热软化。木片在压力预热器内停留时间 2~5min，预热器内压力 147~196kPa、温度 115~135℃。CTMP 工艺中，化学浸渍主要起到以下 4 方面作用：①软化木材纤维，提高浆料强度性能，节约磨浆能耗，延长磨浆设备的齿盘寿命；②在保证纸浆高得率的前提下，制造出满足纸和纸板产品强度和光学性能的浆料；③降低纸浆的生产成本，少用或不用价格较高的长纤维化学浆；④拓展制浆纤维原料来源，充分利用其他制浆方法不太适宜或较少使用的阔叶材，特别是生长速度较快的中低密度的阔叶材。与 TMP 工艺相比，CTMP 工艺的磨浆能耗呈较大幅度下降，且浆料长纤维组分含量增加、细小纤维组分含量降低，浆料有较高的松厚度及力学强度性能，可用于配抄多种高档纸和纸板产品。

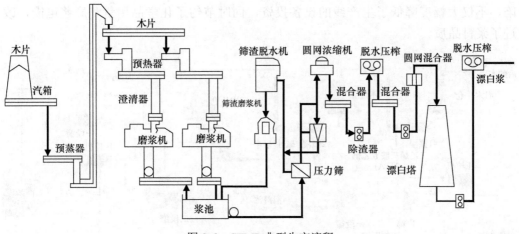

图 9-6　CTMP 典型生产流程

表 9-2　CTMP 和 CMP 工艺预处理条件

工艺名称	木材类型	预调湿时间（min）	化学品用量	预热条件	化学浸渍条件	得率（%）
CTMP	针叶材	10	1%～5% Na_2SO_3	2～5min，120～135℃		91～96
	阔叶材	10	1%～5% Na_2SO_3，1%～7% NaOH	0～5min，60～120℃		88～95
CMP	针叶材	10	12%～20% Na_2SO_3		10～60min，140～175℃	87～91
	阔叶材	10	10%～15% Na_2SO_3		10～60min，130～160℃	80～88

（三）碱性过氧化氢机械法制浆过程中的木材软化与解离

碱性过氧化氢机械法制浆（APMP）是指木片采用碱性过氧化氢进行化学预处理，再利用盘磨机的机械解离作用分离成纸浆纤维的过程，是在 BCTMP 工艺和加拿大 Kvaerner-Hymac 公司的 APP（alkali peroxide pulping）工艺基础上发展起来的（房桂干等，2020），改变了漂白化学机械浆先制浆后漂白的工艺路线，通过将化学浸渍和漂白进行有机融合，简化了生产流程。

APMP 工艺由安德里茨（Andritz）公司于 1989 年在芬兰赫尔辛基国际机械浆会议上推出，世界首条年产 20 万吨的 APMP 制浆线于 1992 年在加拿大魁北克省 Mallette Quebec 工厂建成；2003 年，由岳阳林纸股份有限公司从 Andritz 公司引进建成了世界首条年产 12 万吨的杨木 P-RC APMP 工艺制浆生产线（图 9-7）（沈葵忠和房桂干，2014）。中国是优质纸浆材资源短缺的国家，高得率浆生产主要采用外购的混合木片和木材加工剩余物等原料，普遍存在化学品用量大、磨浆电耗高和成浆质量差等问题。中国林业科学研究院林产化学工业研究所依据国内木材纤维原料特征，联合国内相关机械装备制造企业研制了双螺旋挤压浸渍机（twin-screw preimpregnator，TSPI）和高浓磨盘等高得率制浆核心装备，开发了双螺旋挤压浸渍的化学机械法制浆工艺，实现了全套高得率浆技术和装备的国产化（房桂干，2013）。该工艺采用双螺旋挤压浸渍机强化了木片浸渍效果，克服了传统技术与装备浸渍软化效果差的缺陷，不仅大幅度降低了生产线的设备投资，同时节约了化学品用量和磨浆电能，改进了浆料品质。

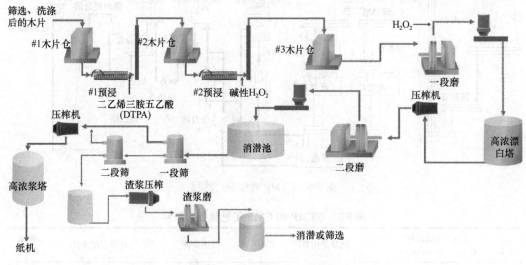

图 9-7　P-RC APMP 制浆流程

三、木材预处理及解离化学

木材纤维解离主要涉及木材或木片的预处理、磨盘解离两个主要过程。木材预处理是指在磨浆之前对洗涤后木片进行汽蒸、挤压和化学浸渍等一系列处理，使木片实现均匀润胀和软化，可以有效降低磨浆电耗，提高纤维解离质量，减少磨浆过程纤维的切断和碎片化。磨盘解离是指利用盘磨机的机械作用将木材或木片分离成纸浆纤维并使之产生不同程度分丝帚化的过程。

（一）木材预处理

1. 木片汽蒸或预热

木片经过适当温度的短时间汽蒸，可驱赶木片空隙中的空气、软化纤维细胞和胞间层之间的牢固联结，使木片纤维相互间易于分离，减少纤维磨解时的损伤。在寒冷地区，木片在洗涤之前进行预汽蒸，可以融化冰块，利于洗涤时木片与杂物的分离。

2. 木片的预处理

为提高木材纤维解离质量和降低解离能耗，木片组织汽蒸预热软化之后，还需进行机械挤压、预浸软化。此外，木片生物处理也取得了理论突破，有望在生产线实现应用。

（1）机械挤压

机械挤压是化学热磨机械浆（CTMP 或 CTMP^C）和碱性过氧化氢机械浆（APMP 或 P-RC APMP）等化学机械浆工艺流程中的关键工序。通过挤压处理，木片受到压缩、剪切、扭曲等作用，使木片组织结构发生破坏，提高其比表面积，同时部分脱除水溶性抽出物，为后续化学浸渍过程药液的渗透和扩散创造有利条件，实现良好软化效果，并减少化学品消耗。常用的挤压方式主要有单螺旋挤压和双螺旋挤压两种方式。单螺旋挤压通过螺旋变距和螺轴变径等途径，沿物料前行方向空间体积逐渐缩小，实现对木片的挤压；双螺旋挤压由两条平行啮合同向旋转的螺旋构成，每条螺旋由多段送料区、反向螺旋区交替组合而成，反向螺片上开有出料口，从而实现木片的挤压和剪切作用。

（2）预浸软化

预浸软化是化学机械法制浆过程中，木片进入盘磨机磨浆之前，在一定温度下采用化学品浸渍木片并停留一定时间，使木片组织结构松弛、产生润胀或增加亲水性等变化的预处理方法。预浸软化可降低木片的力学硬度，发生碱润胀软化或磺化作用，减少后续磨盘磨浆过程中机械作用对纤维的过度切断。

1978 年，瑞典 Rock Hammer 公司在 TMP 工艺基础上，开发了化学热磨机械法制浆（CTMP）工艺，在木片汽蒸后配置化学浸渍工段；1989 年，奥地利 Andritz 公司收购了 Kvaerner-Hymac 公司的机械法制浆业务，开发了 APMP 工艺，采用高压缩比单螺旋挤压木片，强化了木片挤压处理和化学浸渍-软化-漂白的一体化作用；1999 年，Andritz 公司强化了盘磨机的高浓混合作用，开发出木片 P-RC APMP 工艺，在磨浆后增设停留反应仓，进一步提升了物料的化学软化效果。21 世纪初，芬兰维美德（Valmet）公司在 CTMP 基础上发展出 CTMP^C 工艺，在高螺旋压缩比基础上，在压力高浓磨后设置反应仓，强化了物料的化学软化效果；中国开发了双螺旋挤压装备及双螺旋机械法制浆（TSMP）工艺，实现了木材加工剩余物用于化学机械法制浆的生产。

预浸软化是化学机械法制浆生产中的重要工序，不同浸渍化学品作用于木片的效果存在很大差异，木片的有效软化或磺化直接影响到磨浆过程的运行稳定性、磨浆能耗和纸浆筛分分布。与早期的 CTMP 和 APMP 工艺不同，为提高磨浆质量、降低磨浆能耗，如今高得率浆生产线应用的 CTMP^C、P-RC APMP 及 TSMP 工艺均强化了物料的机械挤压、热软化和化学软化作用。

（3）生物制浆

1）基于木质素降解的传统生物制浆。传统生物制浆主要是利用特定的微生物或者酶选择性地降解纤维原料中的木质素，使植物组织中的纤维彼此完全分离或部分分离制成纸浆的过程（Walia et al.，2015；Kumar et al.，2020）。与其他机械、热和化学处理方法结合，对应的工艺分别命名为生物机械法制浆、生物化学法制浆和生物化学机械法制浆。例如，Fillat 等（2017），利用真菌 *Hormonema* sp.与硫酸盐法制浆结合，有效地提高了桉木纸浆的白度与物理强度。但木质素作为保护植物组织不被外界生物侵蚀的屏障，往往难以被生物菌株降解。已知用于生物制浆的微生物主要是以白腐菌、褐腐菌为代表的真菌，通过这些真菌分泌的木质素降解酶（锰过氧化物酶、木质素过氧化物酶与漆酶）来降解木质素。但无论是这些微生物还是酶制剂，它们在制浆过程中所需条件往往较为苛刻，需严格灭菌，且反应时间长、连续生产较为困难，这对于工业化生产来说无疑是非常不利的。生物制浆就是将制浆原料中的木质素降解，不需要或减少后续工序所需的能耗及节约化学品，达到控制纸浆的生产成本与减少污染物排放的效果。在利用微生物制浆过程中，不仅要时刻维持微生物生长所需环境，更要控制好发酵时间，既最大程度分解木质素达到纤维解离,又需防止碳水化合物过度解聚造成纤维质量下降与得率损失。目前筛选得到的微生物,降解木质素的能力往往难以单独将木质纤维解离成为优良纸浆(Fillat et al.,2017;Liu et al.,2017)。同时生物制浆的停滞发展,导致相关设备的研发更少,这使生物制浆更加难以控制。综上所述,生物制浆相较于传统制浆方式,无疑更加绿色环保和节能,符合国家"双碳"目标发展方向;同时,生物制浆在常温常压条件下拥有较高木质素降解率和制浆得率,具有十分明显的优势(Ziaie-Shirkolaee et al.,2008)。

2)基于碳水化合物降解的新型高温生物制浆的设想。木质素作为植物组织中最难被生物降解的组分,能有效抵御诸多微生物对植物体的降解和侵蚀(Singh et al.,2015;Si et al.,2018)。从微生物对生物质组分降解难易来说,纤维素与半纤维素这类碳水化合物相对于由苯环构成的木质素,显然更易于被微生物代谢利用(Ma et al.,2017;Xu et al.,2018)。木质素是高得率浆纤维的重要成分,与纤维素、半纤维素一道是纸浆得率的构成项(Pan,2011)。利用主要降解碳水化合物的微生物菌株的代谢作用,迅速提高好氧发酵体系的温度,通过控制发酵强度(确保纤维素、半纤维素不致过度降解)软化和松弛纤维细胞结构,有望降低后续解离能耗并改善浆料纤维强度性能(武国峰等,2016;靳晓晨等,2017;Si et al.,2018;Nagpal et al.,2021)。链霉菌菌株可用于生物机械浆预处理。多种娄彻氏链霉菌、地衣芽孢杆菌、副地衣芽孢杆菌、栖热菌等对植物纤维的降解能力强,能迅速提高发酵体系温度至50℃以上(Qu et al.,2017;Sun et al.,2021)。孙恩惠等利用含有娄彻氏链霉菌、地衣芽孢杆菌、枯草芽孢杆菌和米曲霉组成的商品菌剂对秸秆高温发酵处理制备农用地膜,与未经发酵处理的纤维相比,机械打浆时间显著缩短,能耗降低43.75%;在适当发酵时间下,制备的地膜力学性能较好,拉伸强度由11.26Nm/g提高到15.68Nm/g(Sun et al.,2021)。

高温好氧发酵最大优势在于高的堆体温度,好氧发酵时间短,可有效解决目前生物制浆处理时间过长这一"卡脖子"难题。基于机械法制浆是一种保留木质素的制浆方法,进行生物机械制浆时,选用以半纤维素和纤维素为碳源的微生物菌剂进行好氧发酵,结合机械处理可将植物纤维解离成浆,至少有3方面好处:降解半纤维素和少量低分子纤维素的微生物短时间可以将物料温度提高到60℃以上,堆体内部温度最高可达85℃甚至更高,可缩短微生物处理时间;部分半纤维素和纤维素的降解和溶出有利于为水润胀纤维物料提供孔隙通道;相对于化学处理来说可以提高制浆得率,相对于直接机械法制浆来说可以大幅度节约解离电耗(Zhou et al.,2023)。

3)新型生物机械制浆的实践。碱性过氧化氢浸渍和两段机械挤压浸渍相结合的新型生物化学机械制浆工艺,可将木质纤维制成高品质、高强度的高得率纸浆。首先,好氧发酵通过微生物对木质纤维素的分解,松动和疏通了纤维结构及孔道,使碳水化合物与木质素之间的连接键松动,实现了纤维细胞壁的生物软化;随后在NaOH和H_2O_2的协同作用下进一步充分润胀和化学软化纤维,在高温(65~70℃)好氧发酵预处理的基础上进一步提高盘磨机解离效率,发酵复合菌株组成为2株地芽孢杆菌(Geobacillus sp.)、1株副地芽孢杆菌(Parageobacillus sp.)和4株栖热菌(Thermus sp.)。沈葵忠等(2021)提出了新型生物化学机械制浆Bio-CMP工艺(3d好氧发酵+4%碱性过氧化氢)(图9-8),

其优势特征参数如下：生物处理时间由传统 2 周以上缩短至 3d，能耗降低 65%，纸浆得率为 76%，且具有良好的理化和强度性能：270ml 加拿大游离度（CSF）下，纸浆保水值（water retention value，WRV）提高了 27%，抗张（12.11N·m/g 提高至 25.33N·m/g）和耐破强度（0.60kPa·m²/g 提高至 0.97kPa·m²/g）与未经生物及化学处理试样比较分别提高了 109% 和 62%。高温好氧发酵工艺用于处理杨木和马尾松同样取得了良好的效果（沈葵忠等，2021）。

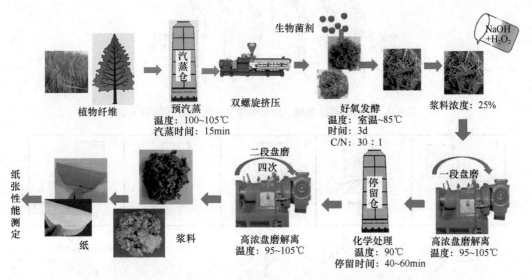

图 9-8　高温好氧发酵生物化学机械法制浆流程示意图（详见书后彩图）

（二）磨盘解离

磨盘解离是对完成热、化学或生物预处理后的纤维物料，利用盘磨机盘齿交错的压缩和剪切作用，将纤维从木材组织中分离出来制成供纸和纸板抄造用纸浆的过程。磨盘过程不仅需要将原料分离成单根纤维，还要求在尽量少切断的情况下使纤维获得充分的分丝帚化，以满足后续产品抄造所需的结合强度。磨盘解离效果的优劣对机械法制浆最终成浆质量有着重要的影响。影响磨盘解离效果的因素主要包括：磨前纤维原料尺寸规格和浸渍效果、解离段数、浆料浓度、磨室压力、温度和磨盘齿型等。磨盘解离比能耗、解离强度与纤维性能之间的关系较为复杂，可以用图 9-9 简单示意纤维形貌与磨盘解离强度和比能耗间的关系（Lundfors，2022）。浆料纤维在盘磨机中一般受到两种机械作用力：动盘盘齿前端接触或磨齿后端离开纤维物料时对纤维薄层的压缩力，以及动盘盘齿与定盘盘齿交错时对纤维薄层的剪切力（图 9-10）；磨盘运行中动盘和静盘之间纤维垫层中纤维物料所受的作用力远比图 9-10 中示意更加复杂，至少还存在大量纤维与纤维之间相互摩擦而产生的揉搓和剥离力，其对纤维解离质量的影响不可忽视，特别是高浓磨浆时这部分作用力成为磨盘解离质量的决定因素，对纤维的内帚化（内部细纤维化）和外帚化（外部细纤维化）产生重要影响，同时也是磨盘解离产生大量蒸汽的主要因素（Lundfors，2022）。

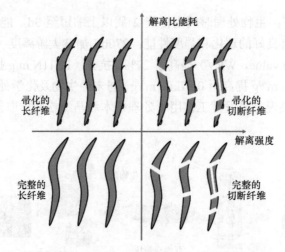

图 9-9　磨盘解离比能耗、解离强度与纤维形貌之间的关系

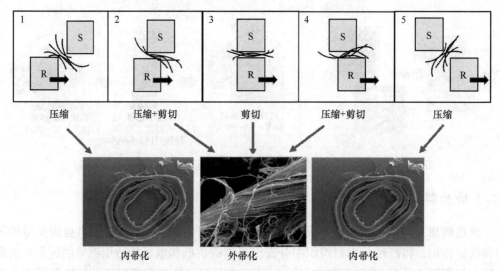

图 9-10　盘磨解离过程盘齿对纤维的压缩和剪切力所产生的纤维内帚化和外帚化
1. 第 1 阶段的压缩力；2. 第 2 阶段的剪切力和压缩力；3. 第 3 阶段的剪切力；4. 第 4 阶段的剪切力和压缩力；
5. 第 5 阶段的压缩力；S：磨盘静磨盘齿；R：动磨盘齿

　　进入磨盘的纤维物料尺寸规格及预处理时的化学浸渍程度对纤维解离质量的影响非常大。解离前纤维物料的尺寸规格均匀性和化学浸渍效果良好，不仅可以减少磨浆能耗，还可以使盘磨机的磨盘运行平稳，磨解的纤维均匀性好、损伤少，成浆质量好。磨盘解离段数对最终成浆质量有重要影响。高得率浆一般采用一段或者二段磨盘组合来进行磨浆。具体采用的磨盘段数主要取决于终端配抄纸品用浆要求。对于结合强度要求较低的包装纸板配抄所用的高游离度浆料，可以采用一段磨盘解离来实现，而对于结合强度要求较高的文化用纸配抄所用的低游离度浆料，则需要配置二段甚至多段磨盘。由于纤维分离和分丝帚化都需要磨盘提供能量，其中纤维分离过程所需能量较少，大部分能量消耗主要集中在纤维的分丝帚化和发展强度上。因此，采用单段磨盘磨解达到纸浆的目标游离度时，需要在实现纤维分离的同时发展强度（即提高纤维间结合能力），如盘磨解离所需电能全部加在一段磨盘中，容易造成纤维的损伤和过度切断，增加化机浆中的细小组分含量，并降低纸浆的强度性能；采用二段或多段磨盘磨浆时，第一段磨盘主要是进行粗磨，输入能量使纤维分离，磨浆作用不需太强，利用后段磨盘进行精磨或发展强度，需要较高的磨浆强度，以使纤维得到充分的分丝帚化并获得足够强度性能。因此，采用两段或多段磨浆，有利于通过灵活分配磨浆各段能量输入，减少磨浆过程对纤维的损伤和过度切断，并使纸浆具有较好的强度性能。目前生产线所用 BCTMP^C、P-RC APMP 等新型高得率浆工艺的第一段磨浆普遍采用高浓度磨盘解离方式，盘磨机中浆料浓度一般控制在 25%～35%。

（三）木材纤维解离化学

木片在盘磨机中磨解制成的机械浆被称为盘磨机械浆或热磨机械浆。为了获得在液体包装纸板、吸收类纸等产品中的应用，在磨浆机前的适当位置采用少量的化学品对木片进行预浸软化处理，可以显著改善纸浆的物理力学和光学性能。依据原材料的品种和化学预处理程度的不同，纸浆得率在 75%～95%，与化学浆 50% 左右的得率比较，其制浆得率较高。

化学机械法制浆过程涉及的化学反应主要在化学预浸、纸浆漂白和抑制纸浆返色等过程。

1. 氢氧化钠预浸

氢氧化钠（NaOH，俗称烧碱）是高得率浆化学浸渍主要的化学品之一，主要用于磨浆前对木片进行温和的化学预处理，也有用于段间和段后处理的。NaOH 预浸最早用于冷碱法化学机械浆生产。因 NaOH 处理对木片的深色反应，化学浸渍时往往与 H_2O_2 或 Na_2SO_3 联合使用。在阔叶材制浆中，NaOH 预浸可取得良好的润胀效果和提高纤维解离质量。碱性介质的化学处理中，半纤维素所含乙酰基与碱作用，生成乙酸钠而溶解，伴随易溶于碱的糖醛酸类低聚物的溶出，在纤维细胞壁与胞间层表面形成微小孔道，促使水及浸渍化学试剂易于进入纤维组织内部而发生润胀及化学反应；木质素大分子的弱酸性基团也可与碱作用，形成离子，增加了其吸水能力。由于上述碱与半纤维素、木质素的化学作用，增加了木片水分含量，降低了木片软化温度并促进了纤维润胀，提高了纤维弹性和柔韧性，为后续磨浆纤维解离创造了有利条件。

木材在碱液中能很快润胀，木材纤维细胞因木质化程度不高的 S_2 层体积的增加而使胞腔缩小约 25%。木材纤维碱润胀的特点是在纤维结构内部产生作用，磨解时木质化程度较高的纤维外层易于脱落下来，暴露出 S_2 层表面，为纤维间良好的结合提供了活性表面。一般认为，NaOH 预浸更适合用于阔叶材化学机械法制浆的预处理，主要原因是其木质素含量相对较低且主要集中在胞间层（詹怀宇和陈嘉翔，2015）。

2. 磺化反应

化学热磨机械法制浆（CTMP）过程中，木片在磨浆之前通常用 1%～4%（对木片）的药剂（Na_2SO_3 或 Na_2SO_3+NaOH）量在较高温度进行化学浸渍，在温和中性或碱性条件下，可使纤维完整地从木材组织中解离出来，同时高效去除树脂成分。此外，因 $Na_2SO_3/NaHSO_3$ 药剂系统对发色基团的还原作用，可对浆料产生一定漂白效果。

木片在 130℃的中性或弱碱性条件下用 Na_2SO_3 处理会发生非常快速的化学反应，几分钟内每 100 个苯丙烷单元约生成 3 个磺酸基（~50mmol/kg 木材），且木材组分无明显降解溶出，如图 9-11 所示（Kangas and Kleen，2004）。较高 Na_2SO_3 用量时反应 5~30min，可发生较高程度的磺化反应，每 100 个苯丙烷单元生成 15~20 个磺酸基，高度磺化的木片经磨浆后的化学机械浆（CMP）得率为 90%左右。

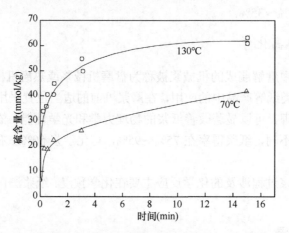

图 9-11　两种不同温度 3%Na_2SO_3 处理云杉木片的硫含量

CTMP 生产中温和的反应条件下，仅木材中活性化学结构发生磺化反应。不同区域纤维细胞壁形态研究表明，CTMP 浆料纤维的磺化反应是高度非均一的反应，较高的磺化程度发生在初生壁，次生壁或胞间层磺化程度较低，如图 9-12 所示（Kangas and Kleen，2004）。

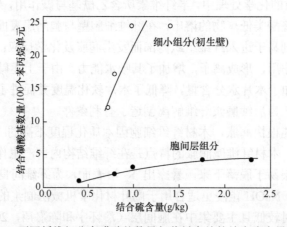

图 9-12　不同纤维级分中磺酸基数量与浆料中总的结合硫含量的关系

CTMP 温和的制浆条件下，木质素分子结构中仅几种结构能够与亚硫酸钠发生反应，其中最重要的是，松柏醛结构中含有一个缺电子的 α-碳原子，因此会与一个强的亲核试剂，如亚硫酸盐阴离子发生化学反应；在一个竞争性或连续反应中，亚硫酸盐阴离子也可与松柏醛结构的 γ 醛基反应，形成羟基磺酸结构（图 9-13）。实际 CTMP 条件中，仅有小部分松柏醛结构发生消除反应而脱除，未漂白和漂白 CTMP 浆料纤维中仍然可以检测到这种结构。初生壁物质的较高磺化反应性，显示木材纤维初生壁中富含这种松柏醛结构，该种磺化反应可使纤维初生壁的亲水性和润胀程度增加，促进了纤维与纤维的选择性分离。

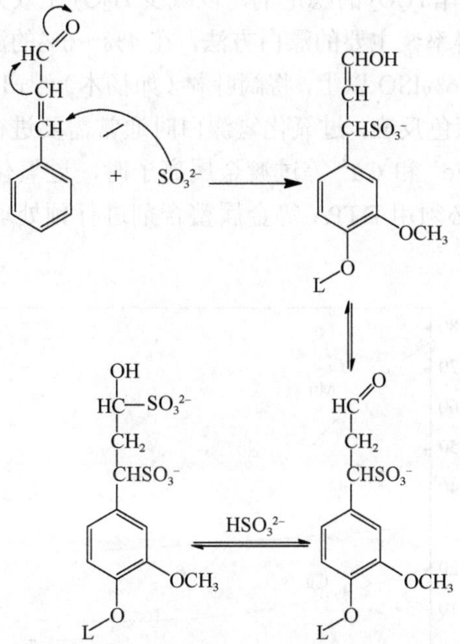

图 9-13　松柏醛结构与亚硫酸钠的反应

其他木质素反应性结构，如邻醌或对醌，作为 α-不饱和羰基型或 β-不饱和羰基型结构，也能与亚硫酸钠发生反应而破坏浆料中的发色基团。此外，木片解离过程中少量亚硫酸钠的存在，可使过渡金属离子还原成最低价态（图 9-14）。这是亚硫酸钠化学浸渍处理的一个优势。同时添加的金属螯合剂如 DTPA，其与过渡金属离子螯合，导致纸浆白度一定程度的增加。

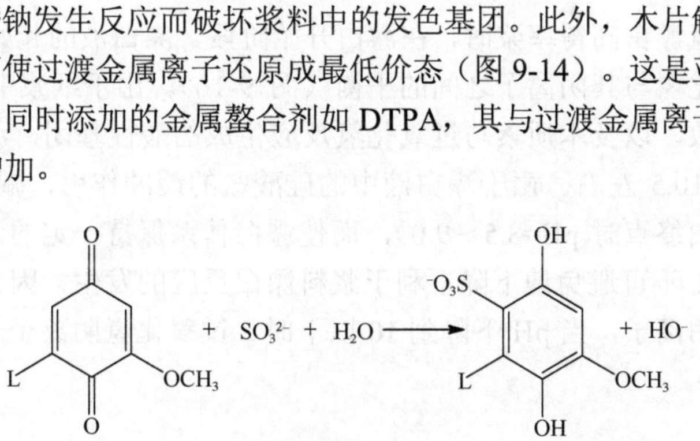

$$2Mn^{3+}(Fe^{3+}) + SO_3^{2-} + 2HO^- \longrightarrow 2Mn^{3+}(Fe^{2+}) + SO_4^{2-} + H_2O$$

图 9-14　醌型结构的磺化和亚硫酸钠对过渡金属离子的还原反应

3. 碱性过氧化氢漂白

漂白高得率浆时，希望增加纸浆白度时尽量不损失纸浆得率，这可以通过用碱性过氧化氢的氧化反应或在近中性 pH 下连二亚硫酸钠（$Na_2S_2O_4$）的还原反应等保留木质素的漂白方法来实现。因漂白效率高、生产过程水易于回用等特点，实际生产中多采用碱性过氧化氢漂白；含硫元素的 $Na_2S_2O_4$ 漂白，因纸浆白度增加幅度不高，以及硫元素在废水厌氧和好氧处理过程中对生物菌的抑制作用等问题，生产中已较少采用。过氧化氢漂白时，除需要加入 H_2O_2 和 NaOH 外，还需要加入硅酸钠（Na_2SiO_3）和螯合剂（如 DTPA、DTMPA 等），用作 H_2O_2 的稳定剂，以减少 H_2O_2 无效分解。

过氧化氢漂白是高得率浆主要的漂白方法，在 4%~6% 的漂白药剂用量下可以将针叶材化学机械浆漂白至 76%ISO 以上，将阔叶材（如杨木）漂白至 80%ISO 甚至 85%ISO 以上。因 NaOH 会导致深色反应，过氧化氢漂白时通常需要进行 NaOH 用量的优化。浆料中存在 Mn^{2+}、Fe^{2+}、Fe^{3+} 和 Cu^{2+} 等过渡金属离子时，过氧化氢易于发生分解反应。因此，高得率浆漂白时必须用 DTPA 等金属螯合剂进行预处理，并通过随后的洗涤除去（图 9-15）。

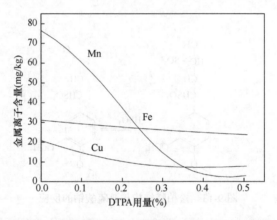

图 9-15　高得率浆中的金属离子含量与 DTPA 用量

碱性过氧化氢漂白高得率浆时，在漂白开始阶段，漂白液的起始 pH 通常在 12 左右，建立了过氧化氢与其阴离子之间的平衡（图 9-16）。由于纸浆中半乳糖基-葡甘聚糖乙酸的快速释放，以及木质素与过氧化氢反应生成的酸性基团，漂白体系的 pH 将在几分钟内降至 10.5 左右。由于漂白液中的硅酸盐的缓冲作用，减缓了漂白体系 pH 过快下降（到漂白终点时 pH=8.5~9.0），而使漂白体系保持一定的漂白能力。高得率浆漂白过程中 pH 不可避免地下降不利于浆料漂白反应的发生，因为实际起到漂白作用的是过氧化氢阴离子，当 pH 下降到 10 以下时，过氧化氢阴离子浓度很低，影响漂白效率（图 9-17）。

$$H_2O_2 + HO_2^- \rightarrow \cdot O_2^- + HO\cdot + H_2O \ (Fe^{2+}、Mn^{2+}等催化)$$

$$HO\cdot + \cdot O_2^- \rightarrow O_2 + HO^-$$

$$HO\cdot + HO_2^- \rightarrow \cdot O_2^- + H_2O$$

$$HO\cdot + R \rightarrow 氧化降解产物$$

$$2\cdot O_2^- + H_2O \rightarrow O_2 + HO_2^- + HO^-$$

图 9-16　过氧化氢的分解反应

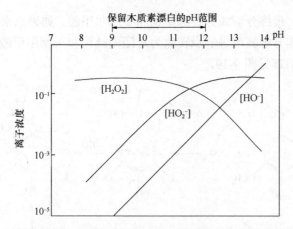

图 9-17　过氧化氢漂白体系的离子平衡及对高得率浆起漂白作用的 pH 范围

　　高得率浆漂白只是将其木质素中的发色基团消除，木质素结构不发生解聚，因而纸浆得率损失很小，其中主要发色结构是木质素松柏醛类型结构和部分醌型结构。过氧化氢阴离子是一种强亲核物质。与亚硫酸盐的反应性类同，纸浆中含有的缺电子碳原子结构最容易发生类似反应。在木质素大分子的松柏醛这类主要结构以及其他类型的共轭羰基结构中都可以发现这种缺电子碳原子。松柏醛本身容易受到过氧化氢阴离子的攻击，形成一种 α-过氧化羟基结构（图 9-18），通过环氧化物进一步反应形成新的

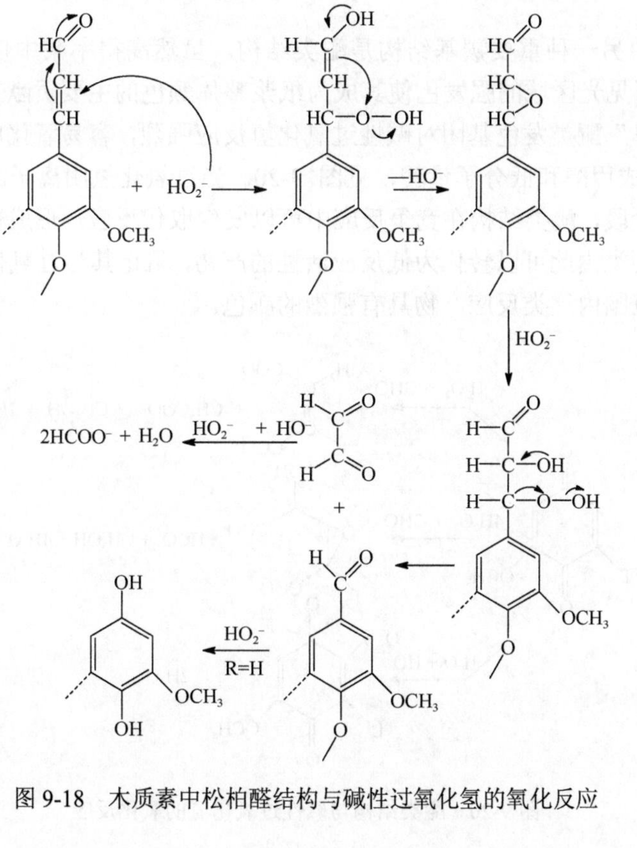

图 9-18　木质素中松柏醛结构与碱性过氧化氢的氧化反应

过氧化羟基中间体，最终分解成芳香醛结构和 2 摩尔甲酸。如果原来的松柏醛结构中含有游离的酚羟基，则芳香醛可进一步转化为对醌型结构和 1 摩尔甲酸，此反应通常称为"达金反应"，其机理见图 9-19。

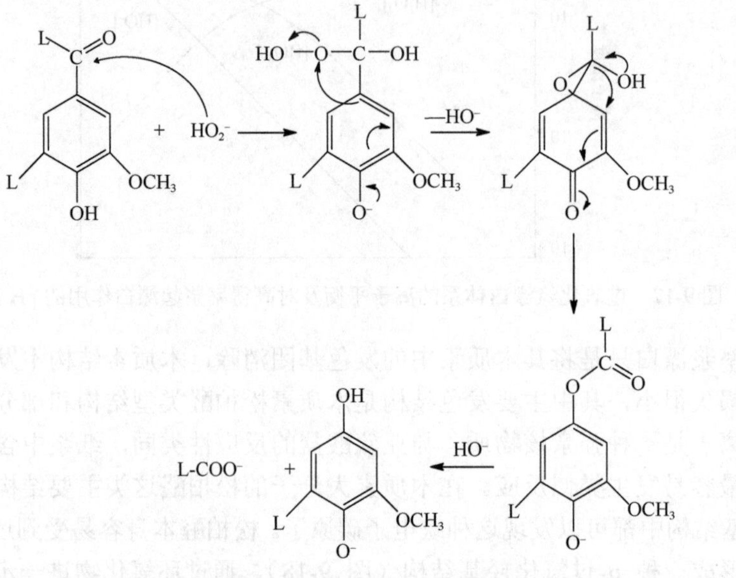

图 9-19　木质素中芳基-α-羰基结构与碱性过氧化氢的氧化反应——达金反应

高得率浆中另一种重要羰基结构是醌类结构。虽然高得率浆中仅含痕量的醌类结构，但它们在可见光区域的强发色使其成为纸浆整体颜色的主要贡献来源。然而，大多数类型的"简单"醌类发色基团对碱性过氧化氢反应强烈，容易氧化成无色端基（通常含有羧基），形成甲醇和低分子量酸，见图 9-20。当过氧化氢阴离子的浓度较低时，如在漂白的最后阶段，醌类结构在竞争反应中可以发生取代反应，形成羟基化醌结构。一小部分原来的醌类由此可以转化为低反应活性的产物，阻止其与过氧化氢进一步发生反应，在可见光范围内这类反应产物具有强烈的颜色。

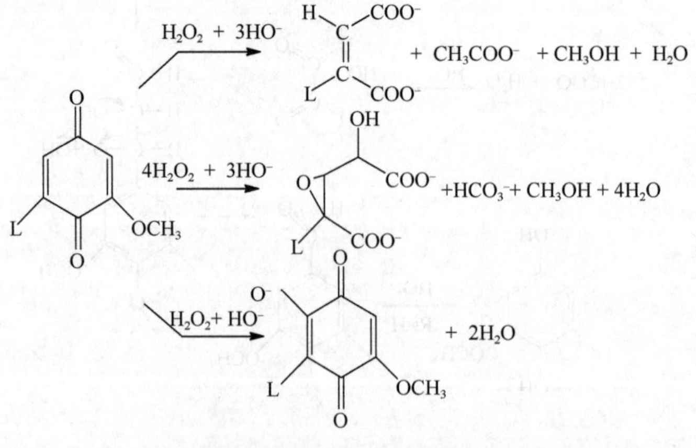

图 9-20　醌类结构与碱性过氧化氢的氧化反应

第三节 木材纤维细胞壁定向软化与优势解离策略

木材制浆可视作一个纤维解离的过程，是从木材或其他木质纤维类植物组织中采用机械的、化学的或化学-机械联合的方法使纤维彼此分离制取纤维状浆料的过程。按照其过程所用处理方法的侧重不同，对应的工艺命名为机械法制浆、化学机械法制浆、半化学法制浆及化学法制浆等。无论是机械法制浆、化学机械法制浆还是化学法制浆，从纤维形态变化角度来看，制浆过程包括两个过程：①纤维分离（defibration），纤维从植物组织中尽可能无损伤地释放分离出来；②纤维精磨（refining）/打浆（beating），进一步处理使纤维获得必要的性能，如纤维的润胀、内部扭曲、帚化、外部细纤维化和柔顺性增加等，以满足造纸工业纸页成形交织的需要。

木质素在植物体内的生理作用主要是黏接、加固、防止水分散失。木材组织中木质素的存在使其对解体或降解有着天然的抗逆性，导致制浆时从木材组织结构中提取出完整纤维存在很大难度。传统制浆观念认为，由于木质素牢固地将纤维与纤维黏结在一起，首先想到的方法就是采取去除木质素（化学法）或软化木质素（热-机械法或化学-机械法）手段，方可从木材组织中提取或分离出纤维，过去制浆技术和装备的迭代或改进就是基于此方向发展的。

化学法制浆通过蒸煮木片溶出木质素，使其达到纤维分离点而分离出单根纤维。化学法制浆时在碱性（烧碱法制浆或硫酸盐法制浆）或酸性蒸煮试剂（酸性亚硫酸盐制浆或亚硫酸氢盐制浆）的作用下木质素在130～170℃的高温下降解和溶出，但只有当木质素脱除约90%时，纤维才能彼此分离而不需要任何机械处理。但脱木质素并不是一个选择性很好的过程，脱木质素的同时不可避免地导致部分半纤维素和少量纤维素的降低，90%木质素脱除率时化学法制浆纤维总的得率为45%～50%。当木质素脱除到一定程度纤维能够彼此分离时，脱木质素化学反应必须停止，以避免纸浆得率的过度降低；进一步脱木质素可以通过后续的漂白过程来实现。分离后的纤维需进一步经过打浆（发展纤维理化性能）步骤实现内部和外部细纤维化，使纤维暴露更多的新表面和柔顺性增加，才能在抄造时形成有一定强度性能的纸页。

机械法和化学机械法制浆（统称为机械法制浆，又称高得率制浆）是通过采用一定的预处理方法使纤维胞间层木质素软化或部分软化、以较低的磨浆能耗实现纤维彼此分离的过程。通常情况下，由于机械浆纤维几乎完全保留原料中的木质素组分，仅有少量的易于溶出的碳水化合物和抽提物的损失，机械浆的得率大多为90%以上。机械浆纤维解离的理想状态是将完整的纤维从木材组织中分离下来，而不发生任何损伤，这实际上是无法实现的。即使木片获得充分预浸软化，在机械力的作用下，木材纤维解离后的形态也是无法完全受控的，可产生包括纤维束和不同尺寸和形状的纤维、碎片等组分。从纤维形态角度，合格的机械浆纤维（以针叶材为例）一般由以下4部分组成：长纤维（长0.8～4.5mm、宽25～80μm），短纤维（长0.2～0.8mm、宽2.5～25μm），絮片状细小组分（长20～30μm、宽1～30μm）及纤丝状细小组分（长<0.2mm、宽约1μm）。传统机械法或化学机械法制浆时，通常希望纤维解离发生在木质素的软化点附近或之上，从

RMP、TMP、CTMP 到碱性过氧化氢热磨机械浆（APTMP）等工艺的磨盘解离均按照此发展方向进行演进。

新型定向解离的诱导弱相策略，期望解离发生在细胞壁层初生壁层（P 层）或次生壁层（S_1 层、S_2 层），并以 S_2 层为主。这就需要采用与传统解离不一样的策略，通过温度、化学、机械单独或联合的作用，甚至生物菌或酶的降解或催化的应用，使木材细胞次生壁特别是 S_2 层优先发生软化，并在分离或解离纤维时，控制系统温度远在胞间层木质素玻璃化软化点之下，此时胞间层木质素仍然呈固体形态，将纤维细胞壁的 P 层牢牢地黏合在一起，在高频低强度（高浆浓）磨盘解离时，壁层解离的位置向得到充分润胀软化的纤维次生壁（以体积比量大的 S_2 层为主）倾斜。

随着世界范围内木材纤维原料的短缺，新上的机械法制浆生产线越来越多地采用阔叶材原料，这推动了机械磨浆技术向前发展，包括 20 世纪 80 年代末的 APMP 工艺、90 年代末的 P-RC APMP 工艺及 21 世纪初基于 TSPI 的低温纤维解离工艺 TSMP。TSMP 工艺针对阔叶材纤维原料的生物学结构、化学组分含量和纤维形态与针叶材的理化性能差异，联合采用适当的化学浸渍试剂（如碱性过氧化氢）和预处理设备（如螺旋挤压设备），使纤维细胞次生壁 S_1 层或 S_2 层（特别是次生壁 S_2 层）优先获得润胀和软化，在低于木质素软化温度时进行磨浆，使纤维初始解离位置发生在纤维细胞次生壁，不仅改善了纤维表面的亲水性能，同时大幅度削减后了续纤维精磨所需的电能。基于 TSPI 的常压磨浆（温度 90～105℃）生产实践表明，浆料游离度 200～350ml CSF 时磨浆能耗由 900～1400kW·h/t 降低到 500～750kW·h/t，且纤维能够保留较好的形态和结合能力。

一、木材纤维解离与节能磨浆

机械法或化学机械法制浆实际上是一个热能、机械能或化学能的综合作用过程。利用上述 2 种或 3 种能量的联合作用将木材组织解离成能够满足纸、纸板及纸浆模塑产品使用的纤维浆料。化学机械法制浆过程分为纤维彼此分离和纤维精磨（性能发展）两阶段。纤维分离和纤维精磨可在同一台盘磨机中完成（单段工艺，常见于高游离度浆种生产），也可在两台串联的盘磨机中完成。在配置单段大直径高浓磨的生产线上，纤维解离在盘磨机中的粗磨区和精磨区起始阶段即已完成；在配置两段高浓磨的生产线上，纤维解离主要在首段高浓磨中完成，第二段高浓磨完成大部分纤维精磨。一般来说，纤维解离所用能耗约占总磨浆能耗的 25%。解离后纤维的细纤维化即纤维精磨，仍依赖盘磨机的持续电能输入，这部分能量需要远远超过纤维解离。但无论何种类型的机械法制浆工艺（RMP、TMP、CTMP、APTMP/APMP 等），纤维的解离方式（图 9-21），特别是磨浆开始阶段纤维的解离方式，似乎对总的磨浆能耗和最终的浆料质量起决定作用。因此，机械法制浆的初始磨盘解离方式非常重要，后续精磨能耗是否能够大幅度降低、纤维形态和质量性能可否得到改善，取决于采用何种初磨方式。

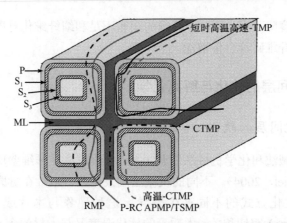

图 9-21　机械法制浆和化学机械法制浆磨浆时纤维的解离位置（详见书后彩图）

对 TMP 浆料纤维的化学组成和微观形貌的分析表明（Wahl et al.，2001），纤维细小组分与纤维表面及本体的化学组成和形态学存在差异。与纤维的表面和本体比较，纤维的细小组分含有更多的抽出物和木质素；较高的木质素含量表明该组分主要来自纤维的初生壁而不是次生壁（图 9-22）；絮片状细小组分木质素含量非常高（图 9-23）。与细小组分比较，TMP 纤维的纤维素含量较高，50%的纤维表面被聚糖类物质覆盖。纤维和细小纤维组分表面的抽出物主要是脂肪酸，并且主要以甘油三酯及甾醇和甾醇酯形式存在。TMP 纤维及细小组分的表面形态存在差异。纤丝状细小组分表面主要覆盖两类物质，可归类为木质素和抽出物；絮片状细小组分被证明主要覆盖为球状木质素颗粒和纤维素纤丝；该部分纤维表面部分区域的细纤丝任意方向排列，与木材纤维初生壁相同，部分表面的细纤丝走向与纤维轴向平行排列，表明磨解过程中该部位纤维细胞壁已暴露出 S_2 层。

图 9-22　TMP 纤丝状细小组分 SEM 照片　　　　图 9-23　TMP 絮片状细小组分 SEM 照片

在高游离纸板或卫生纸用机械浆的生产中，主要是利用其制取的化学机械浆纤维能够形成具有高松厚结构的能力，希望纤维解离尽可能发生在纤维的胞间层，这样在给定强度水平下浆料的长纤维含量高，有利于降低纸页掉毛掉粉纸病的发生概率。但对于生产诸如文化用纸、LWC 等纸品用低游离度浆种，胞间层解离方式因纤维表面被较多的木质素覆盖，在后续浆料精磨过程中，因纤维刚性和硬度高等因素，需要输入更多电能才能将浆料的游离度降下来；同时，纤维的润胀不足和细纤维化难度的增加，导致浆料纤维长度的缩短和纤维碎片含量增加。

二、木材纤维胞间层的软化与解离化学

（一）木材纤维胞间层的软化

对于不同的机械法和化学机械法制浆工艺，纤维解离在纤维壁层的发生位置不相同（Fernando and Daniel，2004）。不同的机械法制浆工艺，木片在盘磨机中的破碎和撕裂位置因木片预浸软化方式的不同产生差异，这种现象与木片或木质素的软化温度（softening temperature）密切相关。木质素的软化温度又与木材的含水率、化学预处理程度有关。木材软化温度的测量与木质素软化温度一致，在机械浆生产工艺的相关条件下，针叶材的软化温度在 125～145℃，阔叶材的软化温度比针叶材约低 20℃。木质素磺化可以降低软化温度，这一事实已被用于 CTMP、磺化化学机械浆（SCMP）等化机浆的生产实践中（Gellerstedt，2009）。木质素的软化程度对磨浆过程中其组织结构发生破碎和撕裂的位置起决定作用。

采用热磨机械法或化学热磨机械法制浆法对木材纤维进行解离涉及两个基本过程。一是木材纤维分离阶段，木材组织分离为单根纤维或较小的纤维束，发生于纤维解离的初始阶段，这一过程也称为纤维分离阶段（fiber separation stage）；其次是纤维性能发展阶段（fiber development stage），纤维或纤维束被进一步解离，赋予纤维所需要的性能，如纤维 S_2 层的暴露及表面的分丝帚化或细胞壁层内部的润胀等，发生于纤维解离的后期阶段。上述两个阶段发生时实际并没有严格的界限，发生在盘磨机内部时常有所重叠。

传统机械法或化学机械法制浆时，通常希望纤维分离发生在木质素的软化点之上，以使浆料获得良好的纤维长度分布，如更多的长纤维组分含量、较少的细小组分含量，如图 9-24 所示（Johansson et al.，2022）。但在木质素软化点附近或之上分离纤维，解离位置更多发生在胞间层，纤维表面被较多的木质素覆盖，其表面憎水性木质素浓度升高致使纤维挺硬和润胀不足，导致后续纤维精磨和发展强度阶段，需要输入更多磨浆电能来提高纤维的内外分丝帚化（CML 和 P 层的剥离及 S_1 层和 S_2 层的暴露），且解离出的纤

图 9-24　云杉 CTMP 浆料纤维 SEM 图

维挺硬和粗糙。无论采用何种类型的工艺，磨浆开始阶段（即纤维分离阶段）的解离方式，对总磨浆能耗和最终的纤维质量起决定作用。对于传统解离工艺，纤维分离阶段的能耗仅占总能耗的 25%左右；纤维解离的大部分能耗主要用于纤维解离的第二阶段——纤维理化性能发展阶段，即纤维表面和内部的润胀、分丝帚化、表面官能团的暴露等，以赋予纤维物料特定的物理和化学性能。

（二）纤维胞间层解离化学

对 170℃以上高温解离的纤维本体和表面化学分析的研究发现，随着纤维解离时温度的提高，木质素 β-O-4 键的出现频率下降，而酚羟基键出现的频率增加。水基抽出物中的芳香化合物的含量随着解离时温度的升高而增加，这与木质素-醚键的断裂有关。水溶性抽出物中含有大量的半纤维素，以及较高酚羟基、较低 β-O-4 键的芳香化合物。水溶性抽出物和半纤维素含量随着纤维化温度的升高而增加。大部分纤维表面覆盖了疏水型的抽出物，而纤维表面的木质素浓度大约是其本体木质素浓度的 2 倍（Linda and Paul，1999）。

当木材纤维组织中大分子受到机械应力作用（如盘磨机械解离）时，木质素和碳水化合物中的 C—C 键和 C—O 键发生断裂，如果发生均裂就会在纤维聚集体中形成机械自由基（mechanoradical）。抽提木材纤维和未经抽提木材纤维中的机械自由基浓度如表 9-3 所示。大部分探测到的机械自由基可能存在形式为木质素自由基，其形成和稳定性远高于纤维素自由基。机械能的输入会导致在木质素模型化合物中通过 α-O-4 键或 β-O-4 键的均裂形成瞬时脂肪族或苯氧族自由基。尽管这些木质素自由基不稳定，其中大部分被截留在木质素基质中，其稳定性取决于木质素聚合物对自由基的流动性限制，在苯氧基自由基存在的情况下，取决于未配对电子的有效离域，因此木质纤维素解离过程形成的稳定自由基，可能主要来自苯氧自由基。经过水抽提后的解离纤维中的自由基浓度随着纤维解离时温度的升高而增加，可能的合理解释是自由基的形成和淬灭均随温度的升高而增加。

表 9-3　抽提木材纤维和未经抽提木材纤维中的机械自由基浓度

试样（解离温度）	游离基浓度（相对值）		g-值
	未抽提纤维	水抽提纤维	未抽提纤维
云杉原料	25	—	2.0042
云杉（171℃）	10	16	2.0037
云杉（188℃）	25	21	2.0035
云杉（196℃）	34	34	2.0034
云杉（202℃）	31	41	2.0033
松木原料	35	—	2.0040
松木（171℃）	59	23	2.0038
松木（188℃）	44	21	2.0037

注：g-值是电子自旋共振谱中反映氧空位不稳定性和存在程度的参数

Linda 和 Paul（1999）在探讨云杉和松木的高温解离行为时认为，较高温度（≥170℃）解离过程中木质素通过 β-O-4 醚键的断裂发生解聚，导致酚氧游离基和酚型羟基的形成；浆料的水抽出物中含有较多的半纤维素，以及较低醚化的芳香物质和较多酚型羟基结构木质素碎片；解聚木质素和水抽出物的量随着解离温度的提高而增加；纤维表面与纤维本体的化学组成存在差异，未抽提纤维表面大量覆盖亲油性抽出物，木质素在无亲油性纤维表面的含量达到 50%。以上过程说明，云杉和松木在高温进行解离时，纤维表面覆盖较多的木质素物质，溶出物质主要是半纤维素、降解的木质素碎片和抽出物，溶出物质的量随着解离温度的提高而增加。

Börås 和 Gatenholm（1999）在对不同磺化程度的化学热磨机械浆的研究中，分析了 ESC 表征的 C1 峰（C—C 键）与预浸时 Na_2SO_3 用量的关系，认为随着 Na_2SO_3 用量的增加纤维表面的非碳水化合物含量增加（图 9-25）；相同化学预浸时间，纤维表面 C1/C2 值与 Na_2SO_3 用量呈线性正函数关系，这一结果与 O/C 值一致。用 X 射线光电子能谱（ESCA）观察到的纤维表面组成由碳水化合物含量较多变化到以木质素含量为主，这反映了纤维解离位置的变化。这是因为磺化过程木材纤维引入了更多的磺酸基，木材中的木质素发生了更多的软化现象，木材纤维的解离位点从次生壁向富含木质素的胞间层转移（Iwamida et al.，1980）。而对不同化学预浸时间下纤维表面组成变化的研究也表明（表 9-4），较长时间的化学预浸会使更多木质素和提取物溶解去除，使纤维表面氧含量增加。

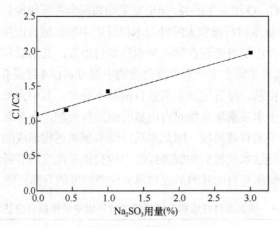

图 9-25　纤维表面 C1/C2 值与相同预浸时间 Na_2SO_3 用量的关系

表 9-4　以 ESCA 表征的纤维表面 O/C 值

CTMP 浆样	CTMP-D 3% Na_2SO_3 用量，3min	CTMP-E 8% Na_2SO_3 用量，60min	CTMP-F 15% Na_2SO_3 用量，120min
O/C	0.39	0.49	0.54

三、木材纤维次生壁层的软化与解离化学

（一）木材次生壁层的软化及设备

由中国林业科学研究院林产化学工业研究所 21 世纪初研发的常压低温纤维解离 TSMP 工艺采用的是木材纤维次生壁的解离策略。机械解离木材纤维时，如果能够采用适当的预处理方式，使其诱导弱相发生在纤维细胞的次生壁层（S_1/S_2 层），而不是发生

在纤维之间的胞间层（ML）或复合胞间层（CML），这就有可能节约大量的纤维精磨阶段的能耗（图 9-26）。通过热的、化学的和机械的单独或联合作用，甚至生物预处理方式的应用，使木材纤维次生壁 S_2 层优先软化解离得以实现。

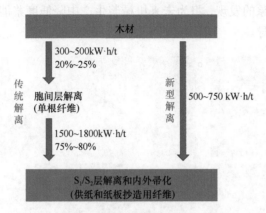

图 9-26　两种不同解离方式所用磨浆比能耗的比较

针对阔叶材与针叶材的生物学结构、化学组分含量和纤维形态等理化性能差异，TSMP 工艺联合采用可对纤维壁进行良好润胀的浸渍试剂（主要有 NaOH、H_2O_2 等）及可以缩短化学药剂渗透和扩散路径的强化浸渍设备——双螺旋挤压浸渍机（图 9-27）对纤维细胞壁进行强化均质润胀，增加了木材纤维次生壁（S_1/S_2 层）的韧性和弹性，低于木质素软化点的磨盘解离（常温高强度磨盘解离），能够使木材纤维的解离位置发生于纤维的次生壁（主要是 S_2 层），由传统基于木质素软化或脱除的两步法解离转到次生壁一步法解离。这样的新型解离方式不仅大幅度削减了后续纤维精磨（解离的第二阶段）所需的电能，同时改善了纤维表面的亲水性能（羟基和碱性过氧化氢反应生成的羧基含量的增加）和后续抄造纸和纸板时纤维间的结合能力。

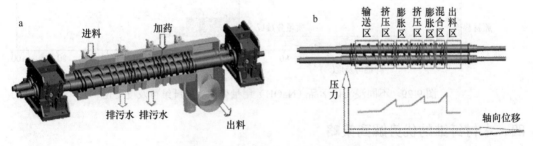

图 9-27　TSPI® 双螺旋挤压浸渍机
a. 原理示意图；b. 对物料的挤压压力沿轴向的变化曲线

（二）纤维次生壁层的解离化学

碱性过氧化氢浸渍与高浓磨盘解离的组合方式被证明是纤维次生壁解离的优势策略（Zou et al., 2021）。基于 TSPI 碱性过氧化氢浸渍的纤维常压磨盘解离（温度 90～105℃）中，解离多发生于次生壁位置，采用 Simons 染色法表征纤维可及度，结果表明，在浸渍化学品（10%H$_2$O$_2$和17.5%NaOH）的化学作用下，细胞次生壁S$_2$层的纤维可及度达77.07%（图9-28，图9-29）；纤维表面活性羟基含量达到2.164×10^{-3}mol/g。TEM观察到该种解离方式的纤维横切面在初生壁和次生壁之间产生裂缝或层间错动（图9-30）。低温纤维次生壁解离现象的发现，将为未来机械浆生产中降低磨浆能耗和提高纤维精磨质量提供更多的理论指导。

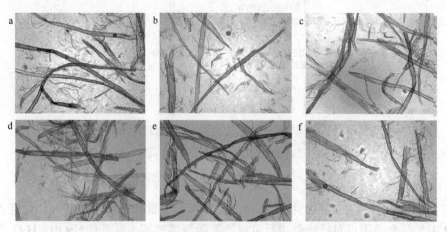

图9-28 不同浸渍化学品用量处理后的纤维形态变化（详见书后彩图）
a. 原料；b. 12.5%NaOH，10%H$_2$O$_2$；c. 15%NaOH，10%H$_2$O$_2$；
d. 17.5%NaOH，10%H$_2$O$_2$；e. 20%NaOH，10%H$_2$O$_2$；f. 22.5%NaOH，10%H$_2$O$_2$

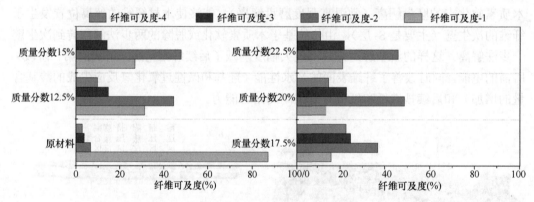

图9-29 不同浸渍化学品（NaOH）用量处理后的纤维可及度变化

四、木材纤维的优势解离策略

（一）木材纤维胞间层解离策略

木材纤维胞间层解离策略，可通过对木材组织采用热、化学（如磺化预处理）或生物等预处理手段，用最少的磨解电能从木材组织结构中高效分离出木材纤维，同时保持纤维应有的挺度、空间立体结构，且其纤维束含量（shive content）也较低（≤1%）。这种纤维材料不仅可用于纸板的芯层用浆料，还可用于传统纸和纸板之外的产品应用场景，如纤维之间通过化学交联在制备新型材料中应用。

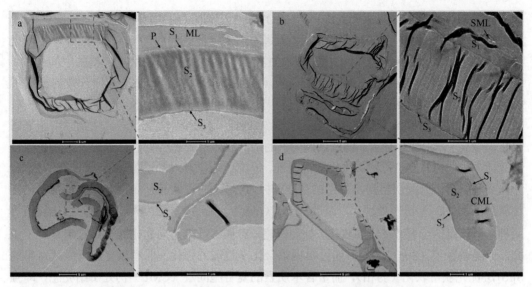

图 9-30　不同化学浸渍处理条件下纤维细胞壁解离的 TEM 图

a. 原料；b. 12.5% NaOH，10% H_2O_2；c. 17.5% NaOH，10% H_2O_2；d. 22.5% NaOH，10% H_2O_2

高温化学热磨机械法制浆工艺（HT CTMP）即是基于胞间层解离策略的最佳应用。室温以上，被水介质所饱和的木材机械力学性能主要由木质素决定，其中的木质素随着温度的升高和含水量的增加而发生软化。木质素在木材结构中分布不均匀，因此木材中纤维分离形式在很大程度上取决于其中木质素的性质。随着解离时应变速率的增加木质素的相对软化温度随之增加（Irvine，1985）。在低于木质素软化点下应用磨盘分离纤维，大部分纤维将在纤维横切方向上断裂。在较高温即木质素软化点之上，纤维分离将越来越多地在胞间层位置沿着纤维轴平行的方向发生，更多的纤维被完整地解离出来（Koran，1967；Koran，1981）。木材的磺化降低了木质素的交联度并增加了纤维表面的电荷。木质素的这一变化使得木材结构在该较高温度下变得更加柔软（Persson et al.，2022）。在温度（130℃、160℃和180℃）、化学浸渍品用量（亚硫酸钠 2kg/t、50kg/t）、浸渍液 pH 范围（pH4、pH5 和 pH12）等影响因素中，温度是影响浆料中纤维束含量和磨浆比能耗的重要因素；化学浸渍时的亚硫酸钠用量和 pH 水平对其也有影响，但就研究所用条件范围来看，其影响程度不如温度大。研究结果表明，解离温度 180℃（预热器和盘磨机入口处）时，使用不到 200kW·h/t 的磨浆比能耗，可以生产出纤维束含量仅 1% 的合格纸浆。这一研究结果为该浆料纤维的应用场景提供了非常大的想象空间。

（二）木材纤维次生壁解离策略

具有高比表面积和刚性强度的木材纤维在可生物降解的纤维素基复合材料中具有良好应用前景，但如何制取具有高表面反应活性和完整空间结构的纤维仍然是一个巨大挑战。碱性过氧化氢浸渍与两步机械解离相结合的纤维协同拆解方法，使纤维解离更多发生在次生壁（S_2 层或 $S_2 \sim S_3$ 层），以提高纤维素可及性和比表面积，可制取具有完整空间结构的单根纤维。NaOH 和 H_2O_2 协同作用可有效破坏组织结构屏障，提高了二次机械拆解效率。在低能耗（1637kW·h/t）条件下，在剪切应力和摩擦作用下表现出优异的解离效果。本研究结果表明，在 10%H_2O_2 和 17.5%NaOH 的作用下，细胞次生壁 S_2 层的纤维可及度达到 77.07%，表面活性羟基含量达到 2.164×10^{-3}mol/g。此外，尽管处理后纤维发生了帚化和表面纤丝化，但通过扫描电镜观察到仍保留了完整的空间结构。本研究结果证实了碱性过氧化氢浸渍与两步机械解离协同拆解法是一种有效的纤维拆解方法，为木材纤维在纤维素基复合材料中的应用开辟了更多途径。

与针叶材木材纤维（主要为管胞、木射线纤维和薄壁细胞等）比较，生物学细胞形态分化程度高（木纤维、导管、薄壁细胞等）的阔叶材木片存在各向液体渗透不均和扩散性能差异大等问题，定向和均质软化均很困难。传统预处理方式（水热、亚硫酸钠浸渍处理）无法实现解离由胞间层转向次生壁的精准调控。通过采用双螺旋挤压耦合碱驱动强氧化性超氧自由基（O_2^-）协同处理，以及改变 pH（pH 为 4.5～12）调控离子强度的强化浸渍等两种木材纤维诱导弱相（定向软化）处理策略，对杨木纤维定向软化和解离行为开展了研究。低温条件下（80～100℃）通过机械耦合化学浸渍的强化润胀和软化，纤维素富集的 S_1/S_2 层优先获得软化（弱相），而富含木质素的复合胞间层（CML）仍处于结壳态，即强结合状态（强相）；杨木纤维定向软化时浸渍液的渗透路径为，浸渍液先进入胞腔然后穿过细胞次生壁（S_1/S_2 层）到达初生壁和胞间层（CML）。通过改变 H^+/OH^- 离子强度的浸渍策略，验证了上述杨木低温条件下浸渍液的渗透路径；对比非润胀（pH≤7）液体介质和润胀液体介质（pH＞7）的强化浸渍，显示了显著差异。低温浸渍时改变浸渍液 H^+/OH^- 离子强度实现了次生壁（S_1/S_2 层）的解离。相同解离程度 300ml CSF 下，采用次生壁 S_1/S_2 解离策略，纤维解离能耗由 1068.5kW·h/t 降低到 587.0kW·h/t，吨纤维产品节能 45.1%；纤维间氢键结合能力增加了 255%（最高抗张指数 48.7N·m/g）（图 9-31）。

（三）针叶材和阔叶材纤维细胞壁层解离优势策略比较

即使高温条件（针叶材 160～175℃、阔叶材 150～165℃）下，化学蒸煮剂（NaOH+Na_2S）对木材纤维的纵向渗透（借毛细管运动）与横向扩散（借扩散作用）仍然存在显著差异，前者比后者快 1～2 个数量级（对于非润胀或低润胀液体相差 50～200 倍，对于强润胀渗透剂相差 5 倍以上）。从生物进化角度来看，一般认为细胞分化程度高的阔叶材的纵向渗透与横向扩散的速率差异更大，导致阔叶材化学浸渍的均匀性差异远较针叶材大；低温化学浸渍条件下（80～100℃）两者差异更大。以上针阔叶材之间的差异，决定了针叶材比阔叶材更加易于实现胞间层弱化策略进行纤维解离。通过减少木片厚度或长度（强化机械预处理）耦合强润胀试剂的定向软化作用，可以缩小材种差异造成的渗透和扩散性能差异，使低温条件下受扩散速率控制的浸渍软化路径成为可能。研究表明，低温条件下，通过改变木片尺度可将针叶材和阔叶材间通过细胞壁的扩散性能差降低至一个数量级以内（相差 2～5 倍），进一步耦合强润胀试剂可缩小两者之间的差异至更小范围（＜2倍）。采用 pH12 以上的碱金属驱动润胀试剂可以调控实现次生壁 S_1/S_2 层软化，进一步降低杉木和杨木的解离能耗，其中杉木降低 11.5%、杨木降低 45.1%。针叶材（杉木）的研究结果表明，采用次生壁 S_1/S_2 层定向软化策略（强氧化性超氧自由基协同法）效果不如阔叶材（杨木）好。针叶材更适宜采用胞间层软化解离策略，相同氢键结合程度下针叶材的解离能耗是阔叶材的 1.23 倍（S_1/S_2 层解离策略）和 1.11 倍（胞间层解离策略）（图 9-32）。

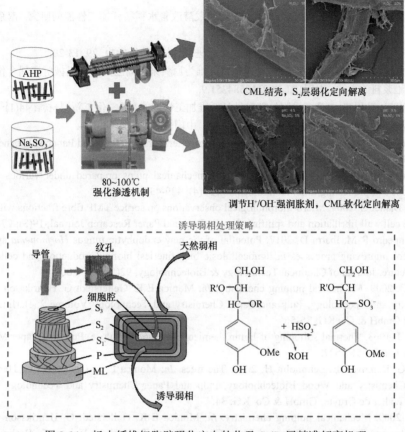

图 9-31 杨木纤维细胞壁强化定向软化及 S_1/S_2 层精准解离机理

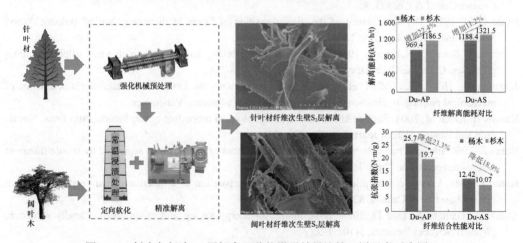

图 9-32 杉木与杨木 S_2 层解离及节能增强效果比较（详见书后彩图）

主要参考文献

房桂干. 2013. 节能型化机浆生产线的研发. 中华纸业, 34(3): 53-54.

房桂干, 沈葵忠, 李晓亮. 2020. 中国化学机械法制浆的生产现状、存在问题及发展趋势. 中国造纸,

39(5): 55-62.

靳晓晨, 武国峰, 孙恩惠, 等. 2017. 娄彻氏链霉菌发酵改善水稻秸秆加工性能的研究. 南京林业大学学报, 41(2): 122-128.

沈葵忠, 房桂干. 2014. 机械浆漂白技术现状及最近进展. 中国造纸学报, 29: 13-20.

沈葵忠, 周虎毅, 盘爱享, 等. 2021. 一种以植物纤维为原料采用高温发酵和机械解离耦合作用制备高得率纤维浆料的方法: 中国, ZL 202110584251.9.

武国峰, 黄红英, 孙恩惠. 2016. 堆肥处理对秸秆纤维加工性能的影响. 化工新型材料, 44(1): 225-227.

詹怀宇, 陈嘉翔. 2015. 制浆原料与工程. 3 版. 北京: 中国轻工业出版社: 144.

Atack D, Pye I T. 1964. The measurement of grinding zone temperature. Pulp and Paper Magazine of Canada, 65(9): 363-376.

Börås L, Gatenholm P. 1999. Surface properties of mechanical pulps prepared under various sulfonation conditions and preheating time. Holzforschung, 53(4): 429-434.

Fernando D, Daniel G. 2004. Micro-morphological observations on spruce TMP fibre fractions with emphasis on fibre cell wall fibrillation and splitting. Nordic Pulp and Paper Research Journal, 19(3): 278-285.

Fillat Ú, Sampedro R M, Ibarra D. 2017. Potential of the new endophytic fungus *Hormonema* sp. CECT - 13092 for improving processes in lignocellulosic biorefineries: biofuel production and cellulosic pulp manufacture. Journal of Chemical Technology & Biotechnology, 92(5): 997-1005.

Gellerstedt G. 2009. Mechanical pulping chemistry. *In*: Monica E K, Gellerstedt G, Henriksson G. Pulping Chemistry and Technology, Pulp and Paper Chemistry and Technology Volume 2. Berlin: Walter de Gruyter GmbH & Co. KG: 35-56.

Goring D A J. 1963. Thermal softening of lignin, hemicellulose and cellulose. Pulp and Paper Magazine of Canada. 64(12): 517-527.

Henriksson G, Brännvall E, Lennholm H. 2009. The trees. *In*: Monica E K, Gellerstedt G, Henriksson G. Wood Chemistry and Wood Biotechnology, Pulp and Paper Chemistry and Technology Volume 1. Berlin: Walter de Gruyter GmbH & Co. KG: 34.

Höglund H. 2009. Mechanical pulping chemistry. *In*: Monica E K, Gellerstedt G, Henriksson G. Pulping Chemistry and Technology, Pulp and Paper Chemistry and Technology Volume 2. Berlin: Walter de Gruyter GmbH & Co. KG: 88.

Irvine G M. 1985. The significance of the glass transition of lignin in thermomechanical pulping. Wood Science and. Technology, 19: 139.

Iwamida T, Sumi Y, Nakano J. 1980. Mechanisms of softening and refining high yield sulphite pulping processes. Cellulose Chemistry and Technology, 14: 253-268.

Johansson L, Hill J, Rundlöf M, et al. 2022. Fibre separation - the key to understand the mechanisms of mechanical pulping. International mechanical pulping conference. Vancouver.

Kangas H, Kleen M. 2004. Surface chemical and morphological properties of mechanical pulp fines. Nordic Pulp and Paper Research Journal, 19(2): 191-199.

Koran Z. 1967. Electron microscopy of radial tracheid surfaces of black spruce separated by tensile failure at various temperatures. Tappi Journal, 50(2): 60-67.

Koran Z. 1981. Energy consumption in mechanical fibre separation as a function of temperature. Pulp and Paper Magazine of Canada, 82: 40-44.

Kumar A, Gautam A, Dutt D. 2020. Bio-pulping: an energy saving and environment-friendly approach. Physical Sciences Reviews, 5(10): 1-9.

Linda B, Paul G. 1999. Surface properties of mechanical pulps prepared under various sulfonation conditions and preheating time. Holzforschung, 53(5): 429-434.

Liu X, Jiang Y, Yang S, et al. 2017. Effects of pectinase treatment on pulping properties and the morphology and structure of bagasse fiber. BioResources, 12(4): 7731-7743.

Lundfors M. 2022. LC-refiner with AGS boosts CTMP plant. Eminent Refiner Groundwood Scientists meeting.Vancouver.

Ma X, Long Y, Chao D, et al. 2017. Facilitate hemicelluloses separation from chemical pulp in ionic liquid/water by xylanase pretreatment. Industrial Crops & Products, 109: 459-463.

Nagpal R, Bhardwaj N K, Mishra O P, et al. 2021. Cleaner bio-pulping approach for the production of better strength rice straw paper. Journal of Cleaner Production, 318: 128539.

Nissan A H. 1990. From smokestack to high-tech: the changing face of paper science and technology during the last 50 years. Tappi Journal, 74 (3): 79-85.

Pan G. 2011. Improving hydrogen peroxide bleaching of aspen CTMP by using aqueous alcohol media. BioResources, 6(4): 4005-4011.

Persson E, Engstrand P, Granfeldt T, et al. 2022. Very low energy high yield pulping. In: International Mechanical Pulping Conference 2022 Organizing Committee. Proceedings of International Mechanical Pulping Conference (IMPC 2022). Vancouver: the University of British Columbia: 41-46.

Qu P, Huang H, Zhao Y, et al. 2017. Physicochemical changes in rice straw after composting and its effect on rice-straw-based composites. Journal of Applied Polymer Science, 134(22): 40878.

Si M, Liu D, Liu M, et al. 2018. Complementary effect of combined bacterial-chemical pretreatment to promote enzymatic digestibility of lignocellulose biomass. Bioresource Technology, 272: 275-280.

Si M, Yan X, Liu M, et al. 2018. In situ lignin bioconversion promotes complete carbohydrate conversion of rice straw by Cupriavidus basilensis B-8. ACS Sustainable Chemistry & Engineering, 6(6): 7969-7978.

Singh J, Suhag M, Dhaka A. 2015. Augmented digestion of lignocellulose by steam explosion, acid and alkaline pretreatment methods: a review. Carbohydrate Polymers, 117: 624-631.

Sixta H. 2006. Handbook of Pulp, II Mechanical Pulping. New York: Wiley-VCH: 1069-1145.

Smook G A. 1997. Handbook for Pulp & Paper Technologies. Vancouver: Angus Wilde Publications Inc.: 45-64.

Solala I, Antikainen T, Reza M, et al. 2014. Spruce fiber properties after high-temperature thermomechanical pulping (HT-TMP). Holzforschung, 68(2): 195-201.

Solala I. 2015. Mechanochemical reactions in lignocellulosic materials. Helsinki: Aalto University.

Sun E H, Zhang Y, Yong C, et al. 2021. Biological fermentation pretreatment accelerated the depolymerization of straw fiber and its mechanical properties as raw material for mulch film. Journal of Cleaner Production, 284: 124688.

Wahl P, Hanhijärvi A, Silvennoinen R. 2001. Investigation of microcracks in wood with laser speckle intensity. Optical Engineering, 40(5): 788-792.

Walia A, Mehta P, Guleria S. 2015. Modification in the properties of paper by using cellulase-free xylanase produced from alkalophilic Cellulosimicrobium cellulans CKMX1 in biobleaching of wheat straw pulp. Canadian Journal of Microbiology, 61(9): 671-681.

Widsten P, Laine J E, Qvintus-Leino P, et al. 2001. Effect of high-temperature fiberization on the chemical structure of softwood. Journal of Wood Chemistry and Technology, 21(3): 227-245.

Xu R, Zhang K, Liu P. 2018. Lignin depolymerization and utilization by bacteria. Bioresource Technology, 269: 557-566.

Zhou H, Han S, Shen K. 2023. A novel clean bio-pulping process for rice straw based on aerobic fermentation coupled with mechanical refining. Environmental Technology & Innovation, 31: 103146.

Ziaie-Shirkolaee Y, Talebizadeh A, Soltanali S. 2008. Comparative study on application of T. lanuginosus SSBP xylanase and commercial xylanase on biobleaching of non wood pulps. Bioresource Technology, 99(16): 7733-7737.

Zou X, Liang L, Shen K Z, et al. 2021. Alkali synergetic two-step mechanical refining pretreatment of pondcypress for the fiber with intact 3D structure and ultrahigh cellulose accessibility. Industrial Crops & Products, 170: 113741.

彩　图

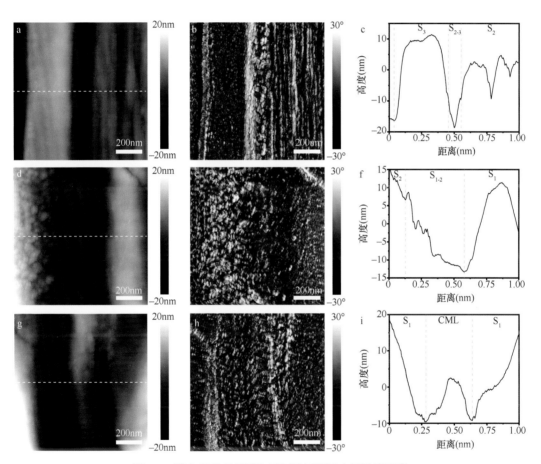

图 1-9　脱木素处理后管胞不同壁层原子力显微镜图像

a～c. 次生壁 S_3 层；d～f. 次生壁 S_{1-2} 层；g～i. 复合胞间层。a、d、g 为高度图；b、e、h 为相图；c、f、i 为高度轮廓线

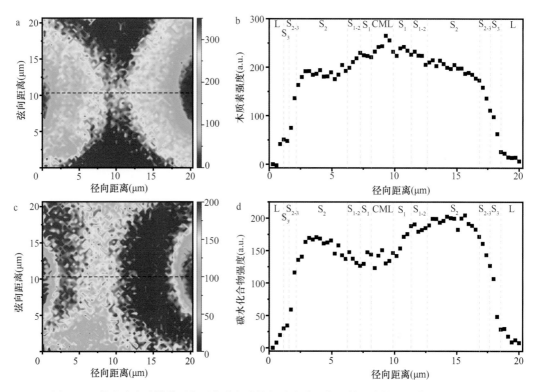

图 1-14　管胞弦向壁横截面主要化学组分的拉曼光谱成像及其对应的拉曼信号强度分布

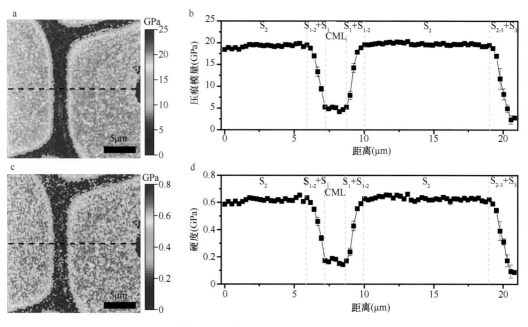

图 1-19　管胞细胞壁的纳米压痕成像图及轮廓曲线

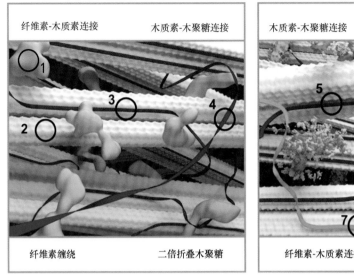

阔叶材

纤维素-木质素连接　　木质素-木聚糖连接

1

3　　　4

2

纤维素缠绕　　二倍折叠木聚糖

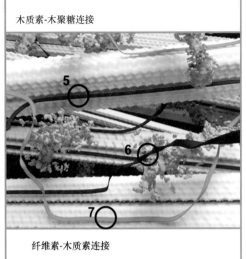

针叶材

木质素-木聚糖连接

5

6

7

纤维素-木质素连接

■ 木质素
□ 纤维素
■ 二倍折叠木质素
■ 三倍折叠木质素
■ 半乳葡甘露聚糖

  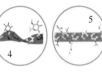

图 1-24　阔叶材和针叶材次生壁中的空间排列

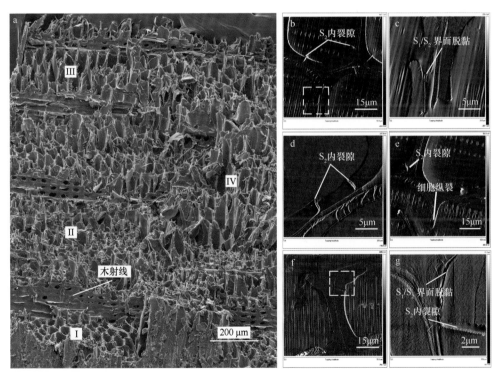

图 2-4　径切面无疵早材小试样顺纹拉伸破坏及细胞壁破坏模式
a. 破坏断面 SEM 图；b～g. 细胞壁横截面 AFM 相位图

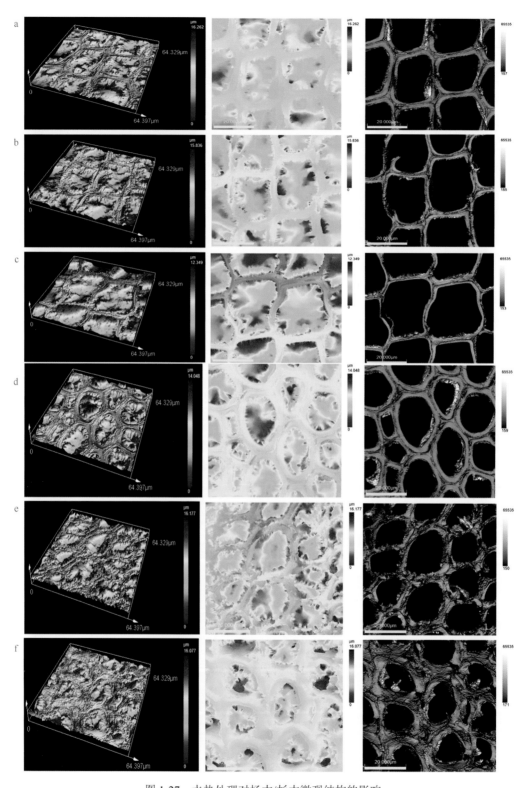

图 1-27　水热处理对杨木/杉木微观结构的影响

a. 杨木素材；b. 杨木水热处理 3h；c. 杨木水热处理 6h；d. 杉木素材；e. 杉木水热处理 3h；f. 杉木水热处理 6h

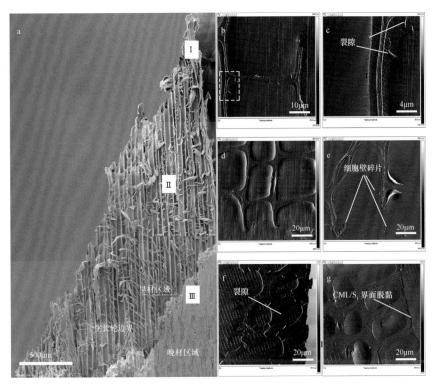

图 2-5　弦切面早/晚材无疵小试样顺纹拉伸破坏及细胞壁破坏模式

a. 破坏断面 SEM 图；b～g. 细胞壁横截面 AFM 相位图

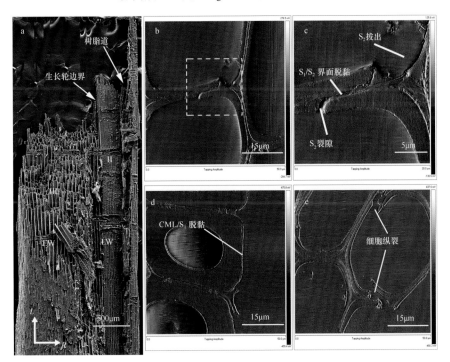

图 2-6　径切面早/晚材无疵小试样顺纹拉伸破坏及细胞壁破坏模式

a. 破坏断面 SEM 图；b～e. 细胞壁横截面 AFM 相位图

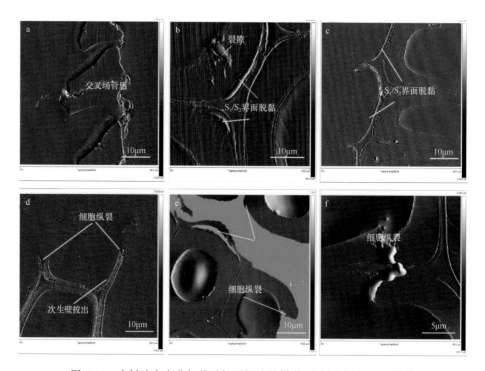

图 2-11　木材弦向弯曲加载破坏后细胞壁横截面破坏形貌 AFM 图像

a. 起始破坏位置横断管胞；b. 受拉最外侧横断管胞；c. 裂纹在受拉最外侧纵向扩展的晚材管胞；
d. 裂纹在受拉最外侧纵向扩展的早材管胞；e. 中性层位置晚材管胞；f. 中性层位置早材管胞

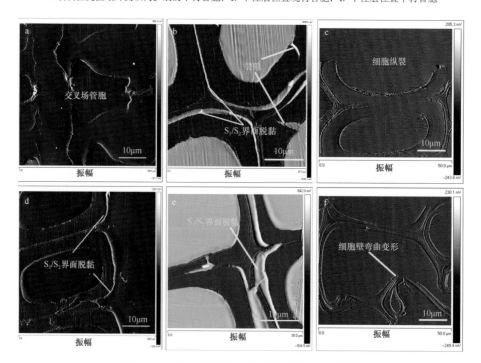

图 2-14　不同位置的细胞壁破坏形貌 AFM 图像

a. 起始破坏位置横断管胞；b. 受拉最外侧横断管胞；c、d. 裂纹在受拉最外侧纵向扩展的晚材管胞；
e. 受拉部位横断的早材管胞；f. 中性层位置早材管胞。图例为测试电压

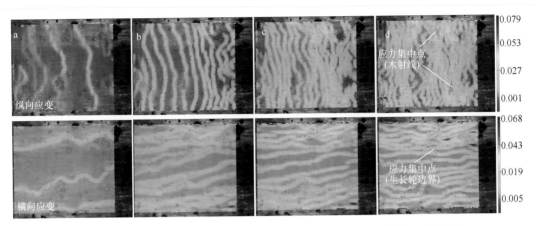

图 2-18　马尾松早晚材试样顺纹拉伸不同阶段的纵向应变场和横向应变场图像

图例为应变

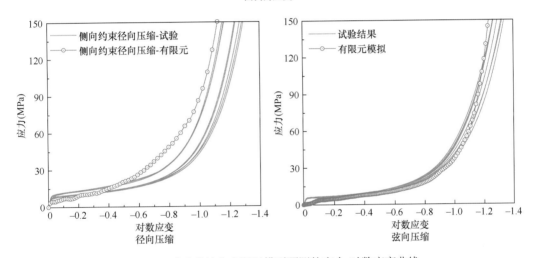

图 3-20　试验曲线和有限元模型预测的应力-对数应变曲线

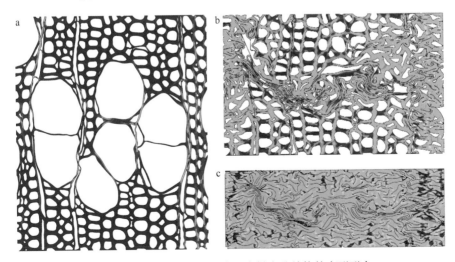

图 3-21　不同阶段径向压缩下木材多孔结构的变形形态

a. 弹性段；b. 平台段；c. 强化段

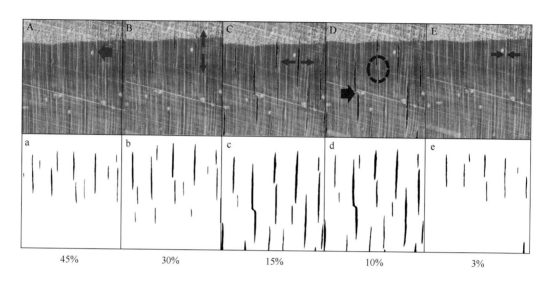

45%	30%	15%	10%	3%

图 4-2 干燥过程中马尾松试样横切面裂纹分布情况

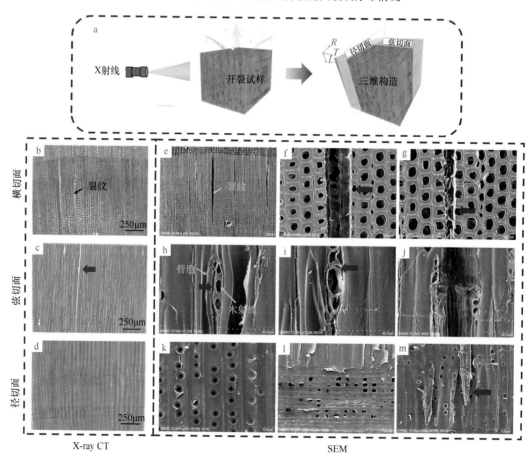

图 4-3 马尾松试样断面处的微观形貌

a. X 射线计算机断层扫描和三维重构示意图；b~d. 试样裂纹处三切面 X-ray CT 形貌图；e~m. 试样裂纹处三切面 SEM 形貌图

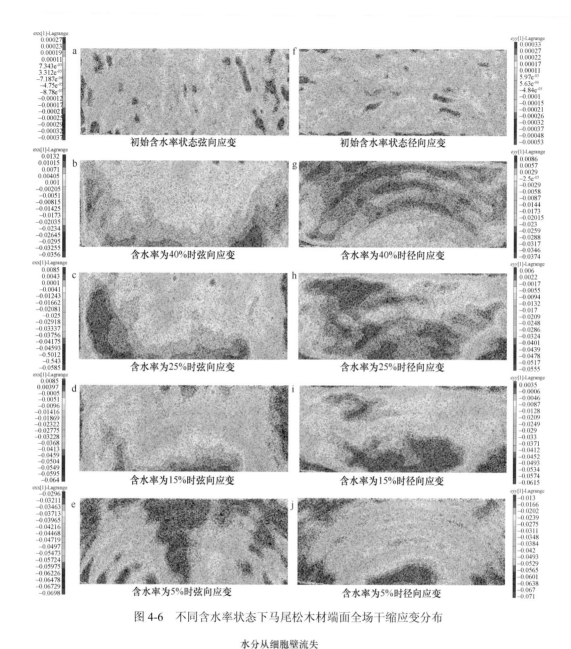

图 4-6　不同含水率状态下马尾松木材端面全场干缩应变分布

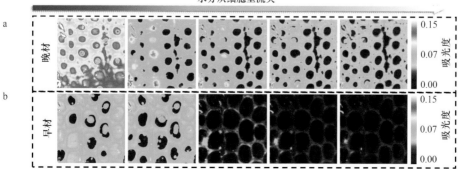

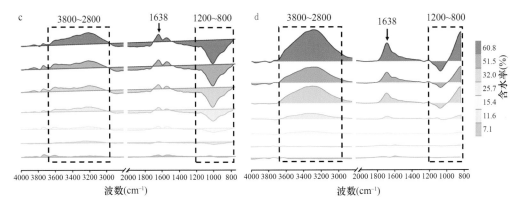

图 4-13　干燥过程中马尾松晚材和早材的红外图像和差分光谱

a. 晚材 3800cm⁻¹ 和 2800cm⁻¹ 波段红外图；b. 早材 3800cm⁻¹ 和 2800cm⁻¹ 波段红外图；c. 晚材差分光谱；d. 早材差分光谱

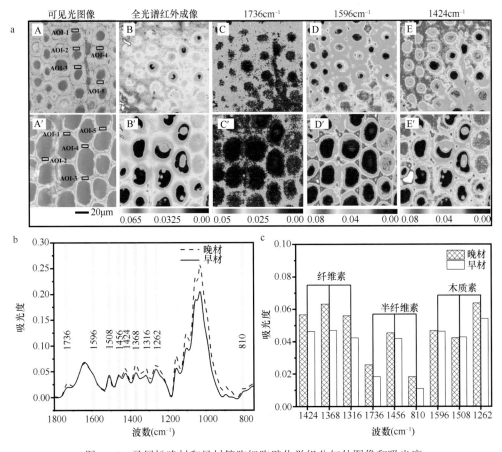

图 4-16　马尾松晚材和早材管胞细胞壁化学组分红外图像和吸光度

a. 晚材管胞和早材管胞的可见光图像及化学组分特征峰产生的红外图像；b. 晚材和早材的红外光谱；
c. 晚材和早材管胞壁纤维素、半纤维素和木质素特征峰吸光度

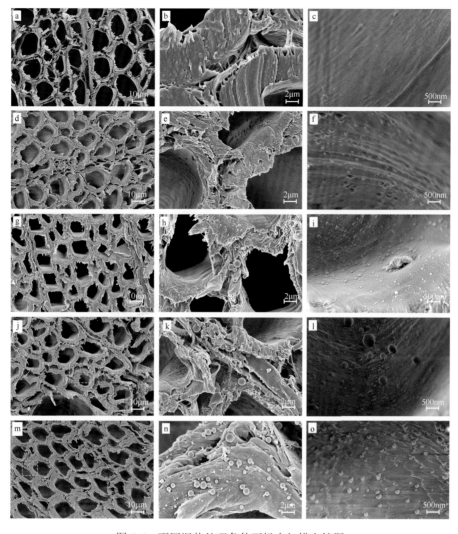

图 5-6 不同湿热处理条件下杨木扫描电镜图

a～c. 湿热处理前；d～f. 200℃处理 15min；g～i. 200℃处理 30min；j～l. 200℃处理 45min；m～o. 200℃处理 60min

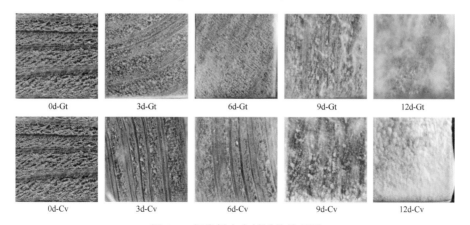

| 0d-Gt | 3d-Gt | 6d-Gt | 9d-Gt | 12d-Gt |

| 0d-Cv | 3d-Cv | 6d-Cv | 9d-Cv | 12d-Cv |

图 6-2 侵染杉木木材试件外观图

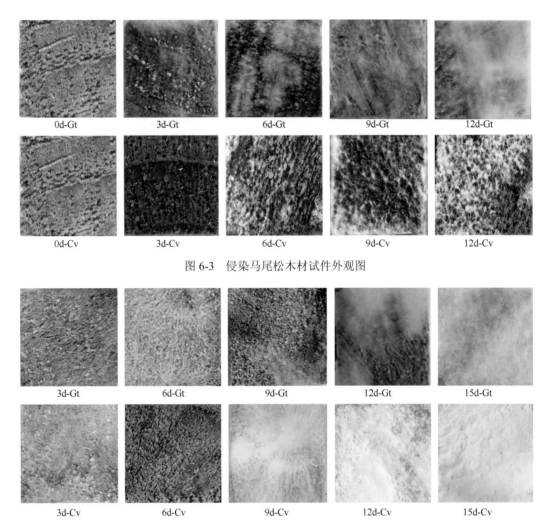

图 6-3　侵染马尾松木材试件外观图

图 6-4　侵染杨木木材试件外观图

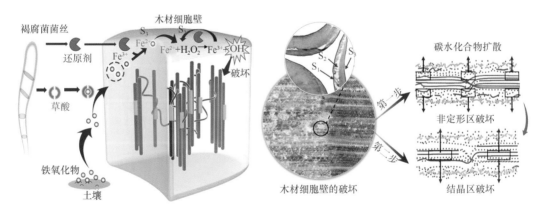

图 6-22　褐腐菌作用下速生材弱相结构失效机制

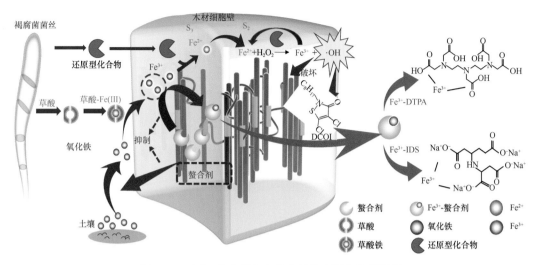

图 6-34　有机-螯合绿色高效木材防腐剂的作用机制

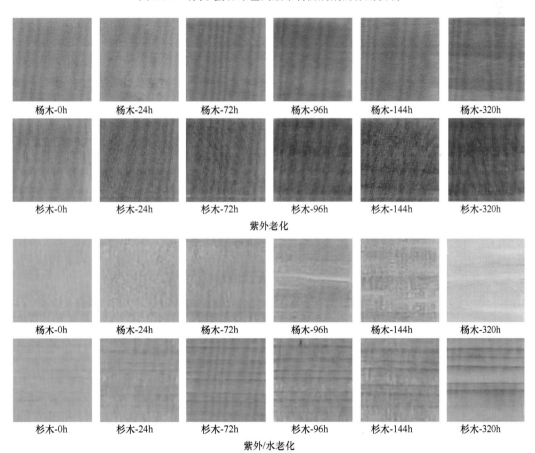

图 7-1　老化不同时间后杨木和杉木切片照片

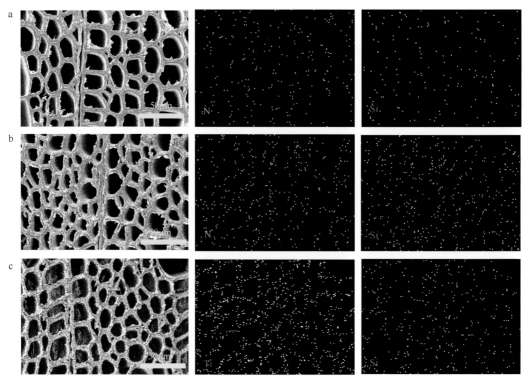

图 7-33 硅烷偶联 TiO$_2$ 改性木材前后的 SEM 和 EDX 图片

a. UW；b. IW；c. ITW

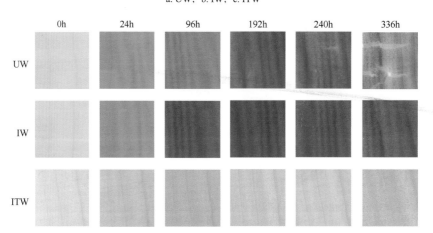

图 7-35 硅烷偶联 TiO$_2$ 改性木材在特定老化时间时表面颜色的照片

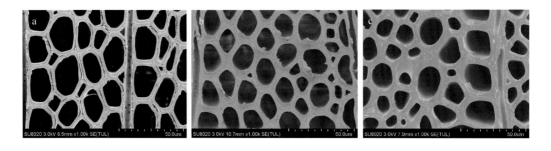

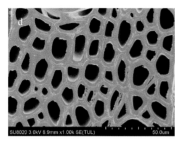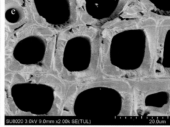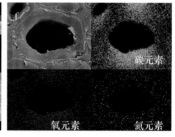

图 8-3　环氧处理前后木材横切面 SEM 图

a. 素材；b. 无固化剂环氧处理木材；c. BMI 为固化剂的环氧处理材；d. 2-MI 为固化剂的环氧处理材；
e. IPDA 为固化剂的环氧处理材；f. IPDA 为固化剂的环氧处理材细胞壁中碳、氧和氮的元素分布图

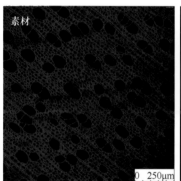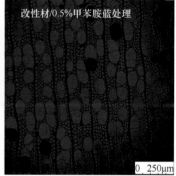

图 8-9　聚合物在木材中的分布

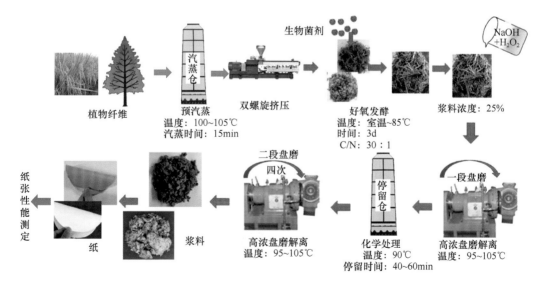

图 9-8　高温好氧发酵生物化学机械法制浆流程示意图

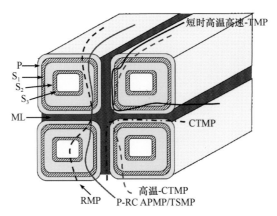

图 9-21　机械法制浆和化学机械法制浆磨浆时纤维的解离位置

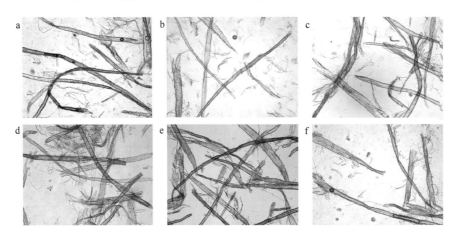

图 9-28　不同浸渍化学品用量处理后的纤维形态变化

a. 原料；b. 12.5%NaOH，10%H_2O_2；c. 15%NaOH，10%H_2O_2；
d. 17.5%NaOH，10%H_2O_2；e. 20%NaOH，10%H_2O_2；f. 22.5%NaOH，10%H_2O_2

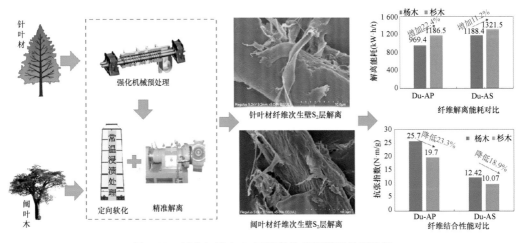

图 9-32　杉木与杨木 S_2 层解离及节能增强效果比较